达布变换方法在非局域与局域孤子方程中的应用

李　丽　于发军　著

中国矿业大学出版社
·徐州·

图书在版编目(CIP)数据

达布变换方法在非局域与局域孤子方程中的应用 / 李丽，于发军著. —徐州：中国矿业大学出版社，2024.2

ISBN 978-7-5646-5094-0

Ⅰ. ①达… Ⅱ. ①李… ②于… Ⅲ. ①薛定谔方程—研究 Ⅳ. ①O175.24

中国国家版本馆 CIP 数据核字(2023)第 248651 号

书　　名 达布变换方法在非局域与局域孤子方程中的应用
著　　者 李　丽　于发军
责任编辑 张　岩
出版发行 中国矿业大学出版社有限责任公司
（江苏省徐州市解放南路　邮编 221008）
营销热线 (0516)83885370　83884103
出版服务 (0516)83995789　83884920
网　　址 http://www.cumtp.com　**E-mail**：cumtpvip@cumtp.com
印　　刷 苏州市古得堡数码印刷有限公司
开　　本 787 mm×1092 mm　1/16　**印张** 9.25　**字数** 181 千字
版次印次 2024 年 2 月第 1 版　2024 年 2 月第 1 次印刷
定　　价 39.00 元

前　言

非线性科学是一门研究非线性现象共性的基础科学.它是自20世纪60年代以来,在各门以非线性为特征的分支学科的基础上逐步发展起来的综合性学科,被誉为20世纪自然科学的“第三次革命”.非线性科学几乎涉及了自然科学和社会科学的各个领域,并正在改变人们对现实世界的传统看法.科学界认为:非线性科学的研究不仅具有重大的科学意义,而且对于人类生存环境的利用也具有现实意义.众所周知,非线性科学研究的主体是混沌(Chaos)、孤子(Solitons)和分形(Fractals).其中孤子代表非线性科学中无法预料的有组织的行为,是非线性动力系统中的色散与非线性两种作用相互平衡的结果.随着孤立子(Soliton)物理问题的深入研究,孤立子的数学理论也应运而生,并且对无穷维代数、微分几何、代数几何、拓扑学、动力系统和计算数学等数学分支产生了深远的影响.因此,孤立子理论的研究是数学物理领域的重要课题,也是非线性科学的前沿课题.

孤立子现象是由英国物理学家罗素(J. S. Russell)于1834年最先发现的,他在1844年9月英国科学促进会第14次会议上作了《论波动》的报告，报告中讲述了他于1834年8月在运河里发现了一个波形不变的水团，该水团在一两英里之外的河道转弯处消失了.他凭借物理学家敏锐的观察力意识到这种现象绝非一般的水波运动.

Russell为了更加仔细地研究这种现象，在实验室里进行了很多实验，也观察到了这样的波——孤立波(Solitary waves).直到1895年Korteweg和他的博士生de Vries提出了一个非线性发展方程(简称为KdV方程).他们用该方程的一个孤波解解释了Russell观察到的浅水波，从而在理论上证明了孤立波解的存在.然而，这种波是否稳定，两个波碰撞后是否变形？这些问题长期没有得到解答.以至于有些人怀疑，既然KdV方程是非线性偏微分方程，解的叠加原理不再成立，碰撞后解的形状很可能破坏.持这种观点的人认为这种“波”“不稳定”，因而研究它没有什么物理意义，于是关于孤立波的研究乃告搁浅.

1955年，物理学家Fermi，Pasta和Ulam提出了著名的FPU问题.初始时，这些谐振子的所有能量都集中在一个质点上，即其他63个质点的初始能量为零.经过相当长的时间后，几乎全部的能量又回到了原来的初始分布.这与经典的理论矛盾.当时，由于只在频率空间来考虑问题，未能发现孤立波解，因此该问题未能得到正确的解释.1962年，Perring和Skyrme在研究基本粒子模型时，对sine-Gordon方程做了数值实验，结果表明：这个方程产生的孤波解碰撞后保持着原来的形状和速度.

为了解释FPU问题中的现象，1965年Kruskal和Zabusky从连续统一体的观点出发考虑FPU问题.在连续的情况下，FPU问题可近似地用KdV方程来描述.他们对KdV方程两个波速不同的孤波解进行研究.孤立子有时也称为孤立波，它是指一大类非线性偏微分方程的许多具有特殊性质的解,以及与之相应的物理现象,用物理的语言来说,这些性质是:① 能量比较集中于狭小的区域;② 两个孤立子相互作用时出现弹性散射现象,即波形和波速能恢复到最初,这准确地揭示了这种孤立波的本质. 以后的二十多年,孤立子理论的研究工作更加蓬勃发展,已经渗透到了很多领域,如物理学的许多分支(基本粒子、流体物理、等离子体物理、凝聚态物理、超导物理、激光物理、生物物理等)、生物学、光学、天文学等,在世界范围内掀起了研究的热潮. 孤立子概念的提出及响应数学理论的发展是近些年来应用数学领域的一项重大进展. 孤立子理论大致可以分为两大方面, 即发展一种求解一类非线性方程的系统方法及研究这类可积方程的一系列美妙的代数与几何性质.

在孤子理论中,如何有效地求得一类孤子方程的精确解,并研究该精确解的性质,一直是一个基本而又富有挑战性的课题. 在孤子方程求解技巧的发展过程中,具有奠基意义的方法当属 1967 年由 C. S. Gardner, J. M. Greene, M. D. Kruskal 和 R. M. Miura(GGKM)提出的"反散射方法"(Inverse Scattering Method),他们用 Schrödinger 方程的反散射理论求解了 KdV 方程的初值问题. 随着孤子领域的深入研究,孤子方程的求解方法也逐渐变得丰富起来,其中包括由孤子方程的一个解出发可求得一系列解的 Bäcklund 变换和 Darboux 变换方法. 将 Darboux 变换方法应用于尽可能多的非线性方程的求解是值得研究的课题.

著者

2023 年 10 月

目　录

第1章　绪　论

1.1　孤子理论的发展及意义

非线性科学是现代数学的一个重要工具，在理学中占有重要地位，能有效解决自然界中大部分复杂现象. 非线性偏微分方程已经被广泛地应用到力学、流行病学以及海洋学等领域中. 其中，最著名的是非线性薛定谔方程，它是量子力学中最基本的方程，能够有效地描述微观粒子的状态随时间变化的规律. 非线性薛定谔方程中含有孤立子解，孤立子理论又是非线性科学内容中的重要部分，描述了水波、光波等现象，因此非线性薛定谔方程在玻色-爱因斯坦凝聚、流体力学、光纤等物理领域中深受欢迎.

英国工程师罗素(J. S. Russell)最早发现水波这一现象. 1895 年，荷兰科学家科特韦格(Korteweg)和他的博士生提出了非线性浅水波方程——KdV 方程[1]：

$$u_t + 6uu_x + u_{xxx} = 0, \tag{1.1}$$

并获得该方程的孤立子波解：

$$u(x,t)=\frac{c^2}{2\cosh^2\left[\frac{c}{2}(x-x_0-ct)\right]},\tag{1.2}$$

有力地解释了水波这一现象. 1965 年,美国数学家克鲁斯卡尔(Martin D. Kruskal)和塞凯赖什(Norman J. Zabusky)通过数值模拟探索了 KdV 方程的波速,发现这种水波在碰撞之后具有一定的稳定性,于是这种波被命名为“孤立子”或“孤子”[2-3].

奥地利物理学家薛定谔在 1926 年提出了非线性薛定谔方程,它能有效地阐述微观粒子状态随时间变化的规律,是量子力学的基本方程. 其最简单的非线性薛定谔方程[4]为:

$$\mathrm{i}q_t+q_{xx}\pm 2q^2q^*=0.\tag{1.3}$$

它是一个经典的(1+1)-维可积的色散非线性薛定谔方程,拥有许多守恒定律,加之能描述各种弱色散缓慢调制波动,因此被广泛地应用于玻色-爱因斯坦凝聚、光纤等领域. 在此基础上,科学家们又提出了(2+1)-维非线性薛定谔方程,与此同时,在满足可积的条件下,又加入了非局域性、PT 对称性等性质,丰富了非线性薛定谔方程的数学结构,促进了非线性薛定谔方程的发展.

随着科学的发展,孤立子解也被应用到非线性薛定谔方程中,求解非线性薛定谔方程的孤立子解也成为一项重要工作. 到目前为止,常见的求解方法有齐次平衡法[5-6]、达布变换法[7-10]、Hirota 双线性法[11-14]、反散射法[15-17]及贝克隆变换法[18-19]等.

1.2 孤子求解方法介绍

1.2.1 齐次平衡法

齐次平衡法由 Wang 等[20]在 1995 年提出,他们利用齐次平衡法构造了两类变异 Boussinesq 方程的孤子波解. 1998 年,范恩贵等[21]扩展了齐次平衡法中的一些步骤，并运用到非线性方程中，得到更为丰富的精确解.

齐次平衡法主要通过以下几个步骤求解偏微分方程[21]：

(1) 对于给定的非线性偏微分方程，首先平衡方程中的非线性项和最高阶线性项，确定方程的平衡阶数；

(2) 其次，确定是否含有单变元函数 $f=f(\varphi)$，$\varphi(x,t)$；

(3) 然后，导出 $\varphi(x,t)$ 偏导数的最高次幂的所有项，使其为零，进而求出 $f(\varphi)$；

(4) 最后，令 $\varphi(x,t)$ 的偏导数的其它次幂的项也为零，代回原方程，可求出其精确解.

1.2.2 达布变换法

法国数学家达布(Darboux)在一维薛定谔方程中发现，如果给定一个常数 λ_0，则会得到与原形式相同的薛定谔方程，于是称为达布变换. 在运用达布变换求解非线性薛定谔方程时，要明确方程的 Lax 对，再根据规范变换，找到与 Lax 对中相同形式的矩阵，结合克拉默法则获得非线性薛定谔方程的 N-孤子解. 利用达布变换的难点在于构造矩阵，优点在于只要求出 N-孤子解的形式就能知道 1-孤子解、2-孤子解、3-孤子解等的形式.

目前已有很多学者利用达布变换获得非线性薛定谔方程的孤子解，例如，Li 等[22]和其他学者利用达布变换求解具有 PT-对称的二维非线性薛定谔方程. Priya 等[23-25]利用广义达布变换得到了具有交叉位调制和四波混合项的耦合非线性薛定谔方程的 n 阶畸形波解. Zhou 等[26]利用达布变换得到非局域导数非线性薛定谔方程的整体解. Yu 等[27]利用达布变换获得了晶格可积耦合方程的显示解. 由此可见，达布变换能有效地求解非线性偏微分方程的孤子解.

1.2.3 Hirota 双线性法

日本数学家广田(R. Hirota)提出了 Hirota 双线性方法[28]，也称广田直接法. 与达布变换不同的是需要运用双线性算子：

$$D_x^m D_t^n(a \cdot b) = (\partial_x - \partial'_x)^m (\partial_t - \partial'_t)^n a(x,t) b(x',t') \big|_{(x=x',t=t')}. \quad (1.4)$$

这里 D 表示双线性算子，根据双线性算子，将非线性方程化为双线性方程，再比较参数的各次幂的系数以获得方程的孤子解. Hirota 双线性方法的难点在于化非线性方程为双线性方程，其中间过程可能需要增加一些项来凑出双线性方程. 优点在于该方法是代数法，可以直接得到 1-孤子解、2-孤子解、

3-孤子解.

Hirota 双线性方法能有效地求解非线性方程的孤子解. Jiang 等[29]运用双线性贝克隆变换得到广义非线性薛定谔方程的孤子解. Deng 等[30]利用双线性方法得到修正的自相容源 KP 方程的孤子解. Olver[31]在研究李群对微分方程的应用时也运用了双线性方法. 双线性方法因其具有简捷快速求解孤子解的功能一直深受科学家的喜爱. 此外,Ma[32]还将双线性方法做了进一步推广.

1.3 主要研究内容

迄今为止,非线性薛定谔方程已经被运用到很多领域,齐次平衡法、达布变换和 Hirota 双线性法也被广泛应用于求解非线性薛定谔方程中,但对于在非线性薛定谔方程中加入 PT-对称性、空间位移等条件的研究较少,并且达布变换的运用大部分停留在 2×2 Lax 对的非线性偏微分方程[33-34]研究中. 本书主要是研究高阶非线性薛定谔方程[35-38],并且在非线性薛定谔方程中加入非局域性、PT-对称性、空间位移等条件,丰富了非线性薛定谔方程的结构且依旧满足可积性,具有较高研究价值. 例如本书将研究 5×5 Lax 对的非线性薛定谔方程.

第 2 章,主要研究了两类连续的非线性薛定谔方程. 第一类研究的是 (2+1)-维非局域非线性薛定谔方程,由给定的 Lax 对,根据规范变换构造相似矩阵,再利用达布变换求解零背景下的 N-孤子解的公式,进而得到(2+1)-维非局域非线性薛定谔方程的 1-孤子解和 2-孤子解. 第二类研究的是四分量耦合非线性薛定谔方程,它是含有 5×5 Lax 对的方程,因此计算量较大. 根据 Lax 对构造谱问题中的 5×5 矩阵,再通过达布变换和克莱默法则,获得零背景下的 1-孤子解和非零背景($q_i=\mathrm{e}^{-2it}$)下的 1-孤子解,得到新一类的暗-亮-亮-亮孤子解.

第 3 章,主要利用达布变换研究离散的 PT-对称的非局域非线性薛定谔方程. 根据 Lax 对求出变换矩阵 $\boldsymbol{T}$,然后利用达布变换获得离散的 PT-对称的非局域非线性薛定谔方程的孤子解,分别得到在零背景下的 N-孤子解形式,以及非零背景($Q_n(t)=\mathrm{e}^{2it}$,$R_n(t)=\mathrm{e}^{-2it}$)下指数形式的 N-孤子解形式,进而得到 1-孤子解和 2-孤子解.

第 4 章,首先利用达布变换求解了非线性 Kundu-Eckhaus(KE)方程,找出该方程的 Lax 对;再通过构造规范变换 $\boldsymbol{T}$,将初始值代入后得出矩阵 $\boldsymbol{T}$ 的递推公式.找到新解与旧解的关系,并以平凡解为种子解,推导出 KE 方程精确解,利用 Maple 图展示出孤子间的相互作用.其次给出了三耦合方程的 4×4 Lax 对,利用 Lax 对之间的规范变换推导出三耦合方程的精确解.

第2章 达布变换在非局域非线性薛定谔方程中的新应用

2.1 (2+1)-维非局域非线性薛定谔方程的达布变换和孤子解

非局域非线性薛定谔方程是非线性薛定谔方程的推广，目前为止(1+1)-维非局域非线性薛定谔方程已被深入研究并被应用于许多科学领域. 本节探究(2+1)-维非局域非线性薛定谔方程的孤子解，是对(1+1)-维非局域非线性薛定谔方程的推广.

2.1.1 (2+1)-维非局域非线性薛定谔方程的达布变换

目前有学者利用逆散射方法得到PT-对称的非局域非线性薛定谔方程的孤子解，还有学者利用d-bar方法得到可积多维形式的非局域非线性薛定谔方程的孤子解[39]. 本节主要是利用达布变换求解(2+1)-维非局域非线性薛定谔方程，通过规范变换中的谱方程的变换，获得方程的 N-孤子解形式，进而导出 1-孤子解、2-孤子解，并得到孤子解图.

(2+1)-维非局域非线性薛定谔方程如下：

$$\begin{cases} \mathrm{i}q_t(x,y,t)+q_{xy}(x,y,t)-v(x,y,t)q(x,y,t)=0, \\ v_x(x,y,y)+2[q(x,y,t)q^*(x,y,t)]_y=0, \end{cases} \tag{2.1}$$

给出方程(2.1)的 Lax 对，如下：

$$\begin{aligned} \boldsymbol{\varphi}_x=\boldsymbol{A}\boldsymbol{\varphi}&=(-\mathrm{i}\lambda\boldsymbol{\sigma}_3+\boldsymbol{A}_0)\boldsymbol{\varphi} \\ &=\begin{pmatrix} -\mathrm{i}\lambda & q(x,y,t) \\ -q^*(x,y,t) & \mathrm{i}\lambda \end{pmatrix}\boldsymbol{\varphi}, \end{aligned} \tag{2.2}$$

$$\begin{aligned} \boldsymbol{\varphi}_t&=2\lambda\boldsymbol{\varphi}_y+\boldsymbol{B}\boldsymbol{\varphi} \\ &=2\lambda\boldsymbol{\varphi}_y+\begin{pmatrix} -\frac{1}{2}\mathrm{i}v(x,y,t) & \mathrm{i}q_y(x,y,t) \\ \mathrm{i}q_y^*(x,y,t) & \frac{1}{2}\mathrm{i}v(x,y,t) \end{pmatrix}\boldsymbol{\varphi}, \end{aligned} \tag{2.3}$$

这里 * 是复数共轭，q 是变量空间关于 x 和 y 以及时间变量 t 的函数，λ 是谱参数.

通过引入变换矩阵 $\boldsymbol{T}$ 构造方程(2.1)的达布变换：

$$\tilde{\boldsymbol{\varphi}}=\boldsymbol{T}\boldsymbol{\varphi},\boldsymbol{T}=\begin{pmatrix} T_{11} & T_{12} \\ T_{21} & T_{22} \end{pmatrix}. \tag{2.4}$$

我们容易得到：

$$\boldsymbol{\varphi}_x=\tilde{\boldsymbol{A}}\boldsymbol{\varphi},\tilde{\boldsymbol{A}}=(\boldsymbol{T}_x+\boldsymbol{T}\boldsymbol{A})\boldsymbol{T}^{-1}, \tag{2.5}$$

$$\boldsymbol{\varphi}_t=2\lambda\boldsymbol{\varphi}_y+\tilde{\boldsymbol{B}}\boldsymbol{\varphi},\tilde{\boldsymbol{B}}=(-2\boldsymbol{\varphi}\boldsymbol{T}_y+\boldsymbol{T}_t+\boldsymbol{T}\boldsymbol{B})\boldsymbol{T}^{-1}. \tag{2.6}$$

如果在方程(2.5)和(2.6)中，$\tilde{\boldsymbol{A}},\tilde{\boldsymbol{B}}$ 与 $\boldsymbol{A},\boldsymbol{B}$ 具有相同形式，$\boldsymbol{\psi}=(\psi_1,\psi_2)^{\mathrm{T}}$，$\boldsymbol{\varphi}=(\varphi_1,\varphi_2)^{\mathrm{T}}$ 是方程(2.2)和(2.3)的基本解，则给出如下线性代数系统：

$$\begin{cases} \sum\limits_{i=0}^{N-1}(A_{11}^{(i)}+A_{12}^{(i)}M_j^{(1)})\lambda_j^i=-\lambda_j^N, \\ \sum\limits_{i=0}^{N-1}(A_{21}^{(i)}+A_{22}^{(i)}M_j^{(1)})\lambda_j^i=-M_j^{(1)}\lambda_j^N, \end{cases} \tag{2.7}$$

和

$$M_j^{(1)}=\frac{\psi_2+v_j^{(1)}\varphi_2}{\psi_1+v_j^{(1)}\varphi_1},0\leqslant j\leqslant 2N \tag{2.8}$$

此处 λ_j，$v_j^{(k)}$ 应选择合适的参数. 考虑 2×2 矩阵 $\boldsymbol{T}$，形式如下：

$$\begin{cases} T_{11} = \lambda^N + \sum_{i=0}^{N-1} A_{11}^{(i)} \lambda^i, \\ T_{12} = \sum_{i=0}^{N-1} A_{12}^{(i)} \lambda^i, \\ T_{21} = \sum_{i=0}^{N-1} A_{21}^{(i)} \lambda^i, \\ T_{22} = \lambda^N + \sum_{i=0}^{N-1} A_{22}^{(i)} \lambda^i, \end{cases} \tag{2.9}$$

其中 N 是一个自然数，$A_{mn}^{(i)}(m,n=1,2;i\geqslant 0)$ 为 x,y,t 的函数. 通过计算，获得 $\Delta\boldsymbol{T}$ 如下：

$$\Delta\boldsymbol{T} = \prod_{j=1}^{2N} (\lambda - \lambda_j) \tag{2.10}$$

证明了 $\lambda_j(1\leqslant j\leqslant 2N)$ 为 $\Delta\boldsymbol{T}$ 的 $2N$ 根. 根据以上条件，分别证明 $\widetilde{\boldsymbol{A}},\widetilde{\boldsymbol{B}}$ 与 $\boldsymbol{A},\boldsymbol{B}$ 具有相同形式.

命题 2.1 矩阵 $\widetilde{\mathbf{A}}$ 与 $\mathbf{A}$ 具有相同的形式，即：

$$\widetilde{\mathbf{A}} = \begin{pmatrix} -\mathrm{i}\lambda & \widetilde{q}(x,y,t) \\ -\widetilde{q}^*(x,y,-t) & \mathrm{i}\lambda \end{pmatrix}. \tag{2.11}$$

新解与旧解之间的关系如下：

$$\begin{cases} \widetilde{q}(x,y,t) = q(x,y,t) + 2\mathrm{i}A_{12}^{(N-1)}, \\ \widetilde{q}^*(x,y,-t) = q^*(x,y,-t) + 2\mathrm{i}A_{21}^{(N-1)}. \end{cases} \tag{2.12}$$

证明 设

$$\boldsymbol{T}^{-1} = \frac{\boldsymbol{T}^*}{\Delta\boldsymbol{T}}, (\boldsymbol{T}_x + \boldsymbol{TA})\boldsymbol{T}^* = \begin{pmatrix} M_{11}(\lambda) & M_{12}(\lambda) \\ M_{21}(\lambda) & M_{22}(\lambda) \end{pmatrix} \tag{2.13}$$

容易证明 $M_{sl}(1\leqslant s,l\leqslant 2)$ 为 λ 的 $2N$ 或 $2N+1$ 次多项式. 经计算方程(2.13)可得如下形式：

$$(\boldsymbol{T}_x + \boldsymbol{TA})\boldsymbol{T}^* = (\Delta\boldsymbol{T})\boldsymbol{N}(\lambda), \tag{2.14}$$

其中

$$\boldsymbol{N}(\lambda) = \begin{pmatrix} C_{11}^{(1)}\lambda + C_{11}^{(0)} & C_{12}^{(0)} \\ C_{21}^{(0)} & C_{22}^{(1)}\lambda + C_{22}^{(0)} \end{pmatrix}, \tag{2.15}$$

$N_{mn}^{(k)}(m,n=1,2;k=0,1)$ 满足没有 λ 的函数. 基于方程(2.14)可得：

$$(\boldsymbol{T}_x+\boldsymbol{T}\boldsymbol{A})=\boldsymbol{N}(\lambda)\boldsymbol{T} \tag{2.16}$$

经过比较方程(2.16)中 λ 的系数,我们有如下方程组:

$$\begin{cases} C_{11}^{(1)}=-\mathrm{i},C_{11}^{(0)}=0,C_{12}^{(0)}=q(x,y,t)+2\mathrm{i}A_{12}^{(N-1)}, \\ C_{21}^{(0)}=-q^*(x,y,-t)-2\mathrm{i}A_{21}^{(N-1)},C_{22}^{(1)}=\mathrm{i},C_{22}^{(0)}=0. \end{cases} \tag{2.17}$$

经过详细计算,我们比较 λ^N 的幂次,得到目标方程如下:

$$\begin{cases} \tilde{q}(x,y,t)=q(x,y,t)+2\mathrm{i}A_{12}^{(N-1)}, \\ \tilde{q}^*(x,y,t)=-q^*(x,y,-t)+2\mathrm{i}A_{21}^{(N-1)}. \end{cases} \tag{2.18}$$

由方程(2.17)和(2.18)可知 $\tilde{\boldsymbol{A}}=\boldsymbol{N}(\lambda)$,证毕.

命题 2.2　矩阵 $\tilde{\boldsymbol{B}}$ 与 $\boldsymbol{B}$ 具有相同的形式,即:

$$\tilde{\boldsymbol{B}}=\begin{pmatrix} -\frac{1}{2}\mathrm{i}\tilde{v}(x,y,t) & \mathrm{i}\tilde{q}_y(x,y,t) \\ -\mathrm{i}\tilde{q}_y^*(x,y,-t) & \frac{1}{2}\mathrm{i}\tilde{v}(x,y,t) \end{pmatrix}. \tag{2.19}$$

新解与旧解之间的关系如下:

$$\begin{cases} \tilde{q}(x,y,t)=q(x,y,t)+2\mathrm{i}A_{12}^{(N-1)}, \\ \tilde{q}^*(x,y,-t)=q^*(x,y,-t)+2\mathrm{i}A_{21}^{(N-1)}, \\ \tilde{v}(x,y,t)=v(x,y,t)+4\mathrm{i}A_{22,y}^{(N-1)}. \end{cases} \tag{2.20}$$

证明　设

$$\boldsymbol{T}^{-1}=\frac{\boldsymbol{T}^*}{\Delta\boldsymbol{T}},(\boldsymbol{T}_t+\boldsymbol{T}\boldsymbol{B}-2\lambda\boldsymbol{T}_y)\boldsymbol{T}^*=\begin{pmatrix} E_{11} & E_{12} \\ E_{21} & E_{22} \end{pmatrix}, \tag{2.21}$$

容易证明 $E_{sl}(1\leqslant s,l\leqslant 2)$ 为 λ 的 $2N$ 或 $2N+1$ 次多项式.经计算方程(2.21)可得如下形式:

$$(\boldsymbol{T}_t+\boldsymbol{T}\boldsymbol{B}-2\lambda\boldsymbol{T}_y)\boldsymbol{T}^*=(\Delta\boldsymbol{T})\boldsymbol{F}, \tag{2.22}$$

其中

$$\boldsymbol{F}=\begin{pmatrix} F_{11}^{(0)} & F_{12}^{(0)} \\ F_{21}^{(0)} & F_{22}^{(0)} \end{pmatrix} \tag{2.23}$$

$F_{mn}^{(k)}(m,n=1,2;k=0,1)$满足没有 λ 的函数.基于方程(2.22)可得

$$\boldsymbol{T}_t+\boldsymbol{T}\boldsymbol{B}-2\lambda\boldsymbol{T}_y=\boldsymbol{F}\boldsymbol{T}. \tag{2.24}$$

通过比较方程(2.24)中 λ 的系数,得到如下关系:

$$\begin{cases} F_{11}^{(0)} = -\dfrac{1}{2}\mathrm{i}v(x,y,t) - 2A_{11,y}^{(N-1)}, \\ F_{12}^{(0)} = \mathrm{i}q_y(x,y,t) - 2A_{12,y}^{(N-1)}, \\ F_{21}^{(0)} = -\mathrm{i}q_y^*(x,y,-t) - 2A_{21,y}^{(N-1)}, \\ F_{22}^{(0)} = \dfrac{1}{2}\mathrm{i}v(x,y,t) - 2A_{22,y}^{(N-1)}. \end{cases} \tag{2.25}$$

经过详细计算，我们比较 λ^N 的幂次，得到目标方程如下：

$$\begin{cases} \tilde{q}(x,y,t) = q(x,y,t) + 2\mathrm{i}A_{12}^{(N-1)}, \\ \tilde{q}^*(x,y,-t) = q^*(x,y,-t) + 2\mathrm{i}A_{21}^{(N-1)}, \\ \tilde{v}(x,y,t) = v(x,y,t) + 4\mathrm{i}A_{22,y}^{(N-1)}. \end{cases} \tag{2.26}$$

由方程(2.25)和(2.26)可知 $\tilde{\boldsymbol{B}}=\boldsymbol{F}$，证毕.

2.1.2 (2+1)-维非局域非线性薛定谔方程的孤子解

在这一部分，我们将利用达布变换获得方程(2.1)的 N-孤子解形式. 给出一组种子解 $q=q^*=v=0$，代入方程(2.4)和方程(2.5)，解得方程的两个基本解：

$$\begin{cases} \boldsymbol{\psi}(\lambda) = \begin{pmatrix} \mathrm{e}^{-\mathrm{i}\lambda x+2\lambda\mu t+\mu y} \\ 0 \end{pmatrix}, \\ \boldsymbol{\varphi}(\lambda) = \begin{pmatrix} 0 \\ \mathrm{e}^{\mathrm{i}\lambda x-2\lambda\mu t-\mu y}, \end{pmatrix} \end{cases} \tag{2.27}$$

将两组基本解(2.27)代入方程(2.8)，得到

$$M_j^{(1)} = \mathrm{e}^{2(\mathrm{i}\lambda x-2\lambda\mu t-\mu y+P_j)} \tag{2.28}$$

其中 $\mathrm{e}^{2(P_j)}=v_j^{(i)}(1\leqslant j\leqslant 2N)$.

为了获得方程(2.1)的 N-孤子解，我们考虑如下变换矩阵 $\boldsymbol{T}$：

$$\boldsymbol{T} = \begin{pmatrix} \lambda^N + \sum\limits_{i=0}^{N-1} A_{11}^{(i)}\lambda^i & \sum\limits_{i=0}^{N-1} A_{12}^{(i)}\lambda^i \\ \sum\limits_{i=0}^{N-1} A_{21}^{(i)}\lambda^i & \lambda^N + \sum\limits_{i=0}^{N-1} A_{22}^{(i)}\lambda^i \end{pmatrix}, \tag{2.29}$$

和

$$\begin{cases}\sum_{i=0}^{N-1}(A_{11}^{(i)}+A_{12}^{(i)}M_j^{(1)})\lambda_j^i=\lambda_j^N,\\ \sum_{i=0}^{N-1}(A_{21}^{(i)}+A_{22}^{(i)}M_j^{(1)})\lambda_j^i=-M_j^{(1)}\lambda_j^N.\end{cases}\tag{2.30}$$

根据方程(2.30)和克莱默法则得到如下关系：

$$\begin{cases}\Delta=\begin{vmatrix}1 & e^{\theta_1(x,y,t)} & \lambda_1 & \lambda_1 e^{\theta_1(x,y,t)} & \lambda_1^2 & \cdots & \lambda_1^{N-1} & \lambda_1^{N-1}e^{\theta_1(x,y,t)}\\ 1 & e^{\theta_2(x,y,t)} & \lambda_2 & \lambda_2 e^{\theta_2(x,y,t)} & \lambda_2^2 & \cdots & \lambda_2^{N-1} & \lambda_2^{N-1}e^{\theta_2(x,y,t)}\\ \vdots & \vdots & \vdots & \vdots & \vdots & & \vdots & \vdots\\ 1 & e^{\theta_{2N}(x,y,t)} & \lambda_{2N} & \lambda_{2N} e^{\theta_{2N}(x,y,t)} & \lambda_{2N}^2 & \cdots & \lambda_{2N}^{N-1} & \lambda_{2N}e^{\theta_{2N}(x,y,t)}\end{vmatrix},\\ \Delta A_{11}^{(N-1)}=\begin{vmatrix}1 & e^{\theta_1(x,y,t)} & \lambda_1 & \lambda_1 e^{\theta_1(x,y,t)} & \lambda_1^2 & \cdots & -\lambda_1^{N-1} & \lambda_1^{N-1}e^{\theta_1(x,y,t)}\\ 1 & e^{\theta_2(x,y,t)} & \lambda_2 & \lambda_2 e^{\theta_2(x,y,t)} & \lambda_2^2 & \cdots & -\lambda_2^{N-1} & \lambda_2^{N-1}e^{\theta_2(x,y,t)}\\ \vdots & \vdots & \vdots & \vdots & \vdots & & \vdots & \vdots\\ 1 & e^{\theta_{2N}(x,y,t)} & \lambda_{2N} & \lambda_{2N} e^{\theta_{2N}(x,y,t)} & \lambda_{2N}^2 & \cdots & -\lambda_{2N}^{N-1} & \lambda_{2N}e^{\theta_{2N}(x,y,t)}\end{vmatrix},\\ \Delta A_{12}^{(N-1)}=\begin{vmatrix}1 & e^{\theta_1(x,y,t)} & \lambda_1 & \lambda_1 e^{\theta_1(x,y,t)} & \lambda_1^2 & \cdots & \lambda_1^{N-1} & -\lambda_1^{N}\\ 1 & e^{\theta_2(x,y,t)} & \lambda_2 & \lambda_2 e^{\theta_2(x,y,t)} & \lambda_2^2 & \cdots & \lambda_2^{N-1} & -\lambda_2^{N}\\ \vdots & \vdots & \vdots & \vdots & \vdots & & \vdots & \vdots\\ 1 & e^{\theta_{2N}(x,y,t)} & \lambda_{2N} & \lambda_{2N} e^{\theta_{2N}(x,y,t)} & \lambda_{2N}^2 & \cdots & \lambda_{2N}^{N-1} & -\lambda_{2N}^{N}\end{vmatrix},\\ \Delta A_{21}^{(N-1)}=\begin{vmatrix}1 & e^{\theta_1(x,y,t)} & \lambda_1 & \lambda_1 e^{\theta_1(x,y,t)} & \lambda_1^2 & \cdots & -\lambda_1^{N-1}e^{\theta_1(x,y,t)} & \lambda_1^{N-1}e^{\theta_1(x,y,t)}\\ 1 & e^{\theta_2(x,y,t)} & \lambda_2 & \lambda_2 e^{\theta_2(x,y,t)} & \lambda_2^2 & \cdots & -\lambda_2^{N-1}e^{\theta_2(x,y,t)} & \lambda_2^{N-1}e^{\theta_2(x,y,t)}\\ \vdots & \vdots & \vdots & \vdots & \vdots & & \vdots & \vdots\\ 1 & e^{\theta_{2N}(x,y,t)} & \lambda_{2N} & \lambda_{2N} e^{\theta_{2N}(x,y,t)} & \lambda_{2N}^2 & \cdots & -\lambda_{2N}e^{\theta_{2N}(x,y,t)} & \lambda_{2N}e^{\theta_{2N}(x,y,t)}\end{vmatrix},\end{cases}\tag{2.31}$$

其中

$$\theta_1(x,y,t)=2(\mathrm{i}\lambda_1 x-2\lambda_1\mu_1 t-\mu_1 y+P_1),$$
$$\theta_2(x,y,t)=2(\mathrm{i}\lambda_2 x-2\lambda_2\mu_2 t-\mu_2 y+P_2),$$
$$\theta_{2N}(x,y,t)=2(\mathrm{i}\lambda_{2N} x-2\lambda_{2N}\mu_{2N} t-\mu_{2N} y+P_{2N}).$$

于是有

$$\begin{cases}A_{11}^{(N-1)}=\dfrac{\Delta A_{11}^{(N-1)}}{\Delta},\\ A_{12}^{(N-1)}=\dfrac{\Delta A_{12}^{(N-1)}}{\Delta},\\ A_{21}^{(N-1)}=\dfrac{\Delta A_{21}^{(N-1)}}{\Delta}.\end{cases}\tag{2.32}$$

得到方程(2.1)的 N-孤子解形式如下：

$$\begin{cases}\tilde{q}(x,y,t)=2\mathrm{i}A_{12}^{(N-1)},\\ \tilde{q}^{*}(x,y,-t)=2\mathrm{i}A_{21}^{(N-1)},\\ \tilde{v}(x,y,t)=4\mathrm{i}A_{22,y}^{(N-1)}.\end{cases} \tag{2.33}$$

为了获得方程(2.1)的1-孤子解，我们将 $N=1$ 代入方程(2.30)和(2.32)，获得变换矩阵 $\boldsymbol{T}$：

$$\boldsymbol{T}=\begin{pmatrix}\lambda+A_{11}^{(0)} & A_{12}^{(0)}\\ A_{21}^{(0)} & \lambda+A_{22}^{(0)}\end{pmatrix} \tag{2.34}$$

和

$$\begin{cases}A_{11}^{(i)}+A_{12}^{(i)}M_j^{(1)}=-\lambda_j^N,\\ A_{21}^{(i)}+A_{22}^{(i)}M_j^{(1)}=-M_j^{(1)}\lambda_j^N.\end{cases} \tag{2.35}$$

根据方程(2.35)和克莱默法则，我们得到如下形式：

$$\begin{cases}\Delta_1=\begin{vmatrix}1 & \mathrm{e}^{2(\mathrm{i}\lambda_1x-2\lambda_1\mu_1t-\mu_1y+P_1)}\\ 1 & \mathrm{e}^{2(\mathrm{i}\lambda_2x-2\lambda_2\mu_2t-\mu_2y+P_2)}\end{vmatrix},\\ \Delta A_{11}^{(0)}=\begin{vmatrix}-\lambda_1 & \mathrm{e}^{2(\mathrm{i}\lambda_1x-2\lambda_1\mu_1t-\mu_1y+P_1)}\\ -\lambda_2 & \mathrm{e}^{2(\mathrm{i}\lambda_2x-2\lambda_2\mu_2t-\mu_2y+P_2)}\end{vmatrix},\\ \Delta A_{12}^{(0)}=\begin{vmatrix}1 & -\lambda_1\\ 1 & -\lambda_2\end{vmatrix},\\ \Delta A_{21}^{(0)}=\begin{vmatrix}-\lambda_1\mathrm{e}^{2(\mathrm{i}\lambda_1x-2\lambda_1\mu_1t-\mu_1y+P_1)} & \mathrm{e}^{2(\mathrm{i}\lambda_1x-2\lambda_1\mu_1t-\mu_1y+P_1)}\\ -\lambda_2\mathrm{e}^{2(\mathrm{i}\lambda_2x-2\lambda_2\mu_2t-\mu_2y+P_2)} & \mathrm{e}^{2(\mathrm{i}\lambda_2x-2\lambda_2\mu_2t-\mu_2y+P_2)}\end{vmatrix},\\ \Delta A_{22}^{(0)}=\begin{vmatrix}1 & -\lambda_1\mathrm{e}^{2(\mathrm{i}\lambda_1x-2\lambda_1\mu_1t-\mu_1y+P_1)}\\ 1 & -\lambda_2\mathrm{e}^{2(\mathrm{i}\lambda_2x-2\lambda_2\mu_2t-\mu_2y+P_2)}\end{vmatrix}.\end{cases} \tag{2.36}$$

基于方程(2.32)，我们得到

$$\begin{cases}A_{11}^{(0)}=\dfrac{\Delta A_{11}^{(0)}}{\Delta_1},\\ A_{12}^{(0)}=\dfrac{\Delta A_{12}^{(0)}}{\Delta_1},\\ A_{21}^{(0)}=\dfrac{\Delta A_{21}^{(0)}}{\Delta_1},\\ A_{22}^{(0)}=\dfrac{\Delta A_{22}^{(0)}}{\Delta_1}\end{cases} \tag{2.37}$$

得到方程(2.1)的1-孤子解，如下：

$$\begin{cases}\tilde{q}(x,y,t)=2\mathrm{i}A_{12}^{(0)},\\ \tilde{q}^*(x,y,-t)=2\mathrm{i}A_{21}^{(0)},\\ \tilde{v}(x,y,t)=4\mathrm{i}A_{22,y}^{(0)}.\end{cases}\tag{2.38}$$

图 2-1(a)表示(2+1)-维非局域非线性薛定谔方程 $\tilde{q}(x,y,t)$的解，参数 $\lambda_1=0.02$，$\lambda_2=0.01$，$\mu_1=0.05$，$\mu_2=0.08$，$P_1=0.03+0.02\mathrm{i}$，$P_2=0.05+0.03\mathrm{i}$，并且 $t=0$. 图 2-1(b)表示(2+1)-维非局域非线性薛定谔方程 $\tilde{q}^*(x,y,-t)$的解，参数 $\lambda_1=0.2\mathrm{i}$，$\lambda_2=0.3\mathrm{i}$，$\mu_1=0.5\mathrm{i}$，$\mu_2=0.3\mathrm{i}$，$P_1=0.3$，$P_2=0.1$，并且 $t=10$. 图 2-1(c)表示(2+1)-维非局域非线性薛定谔方程 $\tilde{v}(x,y,t)$的解，参数 $\lambda_1=0.2\mathrm{i}$，$\lambda_2=0.3\mathrm{i}$，$\mu_1=0.5\mathrm{i}$，$\mu_2=0.3\mathrm{i}$，$P_1=0.3$，$P_2=0.1$，并且 $t=10$.

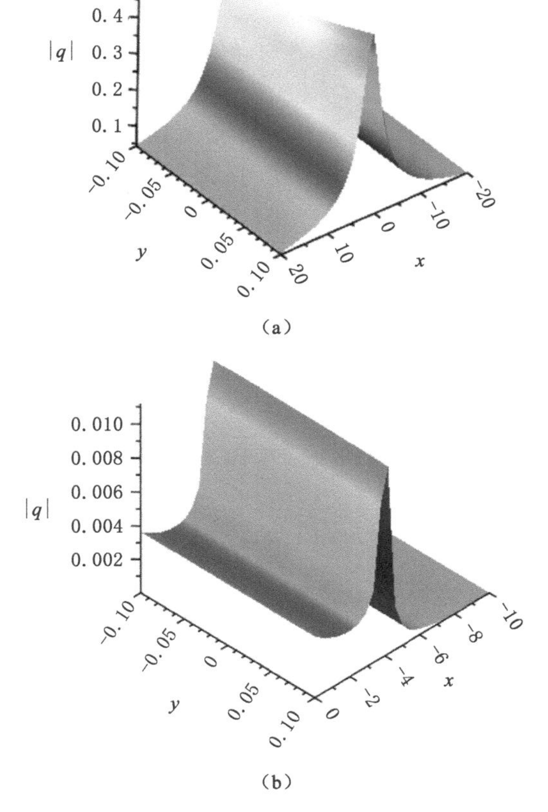

图 2-1　(2+1)-维非局域非线性薛定谔方程的 1-孤子解

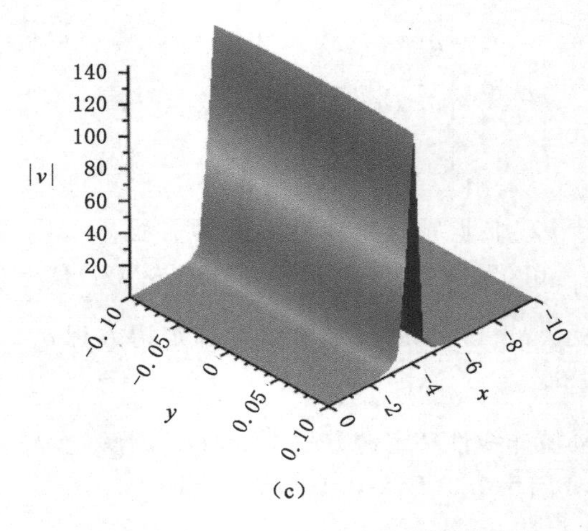

(c)

图 2-1 (续)

考虑了具有 $\lambda_1,\lambda_2,\mu_1,\mu_2,P_1,P_2$ 等自由参数的(2+1)-维非局域非线性薛定谔方程的 1-孤子解的复波传播,1-孤子解在 x,y 平面上的强度分布如图 2-1 所示,可以看到,随着距离的增加,振幅和传播宽度保持不变,并且在图 2-1(a)中,1-孤子解的振幅随空间的增加而不变. 在 $\lambda_1=0.2\mathrm{i},\lambda_2=0.3\mathrm{i},\mu_1=0.5\mathrm{i},\mu_2=0.3\mathrm{i},P_1=0.3,P_2=0.1$ 的情况下,(2+1)-维非局部 1-孤子解的结构被称为"类 V",如图 2-1(b)所示,这是公式(2.38)中(2+1)-维非局部 1-孤子解的一种新的强度分布. 在图 2-1(c)中,解最初是一个相对较宽且顶部较亮的孤子,随着距离的增加,顶部的宽度不减小,高度不增加. 考虑了具有一定参数的(2+1)-维亮孤子解的一些动力学行为,(2+1)-维亮孤子解的时间演化在时间传播中几乎是稳定的.

为了获得方程(2.1)的 2-孤子解,我们考虑将 $N=2$ 代入方程(2.30)和(2.32),获得变换矩阵 $\boldsymbol{T}$.

$$\boldsymbol{T}=\begin{pmatrix}\lambda^2+A_{11}^{(0)}+\lambda A_{11}^{(1)} & A_{12}^{(0)}+\lambda A_{12}^{(1)}\\ A_{21}^{(0)}+\lambda A_{21}^{(1)} & \lambda^2+A_{22}^{(0)}+\lambda A_{22}^{(1)}\end{pmatrix} \tag{2.39}$$

和

$$\begin{cases}A_{11}^{(0)}+A_{12}^{(0)}M_j^{(1)}+(A_{11}^{(1)}+A_{12}^{(1)}M_j^{(1)})\lambda_j=-\lambda_j^2,\\ A_{21}^{(0)}+A_{22}^{(0)}M_j^{(1)}+(A_{21}^{(1)}+A_{22}^{(1)}M_j^{(1)})\lambda_j=-M_j^{(1)}\lambda_j^2.\end{cases} \tag{2.40}$$

根据方程(2.40)和克莱默法则,得到如下矩阵:

$$
\left\{
\begin{aligned}
\Delta_2 &= \begin{vmatrix}
1 & e^{2(i\lambda_1 x-2\lambda_1\mu_1 t-\mu_1 y+P_1)} & \lambda_1 & \lambda_1 e^{2(i\lambda_1 x-2\lambda_1\mu_1 t-\mu_1 y+P_1)} \\
1 & e^{2(i\lambda_2 x-2\lambda_2\mu_2 t-\mu_2 y+P_2)} & \lambda_2 & \lambda_2 e^{2(i\lambda_2 x-2\lambda_2\mu_2 t-\mu_2 y+P_2)} \\
1 & e^{2(i\lambda_3 x-2\lambda_3\mu_3 t-\mu_3 y+P_3)} & \lambda_3 & \lambda_3 e^{2(i\lambda_3 x-2\lambda_3\mu_3 t-\mu_3 y+P_3)} \\
1 & e^{2(i\lambda_4 x-2\lambda_4\mu_4 t-\mu_4 y+P_4)} & \lambda_4 & \lambda_4 e^{2(i\lambda_4 x-2\lambda_4\mu_4 t-\mu_4 y+P_4)}
\end{vmatrix}, \\
\Delta A_{11}^{(1)} &= \begin{vmatrix}
1 & e^{2(i\lambda_1 x-2\lambda_1\mu_1 t-\mu_1 y+P_1)} & -\lambda_1^2 & \lambda_1 e^{2(i\lambda_1 x-2\lambda_1\mu_1 t-\mu_1 y+P_1)} \\
1 & e^{2(i\lambda_2 x-2\lambda_2\mu_2 t-\mu_2 y+P_2)} & -\lambda_2^2 & \lambda_2 e^{2(i\lambda_2 x-2\lambda_2\mu_2 t-\mu_2 y+P_2)} \\
1 & e^{2(i\lambda_3 x-2\lambda_3\mu_3 t-\mu_3 y+P_3)} & -\lambda_3^2 & \lambda_3 e^{2(i\lambda_3 x-2\lambda_3\mu_3 t-\mu_3 y+P_3)} \\
1 & e^{2(i\lambda_4 x-2\lambda_4\mu_4 t-\mu_4 y+P_4)} & -\lambda_4^2 & \lambda_4 e^{2(i\lambda_4 x-2\lambda_4\mu_4 t-\mu_4 y+P_4)}
\end{vmatrix}, \\
\Delta A_{12}^{(1)} &= \begin{vmatrix}
1 & e^{2(i\lambda_1 x-2\lambda_1\mu_1 t-\mu_1 y+P_1)} & \lambda_1 & -\lambda_1^2 \\
1 & e^{2(i\lambda_2 x-2\lambda_2\mu_2 t-\mu_2 y+P_2)} & \lambda_2 & -\lambda_2^2 \\
1 & e^{2(i\lambda_3 x-2\lambda_3\mu_3 t-\mu_3 y+P_3)} & \lambda_3 & -\lambda_3^2 \\
1 & e^{2(i\lambda_4 x-2\lambda_4\mu_4 t-\mu_4 y+P_4)} & \lambda_4 & -\lambda_4^2
\end{vmatrix}, \\
\Delta A_{21}^{(1)} &= \begin{vmatrix}
1 & e^{2(i\lambda_1 x-2\lambda_1\mu_1 t-\mu_1 y+P_1)} & -\lambda_1^2 e^{2(i\lambda_1 x-2\lambda_1\mu_1 t-\mu_1 y+P_1)} & \lambda_1 e^{2(i\lambda_1 x-2\lambda_1\mu_1 t-\mu_1 y+P_1)} \\
1 & e^{2(i\lambda_2 x-2\lambda_2\mu_2 t-\mu_2 y+P_2)} & -\lambda_2^2 e^{2(i\lambda_2 x-2\lambda_2\mu_2 t-\mu_2 y+P_2)} & \lambda_2 e^{2(i\lambda_2 x-2\lambda_2\mu_2 t-\mu_2 y+P_2)} \\
1 & e^{2(i\lambda_3 x-2\lambda_3\mu_3 t-\mu_3 y+P_3)} & -\lambda_3^2 e^{2(i\lambda_3 x-2\lambda_3\mu_3 t-\mu_3 y+P_3)} & \lambda_3 e^{2(i\lambda_3 x-2\lambda_3\mu_3 t-\mu_3 y+P_3)} \\
1 & e^{2(i\lambda_4 x-2\lambda_4\mu_4 t-\mu_4 y+P_4)} & -\lambda_4^2 e^{2(i\lambda_4 x-2\lambda_4\mu_4 t-\mu_4 y+P_4)} & \lambda_4 e^{2(i\lambda_4 x-2\lambda_4\mu_4 t-\mu_4 y+P_4)}
\end{vmatrix}, \\
\Delta A_{22}^{(1)} &= \begin{vmatrix}
1 & e^{2(i\lambda_1 x-2\lambda_1\mu_1 t-\mu_1 y+P_1)} & \lambda_1 & -\lambda_1^2 e^{2(i\lambda_1 x-2\lambda_1\mu_1 t-\mu_1 y+P_1)} \\
1 & e^{2(i\lambda_2 x-2\lambda_2\mu_2 t-\mu_2 y+P_2)} & \lambda_2 & -\lambda_2^2 e^{2(i\lambda_2 x-2\lambda_2\mu_2 t-\mu_2 y+P_2)} \\
1 & e^{2(i\lambda_3 x-2\lambda_3\mu_3 t-\mu_3 y+P_3)} & \lambda_3 & -\lambda_3^2 e^{2(i\lambda_3 x-2\lambda_3\mu_3 t-\mu_3 y+P_3)} \\
1 & e^{2(i\lambda_4 x-2\lambda_4\mu_4 t-\mu_4 y+P_4)} & \lambda_4 & -\lambda_4^2 e^{2(i\lambda_4 x-2\lambda_4\mu_4 t-\mu_4 y+P_4)}
\end{vmatrix}.
\end{aligned}
\right.
\tag{2.41}
$$

基于方程(2.32)，得到

$$
\left\{
\begin{aligned}
A_{11}^{(1)} &= \frac{\Delta A_{11}^{(1)}}{\Delta_2}, \\
A_{12}^{(1)} &= \frac{\Delta A_{12}^{(1)}}{\Delta_2}, \\
A_{21}^{(1)} &= \frac{\Delta A_{21}^{(1)}}{\Delta_2}, \\
A_{22}^{(1)} &= \frac{\Delta A_{22}^{(1)}}{\Delta_2}.
\end{aligned}
\right.
\tag{2.42}
$$

得到方程(2.1)的 2-孤子解，如下：

$$\begin{cases}\widetilde{q}(x,y,t)=2\mathrm{i}A_{12}^{(1)},\\ \widetilde{q}^{*}(x,y,-t)=2\mathrm{i}A_{21}^{(1)},\\ \widetilde{v}(x,y,t)=4\mathrm{i}A_{22,y}^{(1)}.\end{cases} \tag{2.43}$$

图 2-2(a)表示(2+1)-维非局域非线性薛定谔方程 $\widetilde{q}(x,y,t)$的解，参数 $\lambda_1=0.3,\lambda_2=0.5,\lambda_3=0.6,\lambda_4=0.8,\mu_1=\mu_2=\mu_3=\mu_4=0.3,P_1=0.2+0.4\mathrm{i}$, $P_2=0.6+0.3\mathrm{i},P_3=0.5+0.2\mathrm{i},P_4=0.1+0.5\mathrm{i}$，并且 $t=0$. 图 2-2(b)表示(2+1)-维非局域非线性薛定谔方程 $\widetilde{q}^{*}(x,y,-t)$的解，参数 $\lambda_1=0.1+0.2\mathrm{i}$, $\lambda_2=0.1-0.2\mathrm{i},\lambda_3=0.3+0.3\mathrm{i},\lambda_4=0.3-0.3\mathrm{i},\mu_1=0.2+0.1\mathrm{i},\mu_2=0.2-0.1\mathrm{i}$, $\mu_3=0.5,\mu_4=-0.5,P_1=0.2,P_2=0.6,P_3=0.4,P_4=0.5$，并且 $t=0$. 图 2-2(c)表示(2+1)-维非局域非线性薛定谔方程 $\widetilde{v}(x,y,t)$的解，参数 $\lambda_1=0.1+0.2\mathrm{i},\lambda_2=0.1-0.2\mathrm{i},\lambda_3=0.3+0.3\mathrm{i},\lambda_4=0.3-0.3\mathrm{i},\mu_1=0.2+0.1\mathrm{i},\mu_2=0.2-0.1\mathrm{i},\mu_3=0.5,\mu_4=-0.5,P_1=0.2,P_2=0.6,P_3=0.3,P_4=0.5$，并且 $t=0$.

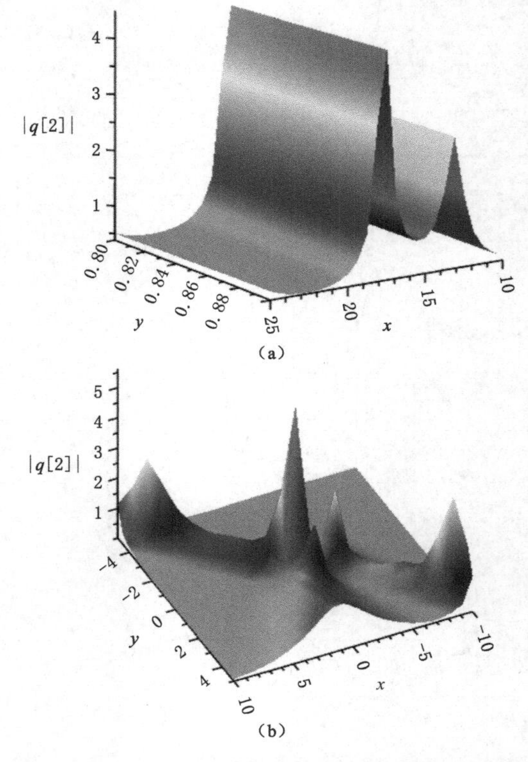

图 2-2 (2+1)-维非局域非线性薛定谔方程的 2-孤子解

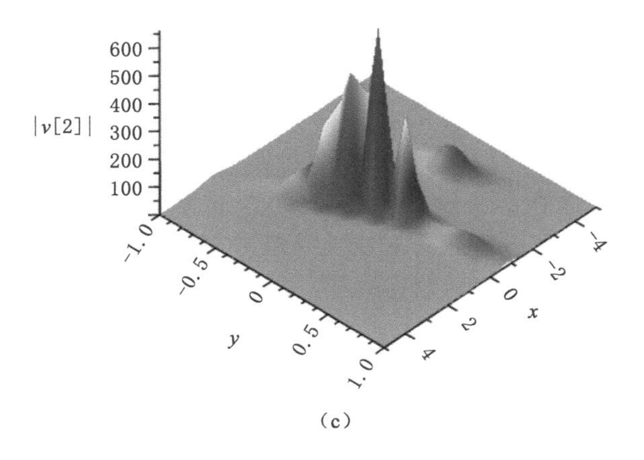

(c)

图 2-2 （续）

考虑了(2+1)-维非局域非线性薛定谔方程解的相互作用，这与以往的工作结果不同，分析方程(2.43)的 2-孤子解及其动力学行为，所得结果可为孤子研究提供一些理论分析. 两个亮孤子解在图 2-2(a)中以相同形状和速度在平行波中传播，非线性怪波现象之间的平行性可以在光学中得到证明. 在图 2-2(b)中，亮孤子解的相互作用控制在 x，y 平面上. 图 2-2(b)显示了具有两种不同参数的两个亮孤子解之间的相互作用，但是它们的形状是相同，只是有一些相移. 有趣的是图 2-2(c)中给出了一种新的呼吸形状的 2-孤子解，两个亮孤子解在图 2-2(c)中相遇并具有“类似呼吸”的相互作用.

2.2　四分量耦合非线性薛定谔方程的新型孤子解

耦合非线性薛定谔方程是研究多组分玻色-爱因斯坦凝聚的重要模型. 本节主要采用达布变换研究四分量耦合非线性薛定谔方程，与双分量和三分量的耦合非线性薛定谔方程相比，是一个烦琐的过程. 利用已有文献给出的 Lax 对，构造了谱问题中的 5×5 矩阵，通过零种子解和非零种子解得到了四分量耦合非线性薛定谔方程的亮孤子解和暗-亮-亮-亮孤子解.

2.2.1 四分量耦合非线性薛定谔方程的达布变换

由于大多数耦合非线性薛定谔方程包含多个分量，且包含虚数，因此计算量较大，一些传统的方法在解决这类问题时无效. 接下来利用文献[40]中的 Lax 对，构造达布变换获得四分量耦合非线性薛定谔方程的孤子解.

我们考虑的四分量耦合非线性薛定谔方程的形式如下：

$$\begin{cases} \mathrm{i}q_{1,t}+\dfrac{1}{2}q_{1,xx}-(|q_1|^2+|q_2|^2+|q_3|^2+|q_4|^2)q_1=0, \\ \mathrm{i}q_{2,t}+\dfrac{1}{2}q_{2,xx}-(|q_1|^2+|q_2|^2+|q_3|^2+|q_4|^2)q_2=0, \\ \mathrm{i}q_{3,t}+\dfrac{1}{2}q_{3,xx}-(|q_1|^2+|q_2|^2+|q_3|^2+|q_4|^2)q_3=0, \\ \mathrm{i}q_{4,t}+\dfrac{1}{2}q_{4,xx}-(|q_1|^2+|q_2|^2+|q_3|^2+|q_4|^2)q_4=0. \end{cases} \tag{2.44}$$

由于多分量 BECs 具有丰富的原子内和原子间相互作用，为矢量孤子的理论和实验研究提供了良好的平台. 在多分量排斥性电晶体中实验观测到更多的暗矢量孤子，在具有排斥性相互作用的三分量电晶体中实现了对亮-暗-亮孤子碰撞的实验观测[41].

方程(2.44)的 Lax 对形式如下：

$$\begin{aligned} \boldsymbol{\psi}_x &= U(\lambda;\boldsymbol{Q})\boldsymbol{\psi}=(\mathrm{i}\lambda\boldsymbol{\sigma}_3+\mathrm{i}\boldsymbol{Q})\boldsymbol{\psi} \\ &= \begin{pmatrix} \mathrm{i}\lambda & -\mathrm{i}q_1^* & -\mathrm{i}q_2^* & -\mathrm{i}q_3^* & -\mathrm{i}q_4^* \\ \mathrm{i}q_1 & -\mathrm{i}\lambda & 0 & 0 & 0 \\ \mathrm{i}q_2 & 0 & -\mathrm{i}\lambda & 0 & 0 \\ \mathrm{i}q_3 & 0 & 0 & -\mathrm{i}\lambda & 0 \\ \mathrm{i}q_4 & 0 & 0 & 0 & -\mathrm{i}\lambda \end{pmatrix}\boldsymbol{\psi}, \end{aligned} \tag{2.45}$$

其中

$$\boldsymbol{\sigma}_3=\begin{pmatrix} 1 & 0 & 0 & 0 & 0 \\ 0 & -1 & 0 & 0 & 0 \\ 0 & 0 & -1 & 0 & 0 \\ 0 & 0 & 0 & -1 & 0 \\ 0 & 0 & 0 & 0 & -1 \end{pmatrix},$$

$$
\boldsymbol{Q}=\begin{pmatrix}0 & -q_1^* & -q_2^* & -q_3^* & -q_4^*\\ q_1 & 0 & 0 & 0 & 0\\ q_2 & 0 & 0 & 0 & 0\\ q_3 & 0 & 0 & 0 & 0\\ q_4 & 0 & 0 & 0 & 0\end{pmatrix},
$$

和

$$
\boldsymbol{\varphi}_x = V(\lambda;\boldsymbol{Q})\boldsymbol{\psi} = [\mathrm{i}\lambda^3\boldsymbol{\sigma}_3 + \mathrm{i}\lambda\boldsymbol{Q} - \frac{1}{2}(\mathrm{i}\sigma_3\boldsymbol{Q}^2 - \sigma_3\boldsymbol{Q}_x)]\boldsymbol{\psi} =
$$

$$
\begin{pmatrix}
\mathrm{i}\lambda^2+\frac{1}{2}\mathrm{i}\zeta & -\mathrm{i}\lambda q_1^*-\frac{1}{2}q_{1,x}^* & -\mathrm{i}\lambda q_2^*-\frac{1}{2}q_{2,x}^* & -\mathrm{i}\lambda q_3^*-\frac{1}{2}q_{3,x}^* & -\mathrm{i}\lambda q_4^*-\frac{1}{2}q_{4,x}^*\\
\mathrm{i}\lambda q_1-\frac{1}{2}q_{1,x} & -\mathrm{i}\lambda^2-\frac{1}{2}\mathrm{i}q_1q_1^* & -\frac{1}{2}\mathrm{i}q_1q_2^* & -\frac{1}{2}\mathrm{i}q_1q_3^* & -\frac{1}{2}\mathrm{i}q_1q_4^*\\
\mathrm{i}\lambda q_2-\frac{1}{2}q_{2,x} & -\frac{1}{2}\mathrm{i}q_2q_1^* & -\mathrm{i}\lambda^2-\frac{1}{2}\mathrm{i}q_2q_2^* & -\frac{1}{2}\mathrm{i}q_2q_3^* & -\frac{1}{2}\mathrm{i}q_2q_4^*\\
\mathrm{i}\lambda q_3-\frac{1}{2}q_{3,x} & -\frac{1}{2}\mathrm{i}q_3q_1^* & -\frac{1}{2}\mathrm{i}q_3q_2^* & -\mathrm{i}\lambda^2-\frac{1}{2}\mathrm{i}q_3q_3^* & -\frac{1}{2}\mathrm{i}q_3q_4^*\\
\mathrm{i}\lambda q_4-\frac{1}{2}q_{4,x} & -\frac{1}{2}\mathrm{i}q_4q_1^* & -\frac{1}{2}\mathrm{i}q_4q_2^* & -\frac{1}{2}\mathrm{i}q_4q_3^* & -\mathrm{i}\lambda^2-\frac{1}{2}\mathrm{i}q_4q_4^*
\end{pmatrix}\boldsymbol{\psi}.
\tag{2.46}
$$

这里 $\zeta=(q_1^*q_1+q_2^*q_2+q_3^*q_3+q_4^*q_4)$，$*$ 是复数共轭，$q_i(i=1,2,3,4)$是空间变量 x 和时间变量 t 的函数，λ 是谱参数.

通过引入变换矩阵 $\boldsymbol{T}$ 构造方程(2.44)的达布变换：

$$
\tilde{\boldsymbol{\psi}} = \boldsymbol{T}\boldsymbol{\psi},\boldsymbol{T} = \begin{pmatrix}T_{11} & T_{12} & T_{13} & T_{14} & T_{15}\\ T_{21} & T_{22} & T_{23} & T_{24} & T_{25}\\ T_{31} & T_{32} & T_{33} & T_{34} & T_{35}\\ T_{41} & T_{42} & T_{43} & T_{44} & T_{45}\\ T_{51} & T_{52} & T_{53} & T_{54} & T_{55}\end{pmatrix}
\tag{2.47}
$$

根据相容性,我们得到:

$$
\boldsymbol{\psi}_x = \tilde{\boldsymbol{U}}\boldsymbol{\psi},\tilde{\boldsymbol{U}} = (\boldsymbol{T}_x + \mathrm{i}\lambda\boldsymbol{T}\boldsymbol{\sigma}_3 + \mathrm{i}\boldsymbol{T}\tilde{\boldsymbol{Q}})\boldsymbol{T}^{-1}
\tag{2.48}
$$

和

$$
\boldsymbol{\psi}_t = \tilde{\boldsymbol{V}}\boldsymbol{\psi},\tilde{\boldsymbol{V}} = \left(\boldsymbol{T}_t + \mathrm{i}\lambda^2\boldsymbol{T}\boldsymbol{\sigma}_3 + \mathrm{i}\lambda\boldsymbol{T}\tilde{\boldsymbol{Q}} - \frac{1}{2}\mathrm{i}\boldsymbol{T}\boldsymbol{\sigma}_3\tilde{\boldsymbol{Q}}^2 + \frac{1}{2}\boldsymbol{T}\boldsymbol{\sigma}_3\tilde{\boldsymbol{Q}}_x\right)\boldsymbol{T}^{-1}
\tag{2.49}
$$

如果方程(2.48)与(2.49)中 $\tilde{U},\tilde{V}$ 与 Lax 对中的 U,V 具有相同形式，$\boldsymbol{\varphi}=(\varphi_1,\varphi_2,\varphi_3,\varphi_4,\varphi_5)^{\mathrm{T}}$，$\boldsymbol{\psi}=(\psi_1,\psi_2,\psi_3,\psi_4,\psi_5)^{\mathrm{T}}$，$\boldsymbol{\eta}=(\eta_1,\eta_2,\eta_3,\eta_4,\eta_5)^{\mathrm{T}}$，$\boldsymbol{\xi}=(\xi_1,\xi_2,\xi_3,\xi_4,\xi_5)^{\mathrm{T}}$，$\boldsymbol{\varepsilon}=(\varepsilon_1,\varepsilon_2,\varepsilon_3,\varepsilon_4,\varepsilon_5)^{\mathrm{T}}$ 是方程(2.45)和(2.46)的基本解,我们

给出如下的线性代数系统：

$$\begin{cases}\sum\limits_{i=0}^{N-1}(A_{11}^{(i)}+A_{12}^{(i)}M_j^{(1)}+A_{13}^{(i)}M_j^{(2)}+A_{14}^{(i)}M_j^{(3)}+A_{15}^{(i)}M_j^{(4)})\lambda_j^i=-\lambda_j^N,\\ \sum\limits_{i=0}^{N-1}(A_{21}^{(i)}+A_{22}^{(i)}M_j^{(1)}+A_{23}^{(i)}M_j^{(2)}+A_{24}^{(i)}M_j^{(3)}+A_{25}^{(i)}M_j^{(4)})\lambda_j^i=-M_j^{(1)}\lambda_j^N,\\ \sum\limits_{i=0}^{N-1}(A_{31}^{(i)}+A_{32}^{(i)}M_j^{(1)}+A_{33}^{(i)}M_j^{(2)}+A_{34}^{(i)}M_j^{(3)}+A_{35}^{(i)}M_j^{(4)})\lambda_j^i=-M_j^{(2)}\lambda_j^N,\\ \sum\limits_{i=0}^{N-1}(A_{41}^{(i)}+A_{42}^{(i)}M_j^{(1)}+A_{43}^{(i)}M_j^{(2)}+A_{44}^{(i)}M_j^{(3)}+A_{45}^{(i)}M_j^{(4)})\lambda_j^i=-M_j^{(3)}\lambda_j^N,\\ \sum\limits_{i=0}^{N-1}(A_{51}^{(i)}+A_{52}^{(i)}M_j^{(1)}+A_{53}^{(i)}M_j^{(2)}+A_{54}^{(i)}M_j^{(3)}+A_{55}^{(i)}M_j^{(4)})\lambda_j^i=-M_j^{(4)}\lambda_j^N,\end{cases} \tag{2.50}$$

和

$$\begin{cases}M_j^{(1)}=\dfrac{\varphi_2+v_j^{(11)}\varphi_2+v_j^{(12)}\eta_2+v_j^{(13)}\xi_2+v_j^{(14)}\varepsilon_2}{\varphi_1+v_j^{(11)}\varphi_1+v_j^{(12)}\eta_1+v_j^{(13)}\xi_1+v_j^{(14)}\varepsilon_1},\\ M_j^{(2)}=\dfrac{\varphi_3+v_j^{(21)}\varphi_3+v_j^{(22)}\eta_3+v_j^{(23)}\xi_3+v_j^{(24)}\varepsilon_3}{\varphi_1+v_j^{(21)}\varphi_1+v_j^{(22)}\eta_1+v_j^{(23)}\xi_1+v_j^{(24)}\varepsilon_1},\\ M_j^{(3)}=\dfrac{\varphi_4+v_j^{(31)}\varphi_4+v_j^{(32)}\eta_4+v_j^{(33)}\xi_4+v_j^{(34)}\varepsilon_4}{\varphi_1+v_j^{(31)}\varphi_1+v_j^{(32)}\eta_1+v_j^{(33)}\xi_1+v_j^{(34)}\varepsilon_1},\\ M_j^{(4)}=\dfrac{\varphi_5+v_j^{(41)}\varphi_5+v_j^{(42)}\eta_5+v_j^{(43)}\xi_5+v_j^{(44)}\varepsilon_5}{\varphi_1+v_j^{(41)}\varphi_1+v_j^{(42)}\eta_1+v_j^{(43)}\xi_1+v_j^{(44)}\varepsilon_1},\\ 0\leqslant j\leqslant 5N.\end{cases} \tag{2.51}$$

此处 $\lambda_j, v_j^{(k)}$ 应选择合适的参数. 考虑 5×5 矩阵,形式如下：

$$\begin{cases}T_{11}=\lambda^N+\sum\limits_{i=0}^{N-1}A_{11}^{(i)}\lambda^i, T_{12}=\sum\limits_{i=0}^{N-1}A_{12}^{(i)}\lambda^i, T_{13}=\sum\limits_{i=0}^{N-1}A_{13}^{(i)}\lambda^i,\\ T_{14}=\sum\limits_{i=0}^{N-1}A_{14}^{(i)}\lambda^i, T_{15}=\sum\limits_{i=0}^{N-1}A_{15}^{(i)}\lambda^i,\\ T_{21}=\sum\limits_{i=0}^{N-1}A_{21}^{(i)}\lambda^i, T_{22}=\lambda^N+\sum\limits_{i=0}^{N-1}A_{22}^{(i)}\lambda^i, T_{23}=\sum\limits_{i=0}^{N-1}A_{23}^{(i)}\lambda^i,\\ T_{24}=\sum\limits_{i=0}^{N-1}A_{24}^{(i)}\lambda^i, T_{25}=\sum\limits_{i=0}^{N-1}A_{25}^{(i)}\lambda^i,\end{cases} \tag{2.52a}$$

$$\begin{cases} T_{31}=\sum_{i=0}^{N-1}A_{31}^{(i)}\lambda^{i},T_{32}=\sum_{i=0}^{N-1}A_{32}^{(i)}\lambda^{i},T_{33}=\lambda^{N}+\sum_{i=0}^{N-1}A_{33}^{(i)}\lambda^{i}, \\ T_{34}=\sum_{i=0}^{N-1}A_{34}^{(i)}\lambda^{i},T_{35}=\sum_{i=0}^{N-1}A_{35}^{(i)}\lambda^{i}, \\ T_{41}=\sum_{i=0}^{N-1}A_{41}^{(i)}\lambda^{i},T_{42}=\sum_{i=0}^{N-1}A_{42}^{(i)}\lambda^{i},T_{43}=\sum_{i=0}^{N-1}A_{43}^{(i)}\lambda^{i}, \\ T_{44}=\lambda^{N}+\sum_{i=0}^{N-1}A_{44}^{(i)}\lambda^{i},T_{45}=\sum_{i=0}^{N-1}A_{45}^{(i)}\lambda^{i}, \\ T_{51}=\sum_{i=0}^{N-1}A_{51}^{(i)}\lambda^{i},T_{52}=\sum_{i=0}^{N-1}A_{52}^{(i)}\lambda^{i},T_{53}=\sum_{i=0}^{N-1}A_{53}^{(i)}\lambda^{i}, \\ T_{54}=\sum_{i=0}^{N-1}A_{54}^{(i)}\lambda^{i},T_{55}=\lambda^{N}+\sum_{i=0}^{N-1}A_{55}^{(i)}\lambda^{i}, \end{cases} \tag{2.52b}$$

其中 N 是一个自然数，$A_{mn}^{(i)}(m,n=1,2,3,4,5;i\geqslant 0)$ 为 x,t 的函数. 通过计算，获得 ΔT 如下：

$$\Delta T=\prod_{j=1}^{5N}(\lambda-\lambda_{j}), \tag{2.53}$$

证明 $\lambda_j(j=1\leqslant j\leqslant 5N)$ 是 ΔT 的 $5N$ 根. 基于上述条件，下证 $\tilde{\boldsymbol{U}}$ 与 $\boldsymbol{U}$，$\tilde{\boldsymbol{V}}$ 与 $\boldsymbol{V}$ 具有相同的形式.

命题 2.3　矩阵 $\tilde{\boldsymbol{U}}$ 与 $\boldsymbol{U}$ 具有相同形式，有

$$\tilde{\boldsymbol{U}}=\begin{pmatrix} \mathrm{i}\lambda & -\mathrm{i}\tilde{q}_1^* & -\mathrm{i}\tilde{q}_2^* & -\mathrm{i}\tilde{q}_3^* & -\mathrm{i}\tilde{q}_4^* \\ \mathrm{i}\tilde{q}_1 & -\mathrm{i}\lambda & 0 & 0 & 0 \\ \mathrm{i}\tilde{q}_2 & 0 & -\mathrm{i}\lambda & 0 & 0 \\ \mathrm{i}\tilde{q}_3 & 0 & 0 & -\mathrm{i}\lambda & 0 \\ \mathrm{i}\tilde{q}_4 & 0 & 0 & 0 & -\mathrm{i}\lambda \end{pmatrix}, \tag{2.54}$$

得到新解与旧解之间的关系：

$$\begin{cases} \tilde{q}_1=q_1+2A_{21}^{(N-1)}, \\ \tilde{q}_2=q_2+2A_{31}^{(N-1)}, \\ \tilde{q}_3=q_3+2A_{41}^{(N-1)}, \\ \tilde{q}_4=q_4+2A_{51}^{(N-1)}. \end{cases} \tag{2.55}$$

证明 设 $T^{-1}=\dfrac{T^*}{\Delta T}$,

$$(T_x+TA)T^* = \begin{pmatrix} B_{11}(\lambda) & B_{12}(\lambda) & B_{13}(\lambda) & B_{14}(\lambda) & B_{15}(\lambda) \\ B_{21}(\lambda) & B_{22}(\lambda) & B_{23}(\lambda) & B_{24}(\lambda) & B_{25}(\lambda) \\ B_{31}(\lambda) & B_{32}(\lambda) & B_{33}(\lambda) & B_{34}(\lambda) & B_{35}(\lambda) \\ B_{41}(\lambda) & B_{42}(\lambda) & B_{43}(\lambda) & B_{44}(\lambda) & B_{45}(\lambda) \\ B_{51}(\lambda) & B_{52}(\lambda) & B_{53}(\lambda) & B_{54}(\lambda) & B_{55}(\lambda) \end{pmatrix}, \quad (2.56)$$

容易证明 $B_{sl}(1\leqslant s,l\leqslant 5)$为$\lambda$的$5N$或$5N+1$次多项式.通过计算方程(2.56)能获得下面的形式:

$$(T_x+TU)T^* = (\Delta T)P(\lambda) \quad (2.57)$$

其中

$$P(\lambda) = \begin{pmatrix} P_{11}^{(1)}\lambda+P_{11}^{(0)} & P_{12}^{(0)} & P_{13}^{(0)} & P_{14}^{(0)} & P_{15}^{(0)} \\ P_{21}^{(0)} & P_{22}^{(1)}\lambda+P_{22}^{(0)} & P_{23}^{(0)} & P_{24}^{(0)} & P_{25}^{(0)} \\ P_{31}^{(0)} & P_{32}^{(0)} & P_{33}^{(1)}\lambda+P_{33}^{(0)} & P_{34}^{(0)} & P_{35}^{(0)} \\ P_{41}^{(0)} & P_{42}^{(0)} & P_{43}^{(0)} & P_{44}^{(1)}\lambda+P_{44}^{(0)} & P_{45}^{(0)} \\ P_{51}^{(0)} & P_{52}^{(0)} & P_{53}^{(0)} & P_{54}^{(0)} & P_{55}^{(1)}\lambda+P_{55}^{(0)} \end{pmatrix} \quad (2.58)$$

$P_{mn}^{(k)}(m,n=1,2,3,4,5;k=0,1)$满足没有$\lambda$的函数.基于方程(2.57)得到:

$$(T_x+TU) = P(\lambda)T \quad (2.59)$$

通过比较方程(2.59)中λ的$N+1,N,N-1$次幂,得到:

$$\begin{cases} P_{11}^{(1)} = \mathrm{i}, P_{11}^{(0)} = 0, P_{12}^{(0)} = -\mathrm{i}q_1^* - 2\mathrm{i}A_{12}^{(N-1)}, P_{13}^{(0)} = -\mathrm{i}q_2^* - 2\mathrm{i}A_{13}^{(N-1)}, \\ P_{14}^{(0)} = -\mathrm{i}q_3^* - 2\mathrm{i}A_{14}^{(N-1)}, P_{15}^{(0)} = -\mathrm{i}q_4^* - 2\mathrm{i}A_{15}^{(N-1)}, \\ P_{21}^{(0)} = \mathrm{i}q_1 + 2\mathrm{i}A_{21}^{(N-1)}, P_{22}^{(1)} = -\mathrm{i}, P_{22}^{(0)} = 0, P_{23}^{(0)} = 0, P_{24}^{(0)} = 0, P_{25}^{(0)} = 0, \\ P_{31}^{(0)} = \mathrm{i}q_2 + 2\mathrm{i}A_{31}^{(N-1)}, P_{32}^{(0)} = 0, P_{33}^{(1)} = -\mathrm{i}, P_{33}^{(0)} = 0, P_{34}^{(0)} = 0, P_{35}^{(0)} = 0, \\ P_{41}^{(0)} = \mathrm{i}q_3 + 2\mathrm{i}A_{41}^{(N-1)}, P_{42}^{(0)} = 0, P_{43}^{(0)} = 0, P_{44}^{(1)} = -\mathrm{i}, P_{44}^{(0)} = 0, P_{45}^{(0)} = 0, \\ P_{51}^{(0)} = \mathrm{i}q_4 + 2\mathrm{i}A_{51}^{(N-1)}, P_{52}^{(0)} = 0, P_{53}^{(0)} = 0, P_{54}^{(0)} = 0, P_{55}^{(1)} = -\mathrm{i}, P_{55}^{(0)} = 0. \end{cases} \quad (2.60)$$

在这一部分设新的矩阵$\tilde{U}$与U具有相同形式,这意味着只有q,q^*,U变为$\tilde{q}$,$\tilde{q}^*$,$\tilde{U}$.经过详细计算,比较λ^N的幂次,得到如下方程:

$$\begin{cases} \tilde{q}_1 = q_1 + 2A_{21}^{(N-1)}, \\ \tilde{q}_2 = q_2 + 2A_{31}^{(N-1)}, \\ \tilde{q}_3 = q_3 + 2A_{41}^{(N-1)}, \\ \tilde{q}_4 = q_4 + 2A_{51}^{(N-1)}. \end{cases} \tag{2.61}$$

通过方程(2.60)和(2.61),我们知道 $\tilde{\boldsymbol{U}}=\boldsymbol{P}(\lambda)$. 证毕.

命题 2.4　在方程(2.49)的变换下,矩阵 $\tilde{\boldsymbol{V}}$ 与 $\boldsymbol{V}$ 具有相同形式,有

$$\tilde{\boldsymbol{V}} = \begin{pmatrix} -\mathrm{i}\lambda^2 + \frac{1}{2}\mathrm{i}\tau & -\mathrm{i}\lambda\tilde{q}_1^* - \frac{1}{2}\tilde{q}_{1,x}^* & -\mathrm{i}\lambda\tilde{q}_2^* - \frac{1}{2}\tilde{q}_{2,x}^* & -\mathrm{i}\lambda\tilde{q}_3^* - \frac{1}{2}\tilde{q}_{3,x}^* & -\mathrm{i}\lambda\tilde{q}_4^* - \frac{1}{2}\tilde{q}_{4,x}^* \\ \mathrm{i}\lambda\tilde{q}_1 - \frac{1}{2}\tilde{q}_{1,x} & -\mathrm{i}\lambda^2 - \frac{1}{2}\mathrm{i}\tilde{q}_1\tilde{q}_1^* & -\frac{1}{2}\mathrm{i}\tilde{q}_1\tilde{q}_2^* & -\frac{1}{2}\mathrm{i}\tilde{q}_1\tilde{q}_3^* & -\frac{1}{2}\mathrm{i}\tilde{q}_1\tilde{q}_4^* \\ \mathrm{i}\lambda\tilde{q}_2 - \frac{1}{2}\tilde{q}_{2,x} & -\frac{1}{2}\mathrm{i}\tilde{q}_2\tilde{q}_1^* & -\mathrm{i}\lambda^2 - \frac{1}{2}\mathrm{i}\tilde{q}_2\tilde{q}_2^* & -\frac{1}{2}\mathrm{i}\tilde{q}_2\tilde{q}_3^* & -\frac{1}{2}\mathrm{i}\tilde{q}_2\tilde{q}_4^* \\ \mathrm{i}\lambda\tilde{q}_3 - \frac{1}{2}\tilde{q}_{3,x} & -\frac{1}{2}\mathrm{i}\tilde{q}_3\tilde{q}_1^* & -\frac{1}{2}\mathrm{i}\tilde{q}_3\tilde{q}_2^* & -\mathrm{i}\lambda^2 - \frac{1}{2}\mathrm{i}\tilde{q}_3\tilde{q}_3^* & -\frac{1}{2}\mathrm{i}\tilde{q}_3\tilde{q}_4^* \\ \mathrm{i}\lambda\tilde{q}_4 - \frac{1}{2}\tilde{q}_{4,x} & -\frac{1}{2}\mathrm{i}\tilde{q}_4\tilde{q}_1^* & -\frac{1}{2}\mathrm{i}\tilde{q}_4\tilde{q}_2^* & -\frac{1}{2}\mathrm{i}\tilde{q}_4\tilde{q}_3^* & -\mathrm{i}\lambda^2 - \frac{1}{2}\mathrm{i}\tilde{q}_4\tilde{q}_4^* \end{pmatrix}, \tag{2.62}$$

其中 $\tau=\tilde{q}_1^*\tilde{q}_1+\tilde{q}_2^*\tilde{q}_2+\tilde{q}_3^*\tilde{q}_3+\tilde{q}_4^*\tilde{q}_4$,得到新解与旧解之间的关系:

$$\begin{cases} \tilde{q}_1 = q_1 + 2A_{21}^{(N-1)}, \\ \tilde{q}_2 = q_2 + 2A_{31}^{(N-1)}, \\ \tilde{q}_3 = q_3 + 2A_{41}^{(N-1)}, \\ \tilde{q}_4 = q_4 + 2A_{51}^{(N-1)}. \end{cases} \tag{2.63}$$

证明　设 $\boldsymbol{T}^{-1}=\dfrac{\boldsymbol{T}^*}{\Delta\boldsymbol{T}}$,

$$(\boldsymbol{T}_t + \boldsymbol{T}\boldsymbol{V})\boldsymbol{T}^* = \begin{pmatrix} C_{11}(\lambda) & C_{12}(\lambda) & C_{13}(\lambda) & C_{14}(\lambda) & C_{15}(\lambda) \\ C_{21}(\lambda) & C_{22}(\lambda) & C_{23}(\lambda) & C_{24}(\lambda) & C_{25}(\lambda) \\ C_{31}(\lambda) & C_{32}(\lambda) & C_{33}(\lambda) & C_{34}(\lambda) & C_{35}(\lambda) \\ C_{41}(\lambda) & C_{42}(\lambda) & C_{43}(\lambda) & C_{44}(\lambda) & C_{45}(\lambda) \\ C_{51}(\lambda) & C_{52}(\lambda) & C_{53}(\lambda) & C_{54}(\lambda) & C_{55}(\lambda) \end{pmatrix}. \tag{2.64}$$

容易证明 $C_{sl}(1\leqslant s,l\leqslant 5)$ 为 λ 的 $5N$ 或 $5N+1$ 次多项式.

通过计算，$\lambda_j(1\leqslant j\leqslant 2N)$是$C_{sl}(1\leqslant s,l\leqslant 5)$方程的根. 因此方程(2.64)具有如下形式：

$$(\boldsymbol{T}_t+\boldsymbol{TV})\boldsymbol{T}^*=(\Delta\boldsymbol{T})\boldsymbol{Q}(\lambda), \tag{2.65}$$

其中

$$\boldsymbol{Q}(\lambda)=\begin{pmatrix} \tau_1 & Q_{12}^{(1)}\lambda+Q_{12}^{(0)} & Q_{13}^{(1)}\lambda+Q_{13}^{(0)} & Q_{14}^{(1)}\lambda+Q_{14}^{(0)} & Q_{15}^{(1)}\lambda+Q_{15}^{(0)} \\ Q_{21}^{(1)}\lambda+Q_{21}^{(0)} & \tau_1 & Q_{23}^{(1)}\lambda+Q_{23}^{(0)} & Q_{24}^{(1)}\lambda+Q_{24}^{(0)} & Q_{25}^{(1)}\lambda+Q_{25}^{(0)} \\ Q_{31}^{(1)}\lambda+Q_{31}^{(0)} & Q_{32}^{(1)}\lambda+Q_{32}^{(0)} & \tau_1 & Q_{34}^{(1)}\lambda+Q_{34}^{(0)} & Q_{35}^{(1)}\lambda+Q_{35}^{(0)} \\ Q_{41}^{(1)}\lambda+Q_{41}^{(0)} & Q_{42}^{(1)}\lambda+Q_{42}^{(0)} & Q_{43}^{(1)}\lambda+Q_{43}^{(0)} & \tau_1 & Q_{45}^{(1)}\lambda+Q_{45}^{(0)} \\ Q_{51}^{(1)}\lambda+Q_{51}^{(0)} & Q_{52}^{(1)}\lambda+Q_{52}^{(0)} & Q_{53}^{(1)}\lambda+Q_{53}^{(0)} & Q_{54}^{(1)}\lambda+Q_{54}^{(0)} & \tau_1 \end{pmatrix}$$

这里

$$\tau_1=Q_{11}^{(2)}\lambda^2+Q_{11}^{(1)}\lambda+Q_{11}^{(0)},$$
$$\tau_2=Q_{22}^{(2)}\lambda^2+Q_{22}^{(1)}\lambda+Q_{22}^{(0)},$$
$$\tau_3=Q_{33}^{(2)}\lambda^2+Q_{33}^{(1)}\lambda+Q_{33}^{(0)},$$
$$\tau_4=Q_{44}^{(2)}\lambda^2+Q_{44}^{(1)}\lambda+Q_{44}^{(0)},$$
$$\tau_5=Q_{55}^{(2)}\lambda^2+Q_{55}^{(1)}\lambda+Q_{55}^{(0)},$$

并且通过方程(2.65)得到如下系统：

$$\boldsymbol{T}_t+\boldsymbol{TV}=\boldsymbol{Q}(\lambda)\boldsymbol{T}. \tag{2.66}$$

通过比较方程(2.61)中λ的$N+2,N+1,N$次幂，我们得到的系统如下：

$$\begin{cases} Q_{11}^{(2)}=\mathrm{i},Q_{11}^{(1)}=0,Q_{11}^{(0)}=\dfrac{1}{2}\mathrm{i}(\tilde{q}_1^*\tilde{q}_1+\tilde{q}_2^*\tilde{q}_2+\tilde{q}_3^*\tilde{q}_3+\tilde{q}_4^*\tilde{q}_4), \\ Q_{1k}^{(1)}=-\mathrm{i}q_{k-1}^*-2\mathrm{i}A_{1k}^{(N-1)}, \\ Q_{1k}^{(0)}=-\dfrac{1}{2}q_{k-1,x}^*-A_{1k,x}^{(N-1)}+2\mathrm{i}A_{1k}^{(N-2)},Q_{k1}^{(1)}=\mathrm{i}q_{k-1}+2\mathrm{i}A_{k1}^{(N-1)}, \\ Q_{k1}^{(0)}=-\dfrac{1}{2}q_{k-1,x}-A_{k1,x}^{(N-1)}-2\mathrm{i}A_{k1}^{(N-2)},Q_{22}^{(2)}=Q_{33}^{(2)}=Q_{44}^{(2)}=Q_{55}^{(2)}=-\mathrm{i}, \\ Q_{kk}^{(1)}=0,Q_{hh}^{(0)}=-\dfrac{1}{2}\mathrm{i}q_{h-1}q_{h-1}^*-\mathrm{i}q_{h-1}^*A_{h1}^{(N-1)}-\mathrm{i}q_{h-1}A_{1h}^{(N-1)}-2\mathrm{i}A_{h1}^{(N-1)}A_{1h}^{(N-1)}, \\ Q_{kh}^{(0)}=-\dfrac{1}{2}\mathrm{i}q_{k-1}q_{h-1}^*-\mathrm{i}q_{h-1}^*A_{k1}^{(N-1)}-\mathrm{i}q_{k-1}A_{1h}^{(N-1)}-2\mathrm{i}A_{k1}^{(N-1)}A_{1h}^{(N-1)}, \\ Q_{hk}^{(0)}=-\dfrac{1}{2}\mathrm{i}q_{h-1}q_{k-1}^*-\mathrm{i}q_{k-1}^*A_{h1}^{(N-1)}-\mathrm{i}q_{h-1}A_{1k}^{(N-1)}-2\mathrm{i}A_{h1}^{(N-1)}A_{1k}^{(N-1)}, \end{cases} \tag{2.67}$$

这里$k=2,3,4,5$；$h=2,3,4,5$，并且hk和kh中k与h的关系均为$k<h$.

在这一部分我们设新的矩阵$\tilde{\boldsymbol{V}}$与$\boldsymbol{V}$具有相同形式，这意味着只有q,q^*，$\boldsymbol{V}$

变为 $\widetilde{q}$，$\widetilde{q}^*$，$\widetilde{\boldsymbol{V}}$. 经过详细计算，比较 λ^N 的幂次，得到如下的目标方程：

$$\begin{cases}\widetilde{q}_1 = q_1 + 2A_{21}^{(N-1)},\\ \widetilde{q}_2 = q_2 + 2A_{31}^{(N-1)},\\ \widetilde{q}_3 = q_3 + 2A_{41}^{(N-1)},\\ \widetilde{q}_4 = q_4 + 2A_{51}^{(N-1)}.\end{cases} \tag{2.68}$$

根据方程(2.67)和(2.68)，我们知道 $\widetilde{\boldsymbol{V}}=\boldsymbol{Q}(\lambda)$.

证毕.

2.2.2　零背景下四分量耦合非线性薛定谔方程的孤子解

为了利用达布变换获得方程(2.44)的零种子解，首先给出一组种子解 $q_1=q_2=q_3=q_4=0$，并代入方程(2.45)和(2.46)，能得到如下 5 个基本解：

$$\begin{cases}\boldsymbol{\varphi}=\begin{pmatrix}e^{i\lambda x+i\lambda^2 t}\\0\\0\\0\\0\end{pmatrix},\boldsymbol{\phi}=\begin{pmatrix}0\\e^{-i\lambda x-i\lambda^2 t}\\0\\0\\0\end{pmatrix},\boldsymbol{\eta}=\begin{pmatrix}0\\0\\e^{-i\lambda x-i\lambda^2 t}\\0\\0\end{pmatrix},\\ \boldsymbol{\xi}=\begin{pmatrix}0\\0\\0\\e^{-i\lambda x-i\lambda^2 t}\\0\end{pmatrix},\boldsymbol{\varepsilon}=\begin{pmatrix}0\\0\\0\\0\\e^{-i\lambda x-i\lambda^2 t}\end{pmatrix}.\end{cases} \tag{2.69}$$

将 5 个基本解代入方程(2.51)，可以得到

$$\begin{cases}M_j^{(1)} = e^{-2(i\lambda x+i\lambda^2 t+F_{1,j})},\\ M_j^{(2)} = e^{-2(i\lambda x+i\lambda^2 t+F_{2,j})},\\ M_j^{(3)} = e^{-2(i\lambda x+i\lambda^2 t+F_{3,j})},\\ M_j^{(4)} = e^{-2(i\lambda x+i\lambda^2 t+F_{4,j})},\end{cases} \tag{2.70}$$

其中 $e^{(-2F_{1,j})}=v_j^{(11)}$，$e^{(-2F_{2,j})}=v_j^{(22)}$，$e^{(-2F_{3,j})}=v_j^{(33)}$，$e^{(-2F_{4,j})}=v_j^{(44)}$.

为了获得方程(2.44)在零背景下的 N-孤子解，我们考虑的变换矩阵 $\boldsymbol{T}$ 如下：

$$
\boldsymbol{T}=\begin{pmatrix}
\lambda^N+\sum_{i=0}^{N-1}A_{11}\lambda_j^i & \sum_{i=0}^{N-1}A_{12}\lambda_j^i & \sum_{i=0}^{N-1}A_{13}\lambda_j^i & \sum_{i=0}^{N-1}A_{14}\lambda_j^i & \sum_{i=0}^{N-1}A_{15}\lambda_j^i \\
\sum_{i=0}^{N-1}A_{21}\lambda_j^i & \lambda^N+\sum_{i=0}^{N-1}A_{22}\lambda_j^i & \sum_{i=0}^{N-1}A_{23}\lambda_j^i & \sum_{i=0}^{N-1}A_{24}\lambda_j^i & \sum_{i=0}^{N-1}A_{25}\lambda_j^i \\
\sum_{i=0}^{N-1}A_{31}\lambda_j^i & \sum_{i=0}^{N-1}A_{32}\lambda_j^i & \lambda^N+\sum_{i=0}^{N-1}A_{33}\lambda_j^i & \sum_{i=0}^{N-1}A_{34}\lambda_j^i & \sum_{i=0}^{N-1}A_{35}\lambda_j^i \\
\sum_{i=0}^{N-1}A_{41}\lambda_j^i & \sum_{i=0}^{N-1}A_{42}\lambda_j^i & \sum_{i=0}^{N-1}A_{43}\lambda_j^i & \lambda^N+\sum_{i=0}^{N-1}A_{44}\lambda_j^i & \sum_{i=0}^{N-1}A_{45}\lambda_j^i \\
\sum_{i=0}^{N-1}A_{51}\lambda_j^i & \sum_{i=0}^{N-1}A_{52}\lambda_j^i & \sum_{i=0}^{N-1}A_{53}\lambda_j^i & \sum_{i=0}^{N-1}A_{54}\lambda_j^i & \lambda^N+\sum_{i=0}^{N-1}A_{55}\lambda_j^i
\end{pmatrix}
\tag{2.71}
$$

和

$$
\begin{cases}
\sum_{i=0}^{N-1}(A_{11}^{(i)}+A_{12}^{(i)}M_j^{(1)}+A_{13}^{(i)}M_j^{(2)}+A_{14}^{(i)}M_j^{(3)}+A_{15}^{(i)}M_j^{(4)})\lambda_j^i=-\lambda_j^N, \\
\sum_{i=0}^{N-1}(A_{21}^{(i)}+A_{22}^{(i)}M_j^{(1)}+A_{23}^{(i)}M_j^{(2)}+A_{24}^{(i)}M_j^{(3)}+A_{25}^{(i)}M_j^{(4)})\lambda_j^i=-M_j^{(1)}\lambda_j^N, \\
\sum_{i=0}^{N-1}(A_{31}^{(i)}+A_{32}^{(i)}M_j^{(1)}+A_{33}^{(i)}M_j^{(2)}+A_{34}^{(i)}M_j^{(3)}+A_{35}^{(i)}M_j^{(4)})\lambda_j^i=-M_j^{(2)}\lambda_j^N, \\
\sum_{i=0}^{N-1}(A_{41}^{(i)}+A_{42}^{(i)}M_j^{(1)}+A_{43}^{(i)}M_j^{(2)}+A_{44}^{(i)}M_j^{(3)}+A_{45}^{(i)}M_j^{(4)})\lambda_j^i=-M_j^{(3)}\lambda_j^N, \\
\sum_{i=0}^{N-1}(A_{51}^{(i)}+A_{52}^{(i)}M_j^{(1)}+A_{53}^{(i)}M_j^{(2)}+A_{54}^{(i)}M_j^{(3)}+A_{55}^{(i)}M_j^{(4)})\lambda_j^i=-M_j^{(4)}\lambda_j^N.
\end{cases}
\tag{2.72}
$$

方程(2.44)在零背景下的种子解可以通过达布变换代入方程(2.72)得到：

$$
\begin{cases}
\tilde{q}_1=2A_{21}^{(N-1)}, \\
\tilde{q}_2=2A_{31}^{(N-1)}, \\
\tilde{q}_3=2A_{41}^{(N-1)}, \\
\tilde{q}_4=2A_{51}^{(N-1)},
\end{cases}
\tag{2.73}
$$

这里

$$
A_{21}^{(N-1)}=\frac{\Delta A_{21}^{(N-1)}}{\Delta},A_{31}^{(N-1)}=\frac{\Delta A_{31}^{(N-1)}}{\Delta},A_{41}^{(N-1)}=\frac{\Delta A_{41}^{(N-1)}}{\Delta},A_{51}^{(N-1)}=\frac{\Delta A_{51}^{(N-1)}}{\Delta}.
\tag{2.74}
$$

其中

$$
\left\{
\begin{array}{l}
\Delta=\begin{vmatrix}
1 & e^{\theta_{1,1}} & e^{\theta_{1,2}} & e^{\theta_{1,3}} & e^{\theta_{1,4}} & \cdots & \lambda_1^{(N-1)} & \lambda_1^{(N-1)}e^{\theta_{1,1}} & \cdots & \lambda_1^{(N-1)}e^{\theta_{1,4}} \\
1 & e^{\theta_{2,1}} & e^{\theta_{2,2}} & e^{\theta_{2,3}} & e^{\theta_{2,4}} & \cdots & \lambda_2^{(N-1)} & \lambda_2^{(N-1)}e^{\theta_{2,1}} & \cdots & \lambda_2^{(N-1)}e^{\theta_{2,4}} \\
\vdots & \vdots & \vdots & \vdots & \vdots & & \vdots & \vdots & & \vdots \\
1 & e^{\theta_{5N,1}} & e^{\theta_{5N,2}} & e^{\theta_{5N,3}} & e^{\theta_{5N,4}} & \cdots & \lambda_{5N}^{(N-1)} & \lambda_{5N}^{(N-1)}e^{\theta_{5N,1}} & \cdots & \lambda_{5N}^{(N-1)}e^{\theta_{5N,4}}
\end{vmatrix}, \\
\Delta A_{21}^{(N-1)}=\begin{vmatrix}
1 & e^{\theta_{1,1}} & e^{\theta_{1,2}} & e^{\theta_{1,3}} & e^{\theta_{1,4}} & \cdots & -\lambda_1^{(N)}e^{\theta_{1,1}} & \lambda_1^{(N-1)}e^{\theta_{1,1}} & \cdots & \lambda_1^{(N-1)}e^{\theta_{1,4}} \\
1 & e^{\theta_{2,1}} & e^{\theta_{2,2}} & e^{\theta_{2,3}} & e^{\theta_{2,4}} & \cdots & -\lambda_2^{(N)}e^{\theta_{2,1}} & \lambda_2^{(N-1)}e^{\theta_{2,1}} & \cdots & \lambda_2^{(N-1)}e^{\theta_{2,4}} \\
\vdots & \vdots & \vdots & \vdots & \vdots & & \vdots & \vdots & & \vdots \\
1 & e^{\theta_{5N,1}} & e^{\theta_{5N,2}} & e^{\theta_{5N,3}} & e^{\theta_{5N,4}} & \cdots & -\lambda_{5N}^{(N)}e^{\theta_{5N,1}} & \lambda_{5N}^{(N-1)}e^{\theta_{5N,1}} & \cdots & \lambda_{5N}^{(N-1)}e^{\theta_{5N,4}}
\end{vmatrix}, \\
\Delta A_{31}^{(N-1)}=\begin{vmatrix}
1 & e^{\theta_{1,1}} & e^{\theta_{1,2}} & e^{\theta_{1,3}} & e^{\theta_{1,4}} & \cdots & -\lambda_1^{(N)}e^{\theta_{1,2}} & \lambda_1^{(N-1)}e^{\theta_{1,1}} & \cdots & \lambda_1^{(N-1)}e^{\theta_{1,4}} \\
1 & e^{\theta_{2,1}} & e^{\theta_{2,2}} & e^{\theta_{2,3}} & e^{\theta_{2,4}} & \cdots & -\lambda_2^{(N)}e^{\theta_{2,2}} & \lambda_2^{(N-1)}e^{\theta_{2,1}} & \cdots & \lambda_2^{(N-1)}e^{\theta_{2,4}} \\
\vdots & \vdots & \vdots & \vdots & \vdots & & \vdots & \vdots & & \vdots \\
1 & e^{\theta_{5N,1}} & e^{\theta_{5N,2}} & e^{\theta_{5N,3}} & e^{\theta_{5N,4}} & \cdots & -\lambda_{5N}^{(N)}e^{\theta_{5N,2}} & \lambda_{5N}^{(N-1)}e^{\theta_{5N,1}} & \cdots & \lambda_{5N}^{(N-1)}e^{\theta_{5N,4}}
\end{vmatrix}, \\
\Delta A_{41}^{(N-1)}=\begin{vmatrix}
1 & e^{\theta_{1,1}} & e^{\theta_{1,2}} & e^{\theta_{1,3}} & e^{\theta_{1,4}} & \cdots & -\lambda_1^{(N)}e^{\theta_{1,3}} & \lambda_1^{(N-1)}e^{\theta_{1,1}} & \cdots & \lambda_1^{(N-1)}e^{\theta_{1,4}} \\
1 & e^{\theta_{2,1}} & e^{\theta_{2,2}} & e^{\theta_{2,3}} & e^{\theta_{2,4}} & \cdots & -\lambda_2^{(N)}e^{\theta_{2,3}} & \lambda_2^{(N-1)}e^{\theta_{2,1}} & \cdots & \lambda_2^{(N-1)}e^{\theta_{2,4}} \\
\vdots & \vdots & \vdots & \vdots & \vdots & & \vdots & \vdots & & \vdots \\
1 & e^{\theta_{5N,1}} & e^{\theta_{5N,2}} & e^{\theta_{5N,3}} & e^{\theta_{5N,4}} & \cdots & -\lambda_{5N}^{(N)}e^{\theta_{5N,3}} & \lambda_{5N}^{(N-1)}e^{\theta_{5N,1}} & \cdots & \lambda_{5N}^{(N-1)}e^{\theta_{5N,4}}
\end{vmatrix}, \\
\Delta A_{51}^{(N-1)}=\begin{vmatrix}
1 & e^{\theta_{1,1}} & e^{\theta_{1,2}} & e^{\theta_{1,3}} & e^{\theta_{1,4}} & \cdots & -\lambda_1^{(N)}e^{\theta_{1,4}} & \lambda_1^{(N-1)}e^{\theta_{1,1}} & \cdots & \lambda_1^{(N-1)}e^{\theta_{1,4}} \\
1 & e^{\theta_{2,1}} & e^{\theta_{2,2}} & e^{\theta_{2,3}} & e^{\theta_{2,4}} & \cdots & -\lambda_2^{(N)}e^{\theta_{2,4}} & \lambda_2^{(N-1)}e^{\theta_{2,1}} & \cdots & \lambda_2^{(N-1)}e^{\theta_{2,4}} \\
\vdots & \vdots & \vdots & \vdots & \vdots & & \vdots & \vdots & & \vdots \\
1 & e^{\theta_{5N,1}} & e^{\theta_{5N,2}} & e^{\theta_{5N,3}} & e^{\theta_{5N,4}} & \cdots & -\lambda_{5N}^{(N)}e^{\theta_{5N,4}} & \lambda_{5N}^{(N-1)}e^{\theta_{5N,1}} & \cdots & \lambda_{5N}^{(N-1)}e^{\theta_{5N,4}}
\end{vmatrix},
\end{array}
\right.
\tag{2.75}
$$

其中

$\theta_{1,1}=-2(i\lambda_1 x+i\lambda_1^2 t+F_{1,1})$，$\theta_{1,2}=-2(i\lambda_1 x+i\lambda_1^2 t+F_{2,1})$，

$\theta_{1,3}=-2(i\lambda_1 x+i\lambda_1^2 t+F_{3,1})$，$\theta_{1,4}=-2(i\lambda_1 x+i\lambda_1^2 t+F_{4,1})$，

$\theta_{2,1}=-2(i\lambda_2 x+i\lambda_2^2 t+F_{1,2})$，$\theta_{2,2}=-2(i\lambda_2 x+i\lambda_2^2 t+F_{2,2})$，

$\theta_{2,3}=-2(i\lambda_2 x+i\lambda_2^2 t+F_{3,2})$，$\theta_{2,4}=-2(i\lambda_2 x+i\lambda_2^2 t+F_{4,2})$，

$\theta_{5N,1}=-2(i\lambda_{5N} x+i\lambda_{5N}^2 t+F_{1,5N})$，$\theta_{5N,2}=-2(i\lambda_{5N} x+i\lambda_{5N}^2 t+F_{2,5N})$，

$\theta_{5N,3}=-2(i\lambda_{5N} x+i\lambda_{5N}^2 t+F_{3,5N})$，$\theta_{5N,4}=-2(i\lambda_{5N} x+i\lambda_{5N}^2 t+F_{4,5N})$.

为了获得方程(2.44)的 1-孤子解，考虑方程(2.71)和(2.72)$N=1$ 的情况，并且得到变换矩阵 $\boldsymbol{T}$：

$$\boldsymbol{T}=\begin{pmatrix}\lambda+A_{11}^{(0)} & A_{12}^{(0)} & A_{13}^{(0)} & A_{14}^{(0)} & A_{15}^{(0)}\\ A_{21}^{(0)} & \lambda+A_{22}^{(0)} & A_{23}^{(0)} & A_{24}^{(0)} & A_{25}^{(0)}\\ A_{31}^{(0)} & A_{32}^{(0)} & \lambda+A_{33}^{(0)} & A_{34}^{(0)} & A_{35}^{(0)}\\ A_{41}^{(0)} & A_{42}^{(0)} & A_{43}^{(0)} & \lambda+A_{44}^{(0)} & A_{45}^{(0)}\\ A_{51}^{(0)} & A_{52}^{(0)} & A_{53}^{(0)} & A_{54}^{(0)} & \lambda+A_{55}^{(0)}\end{pmatrix} \tag{2.76}$$

和

$$\begin{cases}A_{11}^{(0)}+A_{12}^{(0)}M_j^{(1)}+A_{13}^{(0)}M_j^{(2)}+A_{14}^{(0)}M_j^{(3)}+A_{15}^{(0)}M_j^{(4)}=-\lambda_j,\\ A_{21}^{(0)}+A_{22}^{(0)}M_j^{(1)}+A_{23}^{(0)}M_j^{(2)}+A_{24}^{(0)}M_j^{(3)}+A_{25}^{(0)}M_j^{(4)}=-M_j^{(1)}\lambda_j,\\ A_{31}^{(0)}+A_{32}^{(0)}M_j^{(1)}+A_{33}^{(0)}M_j^{(2)}+A_{34}^{(0)}M_j^{(3)}+A_{35}^{(0)}M_j^{(4)}=-M_j^{(2)}\lambda_j,\\ A_{41}^{(0)}+A_{42}^{(0)}M_j^{(1)}+A_{43}^{(0)}M_j^{(2)}+A_{44}^{(0)}M_j^{(3)}+A_{45}^{(0)}M_j^{(4)}=-M_j^{(3)}\lambda_j,\\ A_{51}^{(0)}+A_{52}^{(0)}M_j^{(1)}+A_{53}^{(0)}M_j^{(2)}+A_{54}^{(0)}M_j^{(3)}+A_{55}^{(0)}M_j^{(4)}=-M_j^{(4)}\lambda_j.\end{cases} \tag{2.77}$$

根据方程(2.77)和克莱默法则，获得如下系统：

$$\begin{cases}\Delta_1=\begin{vmatrix}1 & e^{-2\rho_{1,1}} & e^{-2\rho_{2,1}} & e^{-2\rho_{3,1}} & e^{-2\rho_{4,1}}\\ 1 & e^{-2\rho_{1,2}} & e^{-2\rho_{2,2}} & e^{-2\rho_{3,2}} & e^{-2\rho_{4,2}}\\ 1 & e^{-2\rho_{1,3}} & e^{-2\rho_{2,3}} & e^{-2\rho_{3,3}} & e^{-2\rho_{4,3}}\\ 1 & e^{-2\rho_{1,4}} & e^{-2\rho_{2,4}} & e^{-2\rho_{3,4}} & e^{-2\rho_{4,4}}\\ 1 & e^{-2\rho_{1,5}} & e^{-2\rho_{2,5}} & e^{-2\rho_{3,5}} & e^{-2\rho_{4,5}}\end{vmatrix},\\ \Delta A_{21}^{(0)}=\begin{vmatrix}-\lambda_1 e^{-2\rho_{1,1}} & e^{-2\rho_{1,1}} & e^{-2\rho_{2,1}} & e^{-2\rho_{3,1}} & e^{-2\rho_{4,1}}\\ -\lambda_2 e^{-2\rho_{1,2}} & e^{-2\rho_{1,2}} & e^{-2\rho_{2,2}} & e^{-2\rho_{3,2}} & e^{-2\rho_{4,2}}\\ -\lambda_3 e^{-2\rho_{1,3}} & e^{-2\rho_{1,3}} & e^{-2\rho_{2,3}} & e^{-2\rho_{3,3}} & e^{-2\rho_{4,3}}\\ -\lambda_4 e^{-2\rho_{1,4}} & e^{-2\rho_{1,4}} & e^{-2\rho_{2,4}} & e^{-2\rho_{3,4}} & e^{-2\rho_{4,4}}\\ -\lambda_5 e^{-2\rho_{1,5}} & e^{-2\rho_{1,5}} & e^{-2\rho_{2,5}} & e^{-2\rho_{3,5}} & e^{-2\rho_{4,5}}\end{vmatrix},\\ \Delta A_{31}^{(0)}=\begin{vmatrix}-\lambda_1 e^{-2\rho_{2,1}} & e^{-2\rho_{1,1}} & e^{-2\rho_{2,1}} & e^{-2\rho_{3,1}} & e^{-2\rho_{4,1}}\\ -\lambda_2 e^{-2\rho_{2,2}} & e^{-2\rho_{1,2}} & e^{-2\rho_{2,2}} & e^{-2\rho_{3,2}} & e^{-2\rho_{4,2}}\\ -\lambda_3 e^{-2\rho_{2,3}} & e^{-2\rho_{1,3}} & e^{-2\rho_{2,3}} & e^{-2\rho_{3,3}} & e^{-2\rho_{4,3}}\\ -\lambda_4 e^{-2\rho_{2,4}} & e^{-2\rho_{1,4}} & e^{-2\rho_{2,4}} & e^{-2\rho_{3,4}} & e^{-2\rho_{4,4}}\\ -\lambda_5 e^{-2\rho_{2,5}} & e^{-2\rho_{1,5}} & e^{-2\rho_{2,5}} & e^{-2\rho_{3,5}} & e^{-2\rho_{4,5}}\end{vmatrix},\end{cases} \tag{2.78a}$$

$$
\begin{cases}
\Delta A_{41}^{(0)}=\begin{vmatrix}
-\lambda_1 e^{-2\rho_{3,1}} & e^{-2\rho_{1,1}} & e^{-2\rho_{2,1}} & e^{-2\rho_{3,1}} & e^{-2\rho_{4,1}}\\
-\lambda_2 e^{-2\rho_{3,2}} & e^{-2\rho_{1,2}} & e^{-2\rho_{2,2}} & e^{-2\rho_{3,2}} & e^{-2\rho_{4,2}}\\
-\lambda_3 e^{-2\rho_{3,3}} & e^{-2\rho_{1,3}} & e^{-2\rho_{2,3}} & e^{-2\rho_{3,3}} & e^{-2\rho_{4,3}}\\
-\lambda_4 e^{-2\rho_{3,4}} & e^{-2\rho_{1,4}} & e^{-2\rho_{2,4}} & e^{-2\rho_{3,4}} & e^{-2\rho_{4,4}}\\
-\lambda_5 e^{-2\rho_{3,5}} & e^{-2\rho_{1,5}} & e^{-2\rho_{2,5}} & e^{-2\rho_{3,5}} & e^{-2\rho_{4,5}}
\end{vmatrix},\\
\Delta A_{51}^{(0)}=\begin{vmatrix}
-\lambda_1 e^{-2\rho_{4,1}} & e^{-2\rho_{1,1}} & e^{-2\rho_{2,1}} & e^{-2\rho_{3,1}} & e^{-2\rho_{4,1}}\\
-\lambda_2 e^{-2\rho_{4,2}} & e^{-2\rho_{1,2}} & e^{-2\rho_{2,2}} & e^{-2\rho_{3,2}} & e^{-2\rho_{4,2}}\\
-\lambda_3 e^{-2\rho_{4,3}} & e^{-2\rho_{1,3}} & e^{-2\rho_{2,3}} & e^{-2\rho_{3,3}} & e^{-2\rho_{4,3}}\\
-\lambda_4 e^{-2\rho_{4,4}} & e^{-2\rho_{1,4}} & e^{-2\rho_{2,4}} & e^{-2\rho_{3,4}} & e^{-2\rho_{4,4}}\\
-\lambda_5 e^{-2\rho_{4,5}} & e^{-2\rho_{1,5}} & e^{-2\rho_{2,5}} & e^{-2\rho_{3,5}} & e^{-2\rho_{4,5}}
\end{vmatrix}.
\end{cases}
\tag{2.78b}
$$

其中

$\rho_{i,1}=i\lambda_1 x+i\lambda_1^2 t+F_{i,1}$,

$\rho_{i,2}=i\lambda_2 x+i\lambda_2^2 t+F_{i,2}$,

$\rho_{i,3}=i\lambda_3 x+i\lambda_3^2 t+F_{i,3}$,

$\rho_{i,4}=i\lambda_4 x+i\lambda_4^2 t+F_{i,4}$,

$\rho_{i,5}=i\lambda_5 x+i\lambda_5^2 t+F_{i,5}$,

$i=1,2,3,4.$

基于方程(2.74),获得如下系统

$$
\begin{cases}
A_{21}^{(0)}=\dfrac{\Delta A_{21}^{(0)}}{\Delta_1},\\
A_{31}^{(0)}=\dfrac{\Delta A_{31}^{(0)}}{\Delta_1},\\
A_{41}^{(0)}=\dfrac{\Delta A_{41}^{(0)}}{\Delta_1},\\
A_{51}^{(0)}=\dfrac{\Delta A_{51}^{(0)}}{\Delta_1}.
\end{cases}
\tag{2.79}
$$

通过达布变换,得到方程(2.44)在零背景下的 1-孤子解:

$$
\begin{cases}
\tilde{q}_1=2A_{21}^{(0)},\\
\tilde{q}_2=2A_{31}^{(0)},\\
\tilde{q}_3=2A_{41}^{(0)},\\
\tilde{q}_4=2A_{51}^{(0)}.
\end{cases}
\tag{2.80}
$$

2.2.3 非零背景下四分量耦合非线性薛定谔方程的孤子解

2.2.3.1 含有一个非零种子解的孤子解

零种子解的 N-孤子解是最简单的情况之一，非零种子解的 N-孤子解公式存在达布变换更加复杂. 由于非零解必须满足方程(2.44)，首先给出一组非零种子解 $q_1=\mathrm{e}^{-\mathrm{i}t}$，$q_2=q_3=q_4=0$，并代入方程(2.45)和(2.46)，能得到如下基本解：

$$\left\{\begin{aligned}&\boldsymbol{\varphi}=\begin{pmatrix}H\mathrm{e}^{(\sqrt{1-\lambda^2})x+\mathrm{i}t}\\0\\0\\0\\0\end{pmatrix},\boldsymbol{\phi}=\begin{pmatrix}0\\K(\lambda+\mathrm{i}\sqrt{1-\lambda^2})\mathrm{e}^{(\sqrt{1-\lambda^2})x-\mathrm{i}t}\\0\\0\\0\end{pmatrix},\\&\boldsymbol{\eta}=\begin{pmatrix}0\\0\\\mathrm{e}^{-\mathrm{i}\lambda x-\mathrm{i}\lambda^2t}\\0\\0\end{pmatrix},\boldsymbol{\xi}=\begin{pmatrix}0\\0\\0\\\mathrm{e}^{-\mathrm{i}\lambda x-\mathrm{i}\lambda^2t}\\0\end{pmatrix},\boldsymbol{\varepsilon}=\begin{pmatrix}0\\0\\0\\0\\\mathrm{e}^{-\mathrm{i}\lambda x-\mathrm{i}\lambda^2t}\end{pmatrix}.\end{aligned}\right.\tag{2.81}$$

其中 $H=\sqrt{\dfrac{\lambda^2+\frac{1}{2}}{\lambda^2+\frac{1}{2}}}K$.

将方程(2.81)代入方程(2.51)中，能得到：

$$\left\{\begin{aligned}M_j^{(1)}&=\frac{K(\lambda+\mathrm{i}\sqrt{1-\lambda^2})}{H}\mathrm{e}^{-2\mathrm{i}t+G_{1,j}},\\M_j^{(2)}&=\frac{1}{H}\mathrm{e}^{(-\mathrm{i}\lambda-\sqrt{1-\lambda^2})x-(\mathrm{i}\lambda^2+\mathrm{i})t+G_{2,j}},\\M_j^{(3)}&=\frac{1}{H}\mathrm{e}^{(-\mathrm{i}\lambda-\sqrt{1-\lambda^2})x-(\mathrm{i}\lambda^2+\mathrm{i})t+G_{3,j}},\\M_j^{(4)}&=\frac{1}{H}\mathrm{e}^{(-\mathrm{i}\lambda-\sqrt{1-\lambda^2})x-(\mathrm{i}\lambda^2+\mathrm{i})t+G_{4,j}}.\end{aligned}\right.\tag{2.82}$$

其中 $\mathrm{e}^{(G_{1,j})}=v_j^{(11)}$，$\mathrm{e}^{(G_{2,j})}=v_j^{(22)}$，$\mathrm{e}^{(G_{3,j})}=v_j^{(33)}$，$\mathrm{e}^{(G_{4,j})}=v_j^{(44)}$，$1\leqslant j\leqslant 5N$.

为了获得方程(2.44)在非零背景下的 N-孤子解，考虑的变换矩阵 $\boldsymbol{T}$ 如下：

$$T=\begin{pmatrix} \lambda^N+\sum_{i=0}^{N-1}A_{11}\lambda_j^i & \sum_{i=0}^{N-1}A_{12}\lambda_j^i & \sum_{i=0}^{N-1}A_{13}\lambda_j^i & \sum_{i=0}^{N-1}A_{14}\lambda_j^i & \sum_{i=0}^{N-1}A_{15}\lambda_j^i \\ \sum_{i=0}^{N-1}A_{21}\lambda_j^i & \lambda^N+\sum_{i=0}^{N-1}A_{22}\lambda_j^i & \sum_{i=0}^{N-1}A_{23}\lambda_j^i & \sum_{i=0}^{N-1}A_{24}\lambda_j^i & \sum_{i=0}^{N-1}A_{25}\lambda_j^i \\ \sum_{i=0}^{N-1}A_{31}\lambda_j^i & \sum_{i=0}^{N-1}A_{32}\lambda_j^i & \lambda^N+\sum_{i=0}^{N-1}A_{33}\lambda_j^i & \sum_{i=0}^{N-1}A_{34}\lambda_j^i & \sum_{i=0}^{N-1}A_{35}\lambda_j^i \\ \sum_{i=0}^{N-1}A_{41}\lambda_j^i & \sum_{i=0}^{N-1}A_{42}\lambda_j^i & \sum_{i=0}^{N-1}A_{43}\lambda_j^i & \lambda^N+\sum_{i=0}^{N-1}A_{44}\lambda_j^i & \sum_{i=0}^{N-1}A_{45}\lambda_j^i \\ \sum_{i=0}^{N-1}A_{51}\lambda_j^i & \sum_{i=0}^{N-1}A_{52}\lambda_j^i & \sum_{i=0}^{N-1}A_{53}\lambda_j^i & \sum_{i=0}^{N-1}A_{54}\lambda_j^i & \lambda^N+\sum_{i=0}^{N-1}A_{55}\lambda_j^i \end{pmatrix}, \tag{2.83}$$

和

$$\begin{cases} \sum_{i=0}^{N-1}(A_{11}^{(i)}+A_{12}^{(i)}M_j^{(1)}+A_{13}^{(i)}M_j^{(2)}+A_{14}^{(i)}M_j^{(3)}+A_{15}^{(i)}M_j^{(4)})\lambda_j^i=-\lambda_j^N, \\ \sum_{i=0}^{N-1}(A_{21}^{(i)}+A_{22}^{(i)}M_j^{(1)}+A_{23}^{(i)}M_j^{(2)}+A_{24}^{(i)}M_j^{(3)}+A_{25}^{(i)}M_j^{(4)})\lambda_j^i=-M_j^{(1)}\lambda_j^N, \\ \sum_{i=0}^{N-1}(A_{31}^{(i)}+A_{32}^{(i)}M_j^{(1)}+A_{33}^{(i)}M_j^{(2)}+A_{34}^{(i)}M_j^{(3)}+A_{35}^{(i)}M_j^{(4)})\lambda_j^i=-M_j^{(2)}\lambda_j^N, \\ \sum_{i=0}^{N-1}(A_{41}^{(i)}+A_{42}^{(i)}M_j^{(1)}+A_{43}^{(i)}M_j^{(2)}+A_{44}^{(i)}M_j^{(3)}+A_{45}^{(i)}M_j^{(4)})\lambda_j^i=-M_j^{(3)}\lambda_j^N, \\ \sum_{i=0}^{N-1}(A_{51}^{(i)}+A_{52}^{(i)}M_j^{(1)}+A_{53}^{(i)}M_j^{(2)}+A_{54}^{(i)}M_j^{(3)}+A_{55}^{(i)}M_j^{(4)})\lambda_j^i=-M_j^{(4)}\lambda_j^N. \end{cases} \tag{2.84}$$

根据方程(2.84)中的克莱默法则，能得到方程(2.44)在非零背景下的 N-孤子解为：

$$\begin{cases} \tilde{q}_1=\mathrm{e}^{-\mathrm{i}t}+2A_{21}^{(N-1)}, \\ \tilde{q}_2=2A_{31}^{(N-1)}, \\ \tilde{q}_3=2A_{41}^{(N-1)}, \\ \tilde{q}_4=2A_{51}^{(N-1)}, \end{cases} \tag{2.85}$$

这里

$$\begin{cases} A_{21}^{(N-1)} = \dfrac{\Delta A_{21}^{(N-1)}}{\Delta}, A_{31}^{(N-1)} = \dfrac{\Delta A_{31}^{(N-1)}}{\Delta}, \\ A_{41}^{(N-1)} = \dfrac{\Delta A_{41}^{(N-1)}}{\Delta}, A_{51}^{(N-1)} = \dfrac{\Delta A_{51}^{(N-1)}}{\Delta}. \end{cases} \tag{2.86}$$

其中

$$\Delta = \begin{vmatrix} 1 & \omega_1 e^{\theta_{1,1}} & \frac{1}{H}e^{\theta_{1,2}} & \frac{1}{H}e^{\theta_{1,3}} & \frac{1}{H}e^{\theta_{1,4}} & \cdots & \lambda_1^{(N-1)} & \omega_1\lambda_1^{(N-1)} e^{\theta_{1,1}} & \cdots & \frac{1}{H}\lambda_1^{(N-1)} e^{\theta_{1,4}} \\ 1 & \omega_2 e^{\theta_{2,1}} & \frac{1}{H}e^{\theta_{2,2}} & \frac{1}{H}e^{\theta_{2,3}} & \frac{1}{H}e^{\theta_{2,4}} & \cdots & \lambda_2^{(N-1)} & \omega_2\lambda_2^{(N-1)} e^{\theta_{2,1}} & \cdots & \frac{1}{H}\lambda_2^{(N-1)} e^{\theta_{2,4}} \\ \vdots & & \vdots & \vdots & \vdots & & \vdots & \vdots & & \vdots \\ 1 & \omega_{5N} e^{\theta_{5N,1}} & \frac{1}{H}e^{\theta_{5N,2}} & \frac{1}{H}e^{\theta_{5N,3}} & \frac{1}{H}e^{\theta_{5N,4}} & \cdots & \lambda_{5N}^{(N-1)} & \omega_{5N}\lambda_{5N}^{(N-1)} e^{\theta_{5N,1}} & \cdots & \frac{1}{H}\lambda_{5N}^{(N-1)} e^{\theta_{5N,4}} \end{vmatrix}, \tag{2.87a}$$

$$\Delta A_{21}^{(N-1)} = \begin{vmatrix} 1 & \omega_1 e^{\theta_{1,1}} & \frac{1}{H}e^{\theta_{1,2}} & \cdots & -\omega_1\lambda_1^{(N)} e^{\theta_{1,1}} & \omega_1\lambda_1^{(N-1)} e^{\theta_{1,1}} & \cdots & \frac{1}{H}\lambda_1^{(N-1)} e^{\theta_{1,4}} \\ 1 & \omega_2 e^{\theta_{2,1}} & \frac{1}{H}e^{\theta_{2,2}} & \cdots & -\omega_2\lambda_2^{(N)} e^{\theta_{2,1}} & \omega_2\lambda_2^{(N-1)} e^{\theta_{2,1}} & \cdots & \frac{1}{H}\lambda_2^{(N-1)} e^{\theta_{2,4}} \\ \vdots & \vdots & \vdots & & \vdots & \vdots & & \vdots \\ 1 & \omega_{5N} e^{\theta_{5N,1}} & \frac{1}{H}e^{\theta_{5N,2}} & \cdots & -\omega_{5N}\lambda_{5N}^{(N)} e^{\theta_{5N,1}} & \omega_{5N}\lambda_{5N}^{(N-1)} e^{\theta_{5N,1}} & \cdots & \frac{1}{H}\lambda_{5N}^{(N-1)} e^{\theta_{5N,4}} \end{vmatrix}, \tag{2.87b}$$

$$\Delta A_{31}^{(N-1)} = \begin{vmatrix} 1 & \omega_1 e^{\theta_{1,1}} & \frac{1}{H}e^{\theta_{1,2}} & \cdots & -\frac{1}{H}\lambda_1^{(N)} e^{\theta_{1,2}} & \omega_1\lambda_1^{(N-1)} e^{\theta_{1,1}} & \cdots & \frac{1}{H}\lambda_1^{(N-1)} e^{\theta_{1,4}} \\ 1 & \omega_2 e^{\theta_{2,1}} & \frac{1}{H}e^{\theta_{2,2}} & \cdots & -\frac{1}{H}\lambda_2^{(N)} e^{\theta_{2,2}} & \omega_2\lambda_2^{(N-1)} e^{\theta_{2,1}} & \cdots & \frac{1}{H}\lambda_2^{(N-1)} e^{\theta_{2,4}} \\ \vdots & \vdots & \vdots & & \vdots & \vdots & & \vdots \\ 1 & \omega_{5N} e^{\theta_{5N,1}} & \frac{1}{H}e^{\theta_{5N,2}} & \cdots & -\frac{1}{H}\lambda_{5N}^{(N)} e^{\theta_{5N,2}} & \omega_{5N}\lambda_{5N}^{(N-1)} e^{\theta_{5N,1}} & \cdots & \frac{1}{H}\lambda_{5N}^{(N-1)} e^{\theta_{5N,4}} \end{vmatrix}, \tag{2.87c}$$

$$\Delta A_{41}^{(N-1)} = \begin{vmatrix} 1 & \omega_1 e^{\theta_{1,1}} & \frac{1}{H}e^{\theta_{1,2}} & \cdots & -\frac{1}{H}\lambda_1^{(N)} e^{\theta_{1,3}} & \omega_1\lambda_1^{(N-1)} e^{\theta_{1,1}} & \cdots & \frac{1}{H}\lambda_1^{(N-1)} e^{\theta_{1,4}} \\ 1 & \omega_2 e^{\theta_{2,1}} & \frac{1}{H}e^{\theta_{2,2}} & \cdots & -\frac{1}{H}\lambda_2^{(N)} e^{\theta_{2,3}} & \omega_2\lambda_2^{(N-1)} e^{\theta_{2,1}} & \cdots & \frac{1}{H}\lambda_2^{(N-1)} e^{\theta_{2,4}} \\ \vdots & \vdots & \vdots & & \vdots & \vdots & & \vdots \\ 1 & \omega_{5N} e^{\theta_{5N,1}} & \frac{1}{H}e^{\theta_{5N,2}} & \cdots & -\frac{1}{H}\lambda_{5N}^{(N)} e^{\theta_{5N,3}} & \omega_{5N}\lambda_{5N}^{(N-1)} e^{\theta_{5N,1}} & \cdots & \frac{1}{H}\lambda_{5N}^{(N-1)} e^{\theta_{5N,4}} \end{vmatrix}, \tag{2.87d}$$

$$\Delta A_{51}^{(N-1)}=\begin{vmatrix} 1 & \omega_1 e^{\theta_{1,1}} & \frac{1}{H}e^{\theta_{1,2}} & \cdots & -\frac{1}{H}\lambda_1^{(N)}e^{\theta_{1,4}} & \omega_1\lambda_1^{(N-1)}e^{\theta_{1,1}} & \cdots & \frac{1}{H}\lambda_1^{(N-1)}e^{\theta_{1,4}} \\ 1 & \omega_2 e^{\theta_{2,1}} & \frac{1}{H}e^{\theta_{2,2}} & \cdots & -\frac{1}{H}\lambda_2^{(N)}e^{\theta_{2,4}} & \omega_2\lambda_2^{(N-1)}e^{\theta_{2,1}} & \cdots & \frac{1}{H}\lambda_2^{(N-1)}e^{\theta_{2,4}} \\ \vdots & \vdots & \vdots & & \vdots & \vdots & & \vdots \\ 1 & \omega_{5N} e^{\theta_{5N,1}} & \frac{1}{H}e^{\theta_{5N,2}} & \cdots & -\frac{1}{H}\lambda_{5N}^{(N)}e^{\theta_{5N,4}} & \omega_{5N}\lambda_{5N}^{(N-1)}e^{\theta_{5N,1}} & \cdots & \frac{1}{H}\lambda_{5N}^{(N-1)}e^{\theta_{5N,4}} \end{vmatrix}. \tag{2.87e}$$

其中

$\omega_j=\frac{K}{H}(\lambda_j+\mathrm{i}\sqrt{1-\lambda_j^2})$，这里 i 是虚数单位；

$\theta_{j,1}=-2\mathrm{i}t+G_{(1,j)}$，

$\theta_{j,i}=(-i\lambda_j-\sqrt{1-\lambda_j^2})x-(i\lambda_j^2+i)t+G_{(1,j)}$，

$1\leqslant i\leqslant 4, 1\leqslant j\leqslant 5N.$

为了获得方程(2.44)的 1-孤子解，考虑方程(2.83)和(2.84)$N=1$ 的情况，并且得到变换矩阵 $\boldsymbol{T}$：

$$\boldsymbol{T}=\begin{pmatrix} \lambda+A_{11}^{(0)} & A_{12}^{(0)} & A_{13}^{(0)} & A_{14}^{(0)} & A_{15}^{(0)} \\ A_{21}^{(0)} & \lambda+A_{22}^{(0)} & A_{23}^{(0)} & A_{24}^{(0)} & A_{25}^{(0)} \\ A_{31}^{(0)} & A_{32}^{(0)} & \lambda+A_{33}^{(0)} & A_{34}^{(0)} & A_{35}^{(0)} \\ A_{41}^{(0)} & A_{42}^{(0)} & A_{43}^{(0)} & \lambda+A_{44}^{(0)} & A_{45}^{(0)} \\ A_{51}^{(0)} & A_{52}^{(0)} & A_{53}^{(0)} & A_{54}^{(0)} & \lambda+A_{55}^{(0)} \end{pmatrix} \tag{2.88}$$

和

$$\begin{cases} A_{11}^{(0)}+A_{12}^{(0)}M_j^{(1)}+A_{13}^{(0)}M_j^{(2)}+A_{14}^{(0)}M_j^{(3)}+A_{15}^{(0)}M_j^{(4)}=-\lambda_j, \\ A_{21}^{(0)}+A_{22}^{(0)}M_j^{(1)}+A_{23}^{(0)}M_j^{(2)}+A_{24}^{(0)}M_j^{(3)}+A_{25}^{(0)}M_j^{(4)}=-M_j^{(1)}\lambda_j, \\ A_{31}^{(0)}+A_{32}^{(0)}M_j^{(1)}+A_{33}^{(0)}M_j^{(2)}+A_{34}^{(0)}M_j^{(3)}+A_{35}^{(0)}M_j^{(4)}=-M_j^{(2)}\lambda_j, \\ A_{41}^{(0)}+A_{42}^{(0)}M_j^{(1)}+A_{43}^{(0)}M_j^{(2)}+A_{44}^{(0)}M_j^{(3)}+A_{45}^{(0)}M_j^{(4)}=-M_j^{(3)}\lambda_j, \\ A_{51}^{(0)}+A_{52}^{(0)}M_j^{(1)}+A_{53}^{(0)}M_j^{(2)}+A_{54}^{(0)}M_j^{(3)}+A_{55}^{(0)}M_j^{(4)}=-M_j^{(4)}\lambda_j. \end{cases} \tag{2.89}$$

根据方程(2.89)和克莱默法则，获得如下系统：

$$\Delta_1=\begin{vmatrix} 1 & \omega_1 e^{\theta_{1,1}} & \frac{1}{H}e^{\theta_{1,2}} & \frac{1}{H}e^{\theta_{1,3}} & \frac{1}{H}e^{\theta_{1,4}} \\ 1 & \omega_2 e^{\theta_{2,1}} & \frac{1}{H}e^{\theta_{2,2}} & \frac{1}{H}e^{\theta_{2,3}} & \frac{1}{H}e^{\theta_{2,4}} \\ 1 & \omega_3 e^{\theta_{3,1}} & \frac{1}{H}e^{\theta_{3,2}} & \frac{1}{H}e^{\theta_{3,3}} & \frac{1}{H}e^{\theta_{3,4}} \\ 1 & \omega_4 e^{\theta_{4,1}} & \frac{1}{H}e^{\theta_{4,2}} & \frac{1}{H}e^{\theta_{4,3}} & \frac{1}{H}e^{\theta_{4,4}} \\ 1 & \omega_5 e^{\theta_{5,1}} & \frac{1}{H}e^{\theta_{5,2}} & \frac{1}{H}e^{\theta_{5,3}} & \frac{1}{H}e^{\theta_{5,4}} \end{vmatrix}, \tag{2.90a}$$

$$\Delta A_{21}^{(0)}=\begin{vmatrix} -\omega_1\lambda_1 e^{\theta_{1,1}} & \omega_1 e^{\theta_{1,1}} & \frac{1}{H}e^{\theta_{1,2}} & \frac{1}{H}e^{\theta_{1,3}} & \frac{1}{H}e^{\theta_{1,4}} \\ -\omega_2\lambda_2 e^{\theta_{2,1}} & \omega_2 e^{\theta_{2,1}} & \frac{1}{H}e^{\theta_{2,2}} & \frac{1}{H}e^{\theta_{2,3}} & \frac{1}{H}e^{\theta_{2,4}} \\ -\omega_3\lambda_3 e^{\theta_{3,1}} & \omega_3 e^{\theta_{3,1}} & \frac{1}{H}e^{\theta_{3,2}} & \frac{1}{H}e^{\theta_{3,3}} & \frac{1}{H}e^{\theta_{3,4}} \\ -\omega_4\lambda_4 e^{\theta_{4,1}} & \omega_4 e^{\theta_{4,1}} & \frac{1}{H}e^{\theta_{4,2}} & \frac{1}{H}e^{\theta_{4,3}} & \frac{1}{H}e^{\theta_{4,4}} \\ -\omega_5\lambda_5 e^{\theta_{5,1}} & \omega_5 e^{\theta_{5,1}} & \frac{1}{H}e^{\theta_{5,2}} & \frac{1}{H}e^{\theta_{5,3}} & \frac{1}{H}e^{\theta_{5,4}} \end{vmatrix}, \tag{2.90b}$$

$$\Delta A_{31}^{(0)}=\begin{vmatrix} -\frac{1}{H}\lambda_1 e^{\theta_{1,2}} & \omega_1 e^{\theta_{1,1}} & \frac{1}{H}e^{\theta_{1,2}} & \frac{1}{H}e^{\theta_{1,3}} & \frac{1}{H}e^{\theta_{1,4}} \\ -\frac{1}{H}\lambda_2 e^{\theta_{2,2}} & \omega_2 e^{\theta_{2,1}} & \frac{1}{H}e^{\theta_{2,2}} & \frac{1}{H}e^{\theta_{2,3}} & \frac{1}{H}e^{\theta_{2,4}} \\ -\frac{1}{H}\lambda_3 e^{\theta_{3,2}} & \omega_3 e^{\theta_{3,1}} & \frac{1}{H}e^{\theta_{3,2}} & \frac{1}{H}e^{\theta_{3,3}} & \frac{1}{H}e^{\theta_{3,4}} \\ -\frac{1}{H}\lambda_4 e^{\theta_{4,2}} & \omega_4 e^{\theta_{4,1}} & \frac{1}{H}e^{\theta_{4,2}} & \frac{1}{H}e^{\theta_{4,3}} & \frac{1}{H}e^{\theta_{4,4}} \\ -\frac{1}{H}\lambda_5 e^{\theta_{5,2}} & \omega_5 e^{\theta_{5,1}} & \frac{1}{H}e^{\theta_{5,2}} & \frac{1}{H}e^{\theta_{5,3}} & \frac{1}{H}e^{\theta_{5,4}} \end{vmatrix}, \tag{2.90c}$$

$$\Delta A_{41}^{(0)}=\begin{vmatrix} -\frac{1}{H}\lambda_1 e^{\theta_{1,3}} & \omega_1 e^{\theta_{1,1}} & \frac{1}{H}e^{\theta_{1,2}} & \frac{1}{H}e^{\theta_{1,3}} & \frac{1}{H}e^{\theta_{1,4}} \\ -\frac{1}{H}\lambda_2 e^{\theta_{2,3}} & \omega_2 e^{\theta_{2,1}} & \frac{1}{H}e^{\theta_{2,2}} & \frac{1}{H}e^{\theta_{2,3}} & \frac{1}{H}e^{\theta_{2,4}} \\ -\frac{1}{H}\lambda_3 e^{\theta_{3,3}} & \omega_3 e^{\theta_{3,1}} & \frac{1}{H}e^{\theta_{3,2}} & \frac{1}{H}e^{\theta_{3,3}} & \frac{1}{H}e^{\theta_{3,4}} \\ -\frac{1}{H}\lambda_4 e^{\theta_{4,3}} & \omega_4 e^{\theta_{4,1}} & \frac{1}{H}e^{\theta_{4,2}} & \frac{1}{H}e^{\theta_{4,3}} & \frac{1}{H}e^{\theta_{4,4}} \\ -\frac{1}{H}\lambda_5 e^{\theta_{5,3}} & \omega_5 e^{\theta_{5,1}} & \frac{1}{H}e^{\theta_{5,2}} & \frac{1}{H}e^{\theta_{5,3}} & \frac{1}{H}e^{\theta_{5,4}} \end{vmatrix}, \tag{2.90d}$$

$$\Delta A_{51}^{(0)}=\begin{vmatrix} -\frac{1}{H}\lambda_1 e^{\theta_{1,4}} & \omega_1 e^{\theta_{1,1}} & \frac{1}{H}e^{\theta_{1,2}} & \frac{1}{H}e^{\theta_{1,3}} & \frac{1}{H}e^{\theta_{1,4}} \\ -\frac{1}{H}\lambda_2 e^{\theta_{2,4}} & \omega_2 e^{\theta_{2,1}} & \frac{1}{H}e^{\theta_{2,2}} & \frac{1}{H}e^{\theta_{2,3}} & \frac{1}{H}e^{\theta_{2,4}} \\ -\frac{1}{H}\lambda_3 e^{\theta_{3,4}} & \omega_3 e^{\theta_{3,1}} & \frac{1}{H}e^{\theta_{3,2}} & \frac{1}{H}e^{\theta_{3,3}} & \frac{1}{H}e^{\theta_{3,4}} \\ -\frac{1}{H}\lambda_4 e^{\theta_{4,4}} & \omega_4 e^{\theta_{4,1}} & \frac{1}{H}e^{\theta_{4,2}} & \frac{1}{H}e^{\theta_{4,3}} & \frac{1}{H}e^{\theta_{4,4}} \\ -\frac{1}{H}\lambda_5 e^{\theta_{5,4}} & \omega_5 e^{\theta_{5,1}} & \frac{1}{H}e^{\theta_{5,2}} & \frac{1}{H}e^{\theta_{5,3}} & \frac{1}{H}e^{\theta_{5,4}} \end{vmatrix}, \tag{2.90e}$$

其中

$\omega_j=\frac{K}{H}(\lambda_j+\mathrm{i}\sqrt{1-\lambda_j^2})$，这里的 i 是虚数单位；

$\theta_{j,1}=-2it+G_{(1,j)}$，$\theta_{j,i}=(-i\lambda_j-\sqrt{1-\lambda_j^2})x-(i\lambda_j^2+i)t+G_{(1,j)}$，
$1\leqslant i\leqslant 4$，$1\leqslant j\leqslant 5$.

基于方程(2.86)，能获得如下系统

$$\begin{cases} A_{21}^{(0)}=\frac{\Delta A_{21}^{(0)}}{\Delta_1}, \\ A_{31}^{(0)}=\frac{\Delta A_{31}^{(0)}}{\Delta_1}, \\ A_{41}^{(0)}=\frac{\Delta A_{41}^{(0)}}{\Delta_1}, \\ A_{51}^{(0)}=\frac{\Delta A_{51}^{(0)}}{\Delta_1}. \end{cases} \tag{2.91}$$

通过达布变换，得到方程(2.44)在非零背景下的 1-孤子解

$$
\begin{cases}
\tilde{q}_1 = e^{-it} + 2A_{21}^{(0)}, \\
\tilde{q}_2 = 2A_{31}^{(0)}, \\
\tilde{q}_3 = 2A_{41}^{(0)}, \\
\tilde{q}_4 = 2A_{51}^{(0)}.
\end{cases}
\tag{2.92}
$$

2.2.3.2 含有两个非零种子解的孤子解

上一部分给出了含有一个非零种子解的孤子解形式，下面给出含有两个非零种子解的孤子解形式，且非零解必须满足方程(2.44)，新一组的种子解形式为$q_1=q_2=e^{-2it}$，$q_3=q_4=0$，并代入方程(2.45)和(2.46)，能得到如下基本解：

$$
\begin{cases}
\boldsymbol{\varphi} = \begin{pmatrix} L e^{(\sqrt{-\lambda^2+2})x+5it} \\ 0 \\ 0 \\ 0 \\ 0 \end{pmatrix}, \boldsymbol{\phi} = \begin{pmatrix} 0 \\ e^{(\sqrt{-\lambda^2+2})x+it} \\ 0 \\ 0 \\ 0 \end{pmatrix}, \boldsymbol{\eta} = \begin{pmatrix} 0 \\ 0 \\ e^{(\sqrt{-\lambda^2+2})x+it} \\ 0 \\ 0 \end{pmatrix}, \\
\boldsymbol{\xi} = \begin{pmatrix} 0 \\ 0 \\ 0 \\ e^{-i\lambda x - i\lambda^2 t} \\ 0 \end{pmatrix}, \boldsymbol{\varepsilon} = \begin{pmatrix} 0 \\ 0 \\ 0 \\ 0 \\ e^{-i\lambda x - i\lambda^2 t} \end{pmatrix}.
\end{cases}
\tag{2.93}
$$

其中 $L=\dfrac{4i\lambda}{(i\lambda-\sqrt{-\lambda^2+2})(\lambda^2-2)}$.

将方程(2.93)代入方程(2.51)，能得到

$$
\begin{cases}
M_j^{(1)} = \dfrac{1}{L} e^{-4it+G_{1,j}}, \\
M_j^{(2)} = \dfrac{1}{L} e^{-4it+G_{2,j}}, \\
M_j^{(3)} = \dfrac{1}{L} e^{(-i\lambda-\sqrt{-\lambda^2+2})x-(i\lambda^2+5i)t+G_{3,j}}, \\
M_j^{(4)} = \dfrac{1}{L} e^{(-i\lambda-\sqrt{-\lambda^2+2})x-(i\lambda^2+5i)t+G_{4,j}},
\end{cases}
\tag{2.94}
$$

其中

$e^{(G_{1,j})}=v_j^{(11)}$，

$e^{(G_2,j)}=v_j^{(22)}$,

$e^{(G_3,j)}=v_j^{(33)}$,

$e^{(G_4,j)}=v_j^{(44)}$,

$1\leqslant j\leqslant 5N$.

为了获得方程(2.44)在非零背景下的 N-孤子解,考虑的变换矩阵 $\boldsymbol{T}$ 如下:

$$\boldsymbol{T}=\begin{pmatrix} \lambda^N+\sum_{i=0}^{N-1}A_{11}\lambda_j^i & \sum_{i=0}^{N-1}A_{12}\lambda_j^i & \sum_{i=0}^{N-1}A_{13}\lambda_j^i & \sum_{i=0}^{N-1}A_{14}\lambda_j^i & \sum_{i=0}^{N-1}A_{15}\lambda_j^i \\ \sum_{i=0}^{N-1}A_{21}\lambda_j^i & \lambda^N+\sum_{i=0}^{N-1}A_{22}\lambda_j^i & \sum_{i=0}^{N-1}A_{23}\lambda_j^i & \sum_{i=0}^{N-1}A_{24}\lambda_j^i & \sum_{i=0}^{N-1}A_{25}\lambda_j^i \\ \sum_{i=0}^{N-1}A_{31}\lambda_j^i & \sum_{i=0}^{N-1}A_{32}\lambda_j^i & \lambda^N+\sum_{i=0}^{N-1}A_{33}\lambda_j^i & \sum_{i=0}^{N-1}A_{34}\lambda_j^i & \sum_{i=0}^{N-1}A_{35}\lambda_j^i \\ \sum_{i=0}^{N-1}A_{41}\lambda_j^i & \sum_{i=0}^{N-1}A_{42}\lambda_j^i & \sum_{i=0}^{N-1}A_{43}\lambda_j^i & \lambda^N+\sum_{i=0}^{N-1}A_{44}\lambda_j^i & \sum_{i=0}^{N-1}A_{45}\lambda_j^i \\ \sum_{i=0}^{N-1}A_{51}\lambda_j^i & \sum_{i=0}^{N-1}A_{52}\lambda_j^i & \sum_{i=0}^{N-1}A_{53}\lambda_j^i & \sum_{i=0}^{N-1}A_{54}\lambda_j^i & \lambda^N+\sum_{i=0}^{N-1}A_{55}\lambda_j^i \end{pmatrix} \tag{2.95}$$

和

$$\begin{cases} \sum_{i=0}^{N-1}(A_{11}^{(i)}+A_{12}^{(i)}M_j^{(1)}+A_{13}^{(i)}M_j^{(2)}+A_{14}^{(i)}M_j^{(3)}+A_{15}^{(i)}M_j^{(4)})\lambda_j^i=-\lambda_j^N, \\ \sum_{i=0}^{N-1}(A_{21}^{(i)}+A_{22}^{(i)}M_j^{(1)}+A_{23}^{(i)}M_j^{(2)}+A_{24}^{(i)}M_j^{(3)}+A_{25}^{(i)}M_j^{(4)})\lambda_j^i=-M_j^{(1)}\lambda_j^N, \\ \sum_{i=0}^{N-1}(A_{31}^{(i)}+A_{32}^{(i)}M_j^{(1)}+A_{33}^{(i)}M_j^{(2)}+A_{34}^{(i)}M_j^{(3)}+A_{35}^{(i)}M_j^{(4)})\lambda_j^i=-M_j^{(2)}\lambda_j^N, \\ \sum_{i=0}^{N-1}(A_{41}^{(i)}+A_{42}^{(i)}M_j^{(1)}+A_{43}^{(i)}M_j^{(2)}+A_{44}^{(i)}M_j^{(3)}+A_{45}^{(i)}M_j^{(4)})\lambda_j^i=-M_j^{(3)}\lambda_j^N, \\ \sum_{i=0}^{N-1}(A_{51}^{(i)}+A_{52}^{(i)}M_j^{(1)}+A_{53}^{(i)}M_j^{(2)}+A_{54}^{(i)}M_j^{(3)}+A_{55}^{(i)}M_j^{(4)})\lambda_j^i=-M_j^{(4)}\lambda_j^N. \end{cases} \tag{2.96}$$

根据方程(2.96)中的克莱默法则,能得到方程(2.44)在非零背景下的 N-孤子解为:

$$\begin{cases} \tilde{q}_1=e^{-2it}+2A_{21}^{(N-1)}, \\ \tilde{q}_2=e^{-2it}+2A_{31}^{(N-1)}, \\ \tilde{q}_3=2A_{41}^{(N-1)}, \\ \tilde{q}_4=2A_{51}^{(N-1)}, \end{cases} \tag{2.97}$$

这里

$$\begin{cases} A_{21}^{(N-1)} = \dfrac{\Delta A_{21}^{(N-1)}}{\Delta}, A_{31}^{(N-1)} = \dfrac{\Delta A_{31}^{(N-1)}}{\Delta}, \\ A_{41}^{(N-1)} = \dfrac{\Delta A_{41}^{(N-1)}}{\Delta}, A_{51}^{(N-1)} = \dfrac{\Delta A_{51}^{(N-1)}}{\Delta}. \end{cases} \tag{2.98}$$

其中

$$\Delta = \begin{vmatrix} 1 & \frac{1}{L_1}e^{\theta_{1,1}} & \frac{1}{L_1}e^{\theta_{1,2}} & \cdots & \frac{1}{L_1}e^{\theta_{2,4}} & \cdots & \lambda_1^{(N-1)} & \frac{1}{L_1}\lambda_1^{(N-1)}e^{\theta_{1,1}} & \cdots & \frac{1}{L_1}\lambda_1^{(N-1)}e^{\theta_{1,4}} \\ 1 & \frac{1}{L_2}e^{\theta_{2,1}} & \frac{1}{L_2}e^{\theta_{2,2}} & \cdots & \frac{1}{L_2}e^{\theta_{2,4}} & \cdots & \lambda_2^{(N-1)} & \frac{1}{L_2}\lambda_2^{(N-1)}e^{\theta_{2,1}} & \cdots & \frac{1}{L_2}\lambda_2^{(N-1)}e^{\theta_{2,4}} \\ \vdots & \vdots & \vdots & & \vdots & & \vdots & \vdots & & \vdots \\ 1 & \frac{1}{L_{5N}}e^{\theta_{5N,1}} & \frac{1}{L_{5N}}e^{\theta_{5N,2}} & \cdots & \frac{1}{L_{5N}}e^{\theta_{5N,4}} & \cdots & \lambda_{5N}^{(N-1)} & \frac{1}{L_{5N}}\lambda_{5N}^{(N-1)}e^{\theta_{5N,1}} & \cdots & \frac{1}{L_{5N}}\lambda_{5N}^{(N-1)}e^{\theta_{5N,4}} \end{vmatrix}, \tag{2.99a}$$

$$\Delta A_{21}^{(N-1)} = \begin{vmatrix} 1 & \frac{1}{L_1}e^{\theta_{1,1}} & \frac{1}{L_1}e^{\theta_{1,2}} & \cdots & -\frac{1}{L_1}\lambda_1^{(N)}e^{\theta_{1,1}} & \frac{1}{L_1}\lambda_1^{(N-1)}e^{\theta_{1,1}} & \cdots & \frac{1}{L_1}\lambda_1^{(N-1)}e^{\theta_{1,4}} \\ 1 & \frac{1}{L_2}e^{\theta_{2,1}} & \frac{1}{L_2}e^{\theta_{2,2}} & \cdots & -\frac{1}{L_2}\lambda_2^{(N)}e^{\theta_{2,1}} & \frac{1}{L_2}\lambda_2^{(N-1)}e^{\theta_{2,1}} & \cdots & \frac{1}{L_2}\lambda_2^{(N-1)}e^{\theta_{2,4}} \\ \vdots & \vdots & \vdots & & \vdots & \vdots & & \vdots \\ 1 & \frac{1}{L_{5N}}e^{\theta_{5N,1}} & \frac{1}{L_{5N}}e^{\theta_{5N,2}} & \cdots & -\frac{1}{L_{5N}}\lambda_{5N}^{(N)}e^{\theta_{5N,1}} & \frac{1}{L_{5N}}\lambda_{5N}^{(N-1)}e^{\theta_{5N,1}} & \cdots & \frac{1}{L_{5N}}\lambda_{5N}^{(N-1)}e^{\theta_{5N,4}} \end{vmatrix}, \tag{2.99b}$$

$$\Delta A_{31}^{(N-1)} = \begin{vmatrix} 1 & \omega_1 e^{\theta_{1,1}} & \frac{1}{H}e^{\theta_{1,2}} & \cdots & -\frac{1}{H}\lambda_1^{(N)}e^{\theta_{1,2}} & \omega_1\lambda_1^{(N-1)}e^{\theta_{1,1}} & \cdots & \frac{1}{H}\lambda_1^{(N-1)}e^{\theta_{1,4}} \\ 1 & \omega_2 e^{\theta_{2,1}} & \frac{1}{H}e^{\theta_{2,2}} & \cdots & -\frac{1}{H}\lambda_2^{(N)}e^{\theta_{2,2}} & \omega_2\lambda_2^{(N-1)}e^{\theta_{2,1}} & \cdots & \frac{1}{H}\lambda_2^{(N-1)}e^{\theta_{2,4}} \\ \vdots & \vdots & \vdots & & \vdots & \vdots & & \vdots \\ 1 & \omega_{5N} e^{\theta_{5N,1}} & \frac{1}{H}e^{\theta_{5N,2}} & \cdots & -\frac{1}{H}\lambda_{5N}^{(N)}e^{\theta_{5N,2}} & \omega_{5N}\lambda_{5N}^{(N-1)}e^{\theta_{5N,1}} & \cdots & \frac{1}{H}\lambda_{5N}^{(N-1)}e^{\theta_{5N,4}} \end{vmatrix}, \tag{2.99c}$$

$$\Delta A_{41}^{(N-1)} = \begin{vmatrix} 1 & \omega_1 e^{\theta_{1,1}} & \frac{1}{H}e^{\theta_{1,2}} & \cdots & -\frac{1}{H}\lambda_1^{(N)}e^{\theta_{1,3}} & \omega_1\lambda_1^{(N-1)}e^{\theta_{1,1}} & \cdots & \frac{1}{H}\lambda_1^{(N-1)}e^{\theta_{1,4}} \\ 1 & \omega_2 e^{\theta_{2,1}} & \frac{1}{H}e^{\theta_{2,2}} & \cdots & -\frac{1}{H}\lambda_2^{(N)}e^{\theta_{2,3}} & \omega_2\lambda_2^{(N-1)}e^{\theta_{2,1}} & \cdots & \frac{1}{H}\lambda_2^{(N-1)}e^{\theta_{2,4}} \\ \vdots & \vdots & \vdots & & \vdots & \vdots & & \vdots \\ 1 & \omega_{5N} e^{\theta_{5N,1}} & \frac{1}{H}e^{\theta_{5N,2}} & \cdots & -\frac{1}{H}\lambda_{5N}^{(N)}e^{\theta_{5N,3}} & \omega_{5N}\lambda_{5N}^{(N-1)}e^{\theta_{5N,1}} & \cdots & \frac{1}{H}\lambda_{5N}^{(N-1)}e^{\theta_{5N,4}} \end{vmatrix}, \tag{2.99d}$$

$$\Delta A_{51}^{(N-1)}=\begin{vmatrix} 1 & \omega_1 e^{\theta_{1,1}} & \frac{1}{H}e^{\theta_{1,2}} & \cdots & -\frac{1}{H}\lambda_1^{(N)}e^{\theta_{1,4}} & \omega_1\lambda_1^{(N-1)}e^{\theta_{1,1}} & \cdots & \frac{1}{H}\lambda_1^{(N-1)}e^{\theta_{1,4}} \\ 1 & \omega_2 e^{\theta_{2,1}} & \frac{1}{H}e^{\theta_{2,2}} & \cdots & -\frac{1}{H}\lambda_2^{(N)}e^{\theta_{2,4}} & \omega_2\lambda_2^{(N-1)}e^{\theta_{2,1}} & \cdots & \frac{1}{H}\lambda_2^{(N-1)}e^{\theta_{2,4}} \\ \vdots & \vdots & \vdots & & \vdots & \vdots & & \vdots \\ 1 & \omega_{5N} e^{\theta_{5N,1}} & \frac{1}{H}e^{\theta_{5N,2}} & \cdots & -\frac{1}{H}\lambda_{5N}^{(N)}e^{\theta_{5N,4}} & \omega_{5N}\lambda_{5N}^{(N-1)}e^{\theta_{5N,1}} & \cdots & \frac{1}{H}\lambda_{5N}^{(N-1)}e^{\theta_{5N,4}} \end{vmatrix}, \tag{2.99e}$$

其中 $L_j=\dfrac{4\mathrm{i}\lambda_j}{(\mathrm{i}\lambda_j-\sqrt{-\lambda_j^2+2})(\lambda_j^2-2)}$，这里 i 是虚数单位.

$\theta_{1,1}=-4it+G_{(1,1)}$，

$\theta_{1,2}=-4it+G_{(2,1)}$，

$\theta_{1,4}=(-i\lambda-\sqrt{-\lambda^2+2})x-(i\lambda^2+5i)t+G_{(4,1)}$，

$\theta_{2,1}=-4it+G_{(1,2)}$，

$\theta_{2,2}=-4it+G_{(2,2)}$，

$\theta_{2,4}=(-i\lambda-\sqrt{-\lambda^2+2})x-(i\lambda^2+5i)t+G_{(4,2)}$，

$\theta_{5N,1}=-4it+G_{(1,5N)}$，

$\theta_{5N,2}=-4it+G_{(2,5N)}$，

$\theta_{5N,4}=(-i\lambda-\sqrt{-\lambda^2+2})x-(i\lambda^2+5i)t+G_{(4,5N)}$.

为了获得方程(2.44)的 1-孤子解，考虑方程(2.95)和(2.96)$N=1$ 的情况，并且得到变换矩阵 $\boldsymbol{T}$：

$$\boldsymbol{T}=\begin{pmatrix} \lambda+A_{11}^{(0)} & A_{12}^{(0)} & A_{13}^{(0)} & A_{14}^{(0)} & A_{15}^{(0)} \\ A_{21}^{(0)} & \lambda+A_{22}^{(0)} & A_{23}^{(0)} & A_{24}^{(0)} & A_{25}^{(0)} \\ A_{31}^{(0)} & A_{32}^{(0)} & \lambda+A_{33}^{(0)} & A_{34}^{(0)} & A_{35}^{(0)} \\ A_{41}^{(0)} & A_{42}^{(0)} & A_{43}^{(0)} & \lambda+A_{44}^{(0)} & A_{45}^{(0)} \\ A_{51}^{(0)} & A_{52}^{(0)} & A_{53}^{(0)} & A_{54}^{(0)} & \lambda+A_{55}^{(0)} \end{pmatrix} \tag{2.100}$$

和

$$\begin{cases} A_{11}^{(0)}+A_{12}^{(0)}M_j^{(1)}+A_{13}^{(0)}M_j^{(2)}+A_{14}^{(0)}M_j^{(3)}+A_{15}^{(0)}M_j^{(4)}=-\lambda_j, \\ A_{21}^{(0)}+A_{22}^{(0)}M_j^{(1)}+A_{23}^{(0)}M_j^{(2)}+A_{24}^{(0)}M_j^{(3)}+A_{25}^{(0)}M_j^{(4)}=-M_j^{(1)}\lambda_j, \\ A_{31}^{(0)}+A_{32}^{(0)}M_j^{(1)}+A_{33}^{(0)}M_j^{(2)}+A_{34}^{(0)}M_j^{(3)}+A_{35}^{(0)}M_j^{(4)}=-M_j^{(2)}\lambda_j, \\ A_{41}^{(0)}+A_{42}^{(0)}M_j^{(1)}+A_{43}^{(0)}M_j^{(2)}+A_{44}^{(0)}M_j^{(3)}+A_{45}^{(0)}M_j^{(4)}=-M_j^{(3)}\lambda_j, \\ A_{51}^{(0)}+A_{52}^{(0)}M_j^{(1)}+A_{53}^{(0)}M_j^{(2)}+A_{54}^{(0)}M_j^{(3)}+A_{55}^{(0)}M_j^{(4)}=-M_j^{(4)}\lambda_j. \end{cases} \tag{2.101}$$

根据方程(2.101)和克莱默法则，获得如下系统：

$$\Delta_1=\begin{vmatrix}1 & \omega_1 e^{\theta_{1,1}} & \frac{1}{H}e^{\theta_{1,2}} & \frac{1}{H}e^{\theta_{1,3}} & \frac{1}{H}e^{\theta_{1,4}}\\ 1 & \omega_2 e^{\theta_{2,1}} & \frac{1}{H}e^{\theta_{2,2}} & \frac{1}{H}e^{\theta_{2,3}} & \frac{1}{H}e^{\theta_{2,4}}\\ 1 & \omega_3 e^{\theta_{3,1}} & \frac{1}{H}e^{\theta_{3,2}} & \frac{1}{H}e^{\theta_{3,3}} & \frac{1}{H}e^{\theta_{3,4}}\\ 1 & \omega_4 e^{\theta_{4,1}} & \frac{1}{H}e^{\theta_{4,2}} & \frac{1}{H}e^{\theta_{4,3}} & \frac{1}{H}e^{\theta_{4,4}}\\ 1 & \omega_5 e^{\theta_{5,1}} & \frac{1}{H}e^{\theta_{5,2}} & \frac{1}{H}e^{\theta_{5,3}} & \frac{1}{H}e^{\theta_{5,4}}\end{vmatrix}, \tag{2.102a}$$

$$\Delta A_{21}^{(0)}=\begin{vmatrix}-\omega_1\lambda_1 e^{\theta_{1,1}} & \omega_1 e^{\theta_{1,1}} & \frac{1}{H}e^{\theta_{1,2}} & \frac{1}{H}e^{\theta_{1,3}} & \frac{1}{H}e^{\theta_{1,4}}\\ -\omega_2\lambda_2 e^{\theta_{2,1}} & \omega_2 e^{\theta_{2,1}} & \frac{1}{H}e^{\theta_{2,2}} & \frac{1}{H}e^{\theta_{2,3}} & \frac{1}{H}e^{\theta_{2,4}}\\ -\omega_3\lambda_3 e^{\theta_{3,1}} & \omega_3 e^{\theta_{3,1}} & \frac{1}{H}e^{\theta_{3,2}} & \frac{1}{H}e^{\theta_{3,3}} & \frac{1}{H}e^{\theta_{3,4}}\\ -\omega_4\lambda_4 e^{\theta_{4,1}} & \omega_4 e^{\theta_{4,1}} & \frac{1}{H}e^{\theta_{4,2}} & \frac{1}{H}e^{\theta_{4,3}} & \frac{1}{H}e^{\theta_{4,4}}\\ -\omega_5\lambda_5 e^{\theta_{5,1}} & \omega_5 e^{\theta_{5,1}} & \frac{1}{H}e^{\theta_{5,2}} & \frac{1}{H}e^{\theta_{5,3}} & \frac{1}{H}e^{\theta_{5,4}}\end{vmatrix}, \tag{2.102b}$$

$$\Delta A_{31}^{(0)}=\begin{vmatrix}-\frac{1}{H}\lambda_1 e^{\theta_{1,2}} & \omega_1 e^{\theta_{1,1}} & \frac{1}{H}e^{\theta_{1,2}} & \frac{1}{H}e^{\theta_{1,3}} & \frac{1}{H}e^{\theta_{1,4}}\\ -\frac{1}{H}\lambda_2 e^{\theta_{2,2}} & \omega_2 e^{\theta_{2,1}} & \frac{1}{H}e^{\theta_{2,2}} & \frac{1}{H}e^{\theta_{2,3}} & \frac{1}{H}e^{\theta_{2,4}}\\ -\frac{1}{H}\lambda_3 e^{\theta_{3,2}} & \omega_3 e^{\theta_{3,1}} & \frac{1}{H}e^{\theta_{3,2}} & \frac{1}{H}e^{\theta_{3,3}} & \frac{1}{H}e^{\theta_{3,4}}\\ -\frac{1}{H}\lambda_4 e^{\theta_{4,2}} & \omega_4 e^{\theta_{4,1}} & \frac{1}{H}e^{\theta_{4,2}} & \frac{1}{H}e^{\theta_{4,3}} & \frac{1}{H}e^{\theta_{4,4}}\\ -\frac{1}{H}\lambda_5 e^{\theta_{5,2}} & \omega_5 e^{\theta_{5,1}} & \frac{1}{H}e^{\theta_{5,2}} & \frac{1}{H}e^{\theta_{5,3}} & \frac{1}{H}e^{\theta_{5,4}}\end{vmatrix}, \tag{2.102c}$$

$$\Delta A_{41}^{(0)}=\begin{vmatrix} -\frac{1}{H}\lambda_1 e^{\theta_{1,3}} & \omega_1 e^{\theta_{1,1}} & \frac{1}{H}e^{\theta_{1,2}} & \frac{1}{H}e^{\theta_{1,3}} & \frac{1}{H}e^{\theta_{1,4}} \\ -\frac{1}{H}\lambda_2 e^{\theta_{2,3}} & \omega_2 e^{\theta_{2,1}} & \frac{1}{H}e^{\theta_{2,2}} & \frac{1}{H}e^{\theta_{2,3}} & \frac{1}{H}e^{\theta_{2,4}} \\ -\frac{1}{H}\lambda_3 e^{\theta_{3,3}} & \omega_3 e^{\theta_{3,1}} & \frac{1}{H}e^{\theta_{3,2}} & \frac{1}{H}e^{\theta_{3,3}} & \frac{1}{H}e^{\theta_{3,4}} \\ -\frac{1}{H}\lambda_4 e^{\theta_{4,3}} & \omega_4 e^{\theta_{4,1}} & \frac{1}{H}e^{\theta_{4,2}} & \frac{1}{H}e^{\theta_{4,3}} & \frac{1}{H}e^{\theta_{4,4}} \\ -\frac{1}{H}\lambda_5 e^{\theta_{5,3}} & \omega_5 e^{\theta_{5,1}} & \frac{1}{H}e^{\theta_{5,2}} & \frac{1}{H}e^{\theta_{5,3}} & \frac{1}{H}e^{\theta_{5,4}} \end{vmatrix}, \tag{2.102d}$$

$$\Delta A_{51}^{(0)}=\begin{vmatrix} -\frac{1}{H}\lambda_1 e^{\theta_{1,4}} & \omega_1 e^{\theta_{1,1}} & \frac{1}{H}e^{\theta_{1,2}} & \frac{1}{H}e^{\theta_{1,3}} & \frac{1}{H}e^{\theta_{1,4}} \\ -\frac{1}{H}\lambda_2 e^{\theta_{2,4}} & \omega_2 e^{\theta_{2,1}} & \frac{1}{H}e^{\theta_{2,2}} & \frac{1}{H}e^{\theta_{2,3}} & \frac{1}{H}e^{\theta_{2,4}} \\ -\frac{1}{H}\lambda_3 e^{\theta_{3,4}} & \omega_3 e^{\theta_{3,1}} & \frac{1}{H}e^{\theta_{3,2}} & \frac{1}{H}e^{\theta_{3,3}} & \frac{1}{H}e^{\theta_{3,4}} \\ -\frac{1}{H}\lambda_4 e^{\theta_{4,4}} & \omega_4 e^{\theta_{4,1}} & \frac{1}{H}e^{\theta_{4,2}} & \frac{1}{H}e^{\theta_{4,3}} & \frac{1}{H}e^{\theta_{4,4}} \\ -\frac{1}{H}\lambda_5 e^{\theta_{5,4}} & \omega_5 e^{\theta_{5,1}} & \frac{1}{H}e^{\theta_{5,2}} & \frac{1}{H}e^{\theta_{5,3}} & \frac{1}{H}e^{\theta_{5,4}} \end{vmatrix}, \tag{2.102e}$$

其中 $L_j=\dfrac{4\mathrm{i}\lambda_j}{(\mathrm{i}\lambda_j-\sqrt{-\lambda_j^2+2})(\lambda_j^2-2)}$，这里 i 是虚数单位.

$\theta_{1,1}=-4it+G_{(1,1)}$，

$\theta_{1,2}=-4it+G_{(2,1)}$，

$\theta_{j,i}=(-i\lambda-\sqrt{-\lambda^2+2})x-(i\lambda^2+5i)t+G_{(i,j)}$，

$\theta_{2,1}=-4it+G_{(1,2)}$，

$\theta_{2,2}=-4it+G_{(2,2)}$，

$\theta_{5,1}=-4it+G_{(1,5)}$，

$\theta_{5,2}=-4it+G_{(2,5)}$，

$j=1,2,5;i=3,4.$

基于方程(2.98)，能获得如下系统

$$A_{21}^{(0)}=\frac{\Delta A_{21}^{(0)}}{\Delta_1},A_{31}^{(0)}=\frac{\Delta A_{31}^{(0)}}{\Delta_1},A_{41}^{(0)}=\frac{\Delta A_{41}^{(0)}}{\Delta_1},A_{51}^{(0)}=\frac{\Delta A_{51}^{(0)}}{\Delta_1} \tag{2.103}$$

通过达布变换，得到方程(2.44)在非零背景下的 1-孤子解

$$\begin{cases}\tilde{q}_1 = \mathrm{e}^{-2it} + 2A_{21}^{(0)}, \\ \tilde{q}_2 = \mathrm{e}^{-2it} + 2A_{31}^{(0)}, \\ \tilde{q}_3 = 2A_{41}^{(0)}, \\ \tilde{q}_4 = 2A_{51}^{(0)}. \end{cases} \tag{2.104}$$

本节利用达布变换求解四分量耦合非线性薛定谔方程，得到零背景下的亮孤子解，非零背景下的一类新的暗-亮-亮-亮孤子解，非零背景中的孤子解在分量 q 中包含单谷暗孤子，在其他 3 个分量中包含三峰亮孤子，以及非零背景下的暗-暗-亮-亮孤子解，预计比先前报道的矢量孤子碰撞要丰富得多.

2.3 非局域非线性 MKdV 方程的达布变换和精确求解

关于可积的孤子方程，构造显示解是一个非常关键的问题. 目前，学者们关于反时空非局部 MKdV 方程的研究工作相对较少. 本节构造了非局域非线性 MKdV 方程的达布变换，在零背景和非零背景下求得 1-孤子解、2-孤子解和 N-孤子解公式，用 Maple 软件绘制出周期波解、扭结解，并进一步研究了解之间的相互作用.

2.3.1 非局域非线性 MKdV 方程的达布变换

一个可积实非局部(也称反时-空)MKdV 方程，形式如下：

$$Q_t(x,t) - 6\sigma Q(x,t)Q(-x,-t)Q_x(x,t) + Q_{xxx}(x,t) = 0, \tag{2.105}$$

上式 $\sigma=1$ 代表聚焦情况，$Q(x,t)$ 是实函数，公式中下标代表偏导数，方程(2.105)的 Lax 对形式如下

$$\boldsymbol{\varphi}_x = \boldsymbol{U}\boldsymbol{\varphi} = \begin{pmatrix} \mathrm{i}\lambda & Q(x,t) \\ \sigma Q(-x,-t) & -\mathrm{i}\lambda \end{pmatrix}\boldsymbol{\varphi}, \tag{2.106}$$

$$\boldsymbol{\varphi}_t = \boldsymbol{V}\boldsymbol{\varphi} = \begin{pmatrix} V_{11} & V_{12} \\ V_{21} & V_{22} \end{pmatrix}\boldsymbol{\varphi}, \tag{2.107}$$

$$\begin{aligned}
V_{11} &= 4\mathrm{i}\lambda^3 + 2\mathrm{i}\lambda\sigma Q(x,t)Q(-x,-t) + \sigma Q_x(x,t)Q(-x,-t) + \\
&\quad \sigma Q(x,t)Q_x(-x,-t), \\
V_{12} &= 4\lambda^2 Q(x,t) + 2\sigma Q^2(x,t)Q(-x,-t) - 2\mathrm{i}\lambda Q_x(x,t) - Q_{xx}(x,t), \\
V_{21} &= 4\lambda^2 \sigma Q(-x,-t) + 2\sigma^2 Q(x,t)Q^2(-x,-t) - 2\mathrm{i}\lambda\sigma Q_x(-x,-t) - \\
&\quad \sigma Q_{xx}(-x,-t), \\
V_{22} &= -4\mathrm{i}\lambda^3 - 2\mathrm{i}\lambda\sigma Q(x,t)Q(-x,-t) - \sigma Q_x(x,t)Q(-x,-t) - \\
&\quad \sigma Q(x,t)Q_x(-x,-t),
\end{aligned}$$

这里 $Q(x,t)$和 $Q(-x,-t)$是关于 x 和 t 的函数，λ 为谱参数，$\boldsymbol{\varphi}=(\varphi_1,\varphi_2)^{\mathrm{T}}$ 是方程(2.106)和(2.107)的列向量解，$\mathrm{i}^2=-1$.

将方程(2.106)和(2.107)代入零曲率方程 $\boldsymbol{U}_t-\boldsymbol{V}_x+[\boldsymbol{U},\boldsymbol{V}]=0$，验证可得 MKdV 方程，引入 Lax 对的规范变换 $\boldsymbol{M}$：

$$\tilde{\boldsymbol{\varphi}}_n = \boldsymbol{M}\boldsymbol{\varphi}_n, \boldsymbol{M} = \begin{pmatrix} M_{11} & M_{12} \\ M_{21} & M_{22} \end{pmatrix}, \tag{2.108}$$

利用相容性获得如下形式

$$\boldsymbol{\varphi}_x = \tilde{\boldsymbol{U}}\boldsymbol{\varphi}, \tilde{\boldsymbol{U}} = (\boldsymbol{M}_x + \boldsymbol{M}\boldsymbol{V})\boldsymbol{M}^{-1}, \tag{2.109}$$

$$\boldsymbol{\varphi}_t = \tilde{\boldsymbol{V}}\boldsymbol{\varphi}, \tilde{\boldsymbol{V}} = (\boldsymbol{M}_t + \boldsymbol{M}\boldsymbol{V})\boldsymbol{M}^{-1}, \tag{2.110}$$

若式(2.106)、式(2.107)和式(2.109)、式(2.110)两种谱问题具有相同的形式，那么方程(2.108)是非局域非线性 MKdV 方程的达布变换. 令 $\boldsymbol{\psi}=(\psi_1,\psi_2)^{\mathrm{T}}$，$\boldsymbol{\varphi}=(\varphi_1,\varphi_2)^{\mathrm{T}}$ 是方程(2.106)和(2.107)的两个线性无关的基本解，则有如下线性方程组：

$$\begin{cases} \sum\limits_{i=0}^{N-1}(A_{11}^{(i)} + A_{12}^{(i)} S_j^{(1)})\lambda_j^i = -\lambda_j^N, \\ \sum\limits_{i=0}^{N-1}(A_{21}^{(i)} + A_{22}^{(i)} S_j^{(1)})\lambda_j^i = -S_j^{(1)}\lambda_j^N, \end{cases} \tag{2.111}$$

其中

$$S_j^{(1)} = \frac{\psi_2 + v_j^{(1)}\varphi_2}{\psi_1 + v_j^{(1)}\varphi_1}, \quad 0 \leqslant j \leqslant 2N, \tag{2.112}$$

通过选取适当参数使得式(2.112)中的行列式不为零. 给出了 2×2 的矩阵 $\boldsymbol{M}$，有如下形式：

$$\begin{cases} M_{11} = \lambda^N + \sum_{i=0}^{N-1} A_{11}^{(i)} \lambda^i, M_{12} = \sum_{i=0}^{N-1} A_{12}^{(i)} \lambda^i, \\ M_{21} = \sum_{i=0}^{N-1} A_{21}^{(i)} \lambda^i, M_{22} = \lambda^N + \sum_{i=0}^{N-1} A_{22}^{(i)} \lambda^i, \end{cases} \tag{2.113}$$

这里 N 是一个自然数，$A_{mn}^{(i)}(m,n=1,2;i\geqslant 0)$是关于 x,t 的函数，经过计算，可以得到如下形式的 ΔM

$$\Delta M = \prod_{j=1}^{2N} (\lambda - \lambda_j), \tag{2.114}$$

从而证明了 $\lambda_j(\lambda_j \neq 0;j=1,2,3,\cdots,2N)$是 ΔM 的 $2N$ 个根. 基于这些条件，我们证明 $\tilde{U},\tilde{V}$ 和 U,V 有相同的形式.

命题 2.5 方程(2.109)中 $\tilde{\boldsymbol{U}}$ 和 $\boldsymbol{U}$ 具有相同的形式，即

$$\tilde{\boldsymbol{U}} = \begin{pmatrix} \mathrm{i}\lambda & \tilde{Q}(x,t) \\ \sigma\tilde{Q}(-x,-t) & -\mathrm{i}\lambda \end{pmatrix}, \tag{2.115}$$

对方程(2.106)进行达布变换得到新解和旧解的关系

$$\begin{cases} \tilde{Q}(x,t) = Q(x,t) - 2\mathrm{i}A_{12}, \\ \sigma\tilde{Q}(-x,-t) = \sigma Q(-x,-t) + 2\mathrm{i}A_{21}. \end{cases} \tag{2.116}$$

证明 根据 $\boldsymbol{T}^{-1} = \dfrac{\boldsymbol{T}^*}{\Delta \boldsymbol{T}}$，得到

$$(\boldsymbol{M}_x + \boldsymbol{MU})\boldsymbol{M}^* = \begin{pmatrix} Y_{11}(\lambda) & Y_{12}(\lambda) \\ Y_{21}(\lambda) & Y_{21}(\lambda) \end{pmatrix}, \tag{2.117}$$

可以证明 $Y_{sl}(1\leqslant s,l\leqslant 2)$是关于 λ 的 $2N$ 阶或 $2N+1$ 阶多项式. 通过计算可以发现 $\lambda_j(1\leqslant j\leqslant 2)$是 $Y_{sl}(1\leqslant s,l\leqslant 2)$的根，式(2.117)可以整理为：

$$(\boldsymbol{M}_x + \boldsymbol{MU})\boldsymbol{M}^* = \Delta \boldsymbol{ME}(\lambda), \tag{2.118}$$

且

$$\boldsymbol{E}(\lambda) = \begin{pmatrix} E_{11}^{(1)}\lambda + E_{11}^{(0)} & E_{12}^{(0)} \\ E_{21}^{(0)} & E_{22}^{(1)}\lambda + E_{22}^{(0)} \end{pmatrix}, \tag{2.119}$$

这里 $E_{mn}^{(k)}(m,n=1,2;k=0,1)$和 λ 无关. 方程(2.118)等价于

$$(\boldsymbol{M}_x + \boldsymbol{MU}) = \boldsymbol{E}(\lambda)M \tag{2.120}$$

比较方程(2.120)中 λ 的阶次有：

$$\begin{cases} E_{11}^{(1)} = \mathrm{i}, E_{11}^{(0)} = 0, E_{12}^{(0)} = Q(x,t) - 2\mathrm{i}A_{12} = \tilde{Q}(x,t), \\ E_{21}^{(0)} = \sigma Q(-x,-t) - 2\mathrm{i}A_{21} = \sigma\tilde{Q}(-x,-t), E_{22}^{(1)} = -\mathrm{i}, E_{22}^{(0)} = 0. \end{cases} \tag{2.121}$$

由假设可推导出 $Q(x,t)$,$Q(-x,-t)Q_x(x,t)$,$Q_x(-x,-t)$可以转换为 $\widetilde{Q}(x,t)$,$\widetilde{Q}_x(x,t)$,$\widetilde{Q}_x(-x,-t)$,通过比较 λ 阶次的一系列复杂运算,得到目标方程:

$$\begin{cases}\widetilde{Q}(x,t)=Q(x,t)-2\mathrm{i}A_{12},\\ \sigma\widetilde{Q}(-x,-t)=\sigma Q(-x,-t)+2\mathrm{i}A_{21},\end{cases} \tag{2.122}$$

显然 $\widetilde{U}=E(\lambda)$,即证.

命题 2.6 由规范变换 $\boldsymbol{M}$,方程(2.107)中 $\boldsymbol{V}$ 和 $\widetilde{\boldsymbol{V}}$ 同型,则 $\widetilde{\boldsymbol{V}}$

$$\widetilde{\boldsymbol{V}}=\begin{pmatrix}\widetilde{V}_{11} & \widetilde{V}_{12}\\ \widetilde{V}_{21} & \widetilde{V}_{22}\end{pmatrix}, \tag{2.123}$$

$$\begin{aligned}\widetilde{V}_{11}=&4\mathrm{i}\lambda^3+2\mathrm{i}\lambda\sigma\widetilde{Q}(x,t)\widetilde{Q}(-x,-t)+\sigma\widetilde{Q}_x(x,t)\widetilde{Q}(-x,-t)+\\&\sigma\widetilde{Q}(x,t)\widetilde{Q}_x(-x,-t),\\ \widetilde{V}_{12}=&4\lambda^2\widetilde{Q}(x,t)+2\sigma\widetilde{Q}^2(x,t)\widetilde{Q}(-x,-t)-2\mathrm{i}\lambda\widetilde{Q}_x(x,t)-\widetilde{Q}_{xx}(x,t),\\ \widetilde{V}_{21}=&4\lambda^2\sigma\widetilde{Q}(-x,-t)+2\sigma^2\widetilde{Q}(x,t)\widetilde{Q}^2(-x,-t)-2\mathrm{i}\lambda\sigma\widetilde{Q}_x(-x,-t)-\\&\sigma\widetilde{Q}\widetilde{Q}_{xx}(-x,-t),\\ \widetilde{V}_{22}=&-4\mathrm{i}\lambda^3-2\mathrm{i}\lambda\sigma\widetilde{Q}(x,t)\widetilde{Q}(-x,-t)-\sigma\widetilde{Q}_x(x,t)\widetilde{Q}(-x,-t)-\\&\sigma\widetilde{Q}(x,t)\widetilde{Q}_x(-x,-t).\end{aligned}$$

证明 假设新矩阵 $\widetilde{\boldsymbol{V}}$ 和 $\boldsymbol{V}$ 具有相同的形式.我们需要方程(2.123)中 $Q(x,t)$,$Q(-x,-t)$和 $\widetilde{Q}(x,t)$,$\widetilde{Q}(-x,-t)$具有相似的形式,这就需要证明规范 $\boldsymbol{M}$ 下的变换中,Lax 对 $\boldsymbol{U}$,$\boldsymbol{V}$ 和 $\widetilde{\boldsymbol{U}}$,$\widetilde{\boldsymbol{V}}$ 具有相同的形式.

假设

$$(\boldsymbol{M}_t+\boldsymbol{M}\boldsymbol{V})\boldsymbol{M}^*=\begin{pmatrix}Z_{11}(\lambda) & Z_{12}(\lambda)\\ Z_{21}(\lambda) & Z_{21}(\lambda)\end{pmatrix}, \tag{2.124}$$

$Z_{sl}(1\leqslant s,l\leqslant 2)$是 λ 的 N 阶或 $N+1$ 阶多项式.在一系列精确计算后,可以得到 $\lambda_j(1\leqslant j\leqslant 2)$是 $Z_{sl}(1\leqslant s,l\leqslant 2)$的根,所以方程(2.124)等价于:

$$(\boldsymbol{M}_t+\boldsymbol{M}\boldsymbol{V})\boldsymbol{M}^*=\Delta\boldsymbol{M}\boldsymbol{B}(\lambda), \tag{2.125}$$

其中

$$\boldsymbol{B}(\lambda)=\begin{pmatrix} B_{11}^{(3)}\lambda^3+B_{11}^{(2)}\lambda^2+B_{11}^{(1)}\lambda+B_{11}^{(0)} & B_{12}^{(2)}\lambda^2+B_{12}^{(1)}\lambda+B_{12}^{(0)} \\ B_{21}^{(2)}\lambda^2+B_{21}^{(1)}\lambda+B_{21}^{(0)} & B_{22}^{(3)}\lambda^3+B_{22}^{(2)}\lambda^2+B_{22}^{(1)}\lambda+B_{22}^{(0)} \end{pmatrix}, \tag{2.126}$$

这里 $B_{mn}^{(k)}(m,n=1,2;k=0,1,2)$ 与 λ 无关. 方程(2.72)等价于下式

$$(M_t+MV)=B(\lambda)M. \tag{2.127}$$

比较式(2.127)中 λ 的各阶次,有

$$\begin{cases} B_{11}^{(3)}=4i, B_{11}^{(2)}=0, B_{12}^{(2)}=8iA_{21}+4\sigma Q(-x,-t)=4\tilde{Q}(x,t), \\ B_{22}^{(3)}=-4i, \\ B_{11}^{(1)}=2i\sigma Q(x,t)Q(-x,-t)+4\sigma Q(-x,-t)A_{12}-4Q(x,t)A_{21}+8iA_{12}A_{21} \\ \quad =2i\sigma\tilde{Q}(x,t)\tilde{Q}(-x,-t), \\ B_{11}^{(0)}=\sigma Q_x(x,t)Q(-x,-t)+\sigma Q(x,t)Q_x(-x,-t)+4\sigma Q(-x,-t)A_{12}- \\ \quad 2i\sigma Q_x(-x,-t)A_{12}-4\sigma Q(-x,-t)A_{11}A_{12}-8iA_{11}A_{12}A_{21}- \\ \quad 8iA_{12}A_{21}A_{22}-4Q(x,t)A_{21}+16iA_{12}A_{21}+2i\sigma Q_x(x,t)A_{21}+4Q(x,t)A_{21}A_{22} \\ \quad =\sigma\tilde{Q}_x(x,t)\tilde{Q}(-x,-t)+\sigma\tilde{Q}(x,t)\tilde{Q}_x(-x,-t), \\ B_{21}^{(2)}=8iA_{21}+4\sigma Q(-x,-t)=4\sigma\tilde{Q}(-x,-t), B_{22}^{(2)}=0, \\ B_{12}^{(1)}=-8iA_{12}+4Q(x,t)A_{11}-2iQ_x(x,t)-4Q(x,t)A_{22}+8iA_{12}A_{22} \\ \quad =-2i\lambda\tilde{Q}_x(x,t), \\ B_{12}^{(0)}=-8iA_{12}-4i\sigma Q(x,t)Q(-x,-t)A_{12}+2\sigma Q^2(x,t)Q(-x,-t)- \\ \quad Q_{xx}(x,t)+4Q(x,t)A_{11}-2iQ_x(x,t)A_{11}-4\sigma Q(-x,-t)A_{12}^2+ \\ \quad 4Q(x,t)A_{12}A_{21}-8iA_{12}^2A_{21}-4Q(x,t)A_{22}+16iA_{12}A_{22}- \\ \quad 4Q(x,t)A_{11}A_{22}+2iQ_x(x,t)A_{11}A_{22}+4Q(x,t)A_{22}^2-8iA_{12}A_{22}^2 \\ \quad =2\sigma\tilde{Q}^2(x,t)\tilde{Q}(-x,-t)-\tilde{Q}_{xx}(x,t), \\ B_{21}^{(1)}=4\sigma Q(-x,-t)A_{22}-2iQ_x(-x,-t)+8iA_{21}-4\sigma Q(-x,-t)A_{11}-8iA_{11}A_{21} \\ \quad =-2i\sigma\tilde{Q}_x(-x,-t), \\ B_{22}^{(1)}=4Q(x,t)A_{21}-2i\sigma Q(x,t)Q(-x,-t)-8iA_{12}A_{21}-4\sigma Q(-x,-t)A_{12} \\ \quad =-2i\sigma\tilde{Q}(x,t)\tilde{Q}(-x,-t), \end{cases} \tag{2.128a}$$

$$
\begin{cases}
B_{21}^{(0)} = 8iA_{21} + 4i\sigma Q(x,t)Q(-x,-t)A_{21} + 2\sigma^2 Q(x,t)Q^2(-x,-t) - \\
\quad \sigma Q_{xx}(-x,-t) + 4\sigma Q(-x,-t)A_{22} - 2i\sigma Q_x(-x,-t)A_{22} - 16iA_{11}A_{21} - \\
\quad 4\sigma Q(-x,-t)A_{11} - 4\sigma Q(-x,-t)A_{11}A_{22} + 2i\sigma Q_x(-x,-t)A_{11} + \\
\quad 4\sigma Q(-x,-t){A_{11}}^2 + 8iA_{11}^2A_{21} - 4Q(x,t)A_{21}^2 + 4\sigma Q(-x,-t)A_{12}A_{21} + 8iA_{12}A_{21}^2 \\
\quad = 2\sigma^2\widetilde{Q}(x,t)\widetilde{Q}^2(-x,-t) - \sigma\widetilde{Q}_{xx}(-x,-t), \\
B_{22}^{(0)} = 4Q(x,t)A_{21} - 2iQ_x(x,t)A_{21} - \sigma Q(x,t)Q_x(-x,-t) - \\
\quad \sigma Q_x(x,t)Q(-x,-t) - 16iA_{12}A_{21} - 4\sigma Q(-x,-t)A_{12} + \\
\quad 2i\sigma Q_x(-x,-t)A_{12} - 4\sigma Q(-x,-t)A_{11}A_{22} + 8iA_{11}A_{12}A_{21} - 4Q(x,t) \\
\quad A_{21}A_{22} + 8iA_{12}A_{21}A_{22} \\
\quad = -\sigma\widetilde{Q}_x(x,t)\widetilde{Q}(-x,-t) - \sigma\widetilde{Q}(x,t)\widetilde{Q}_x(-x,-t),
\end{cases}
\tag{2.128b}
$$

根据上面证明过程，$Q(x,t)$，$Q(-x,-t)$可以转换为 $\widetilde{Q}(x,t)$，$\widetilde{Q}(-x,-t)$，因此 $\widetilde{V}=B(\lambda)$显然成立.

2.3.2　非局域非线性 MKdV 方程在零背景下的精确解

通过达布变换求得非局域非线性 MKdV 方程的 N-孤子解表达式，给出种子解 $Q=0$，根据计算求得 MKdV 方程的两个基本解分别为：

$$
\boldsymbol{\psi}(\lambda) = \begin{pmatrix} \mathrm{e}^{\mathrm{i}\lambda x+4\mathrm{i}\lambda^3 t+c_1} \\ 0 \end{pmatrix}, \boldsymbol{\varphi}(\lambda) = \begin{pmatrix} 0 \\ \mathrm{e}^{-\mathrm{i}\lambda x-4\mathrm{i}\lambda^3 t+c_2} \end{pmatrix}, \tag{2.129}
$$

把方程(2.129)代入式(2.112)中，从而得到：

$$
S_j = \frac{v_j^{(1)}\mathrm{e}^{-\mathrm{i}\lambda x-4\mathrm{i}\lambda^3 t+c_2}}{\mathrm{e}^{\mathrm{i}\lambda x+4\mathrm{i}\lambda^3 t+c_1}}, \tag{2.130}
$$

为了求得方程(2.105)的精确解，考虑矩阵 $\boldsymbol{M}$ 如下

$$
\boldsymbol{M} = \begin{pmatrix} \lambda^N + \sum_{i=0}^{N-1} A_{11}^{(i)}\lambda^i & \sum_{i=0}^{N-1} A_{12}^{(i)}\lambda^i \\ \sum_{i=0}^{N-1} A_{21}^{(i)}\lambda^i & \lambda^N + \sum_{i=0}^{N-1} A_{22}^{(i)}\lambda^i \end{pmatrix}, \tag{2.131}
$$

且

$$\begin{cases}\lambda_j^N+\sum_{i=0}^{N-1}(A_{11}^{(i)}+A_{12}^{(i)}S_j^{(1)})\lambda_j^i=0,\\ S_j^{(1)}\lambda_j^N+\sum_{i=0}^{N-1}(A_{21}^{(i)}+A_{22}^{(i)}S_j^{(1)})\lambda_j^i=0,\end{cases}\tag{2.132}$$

根据克莱姆法则求解方程组(2.132),有

$$A_{12}^{(N)}=\frac{\Delta A_{12}^{(N)}}{\Delta},A_{21}^{(N)}=\frac{\Delta A_{21}^{(N)}}{\Delta},\tag{2.133}$$

其中

$$\Delta_1=\begin{vmatrix}1&\lambda_1&\cdots&\lambda_1^{N-1}&S_1&S_1\lambda_1&\cdots&S_1\lambda_1^{N-1}\\1&\lambda_2&\cdots&\lambda_2^{N-1}&S_2&S_2\lambda_2&\cdots&S_2\lambda_2^{N-1}\\\vdots&\vdots&&\vdots&\vdots&\vdots&&\vdots\\\vdots&\vdots&&\vdots&\vdots&\vdots&&\vdots\\1&\lambda_{2N}&\vdots&\lambda_{2N}^{N-1}&S_{2N}&S_{2N}\lambda_{2N}&\vdots&S_{2N}\lambda_{2N}^{N-1}\end{vmatrix},\tag{2.134a}$$

$$\Delta A_{12}^{(N)}=\begin{vmatrix}1&\lambda_1&\cdots&\lambda_1^{N-1}&S_1&S_1\lambda_1&\cdots&S_1\lambda_1^{N-2}&-\lambda_1^N\\1&\lambda_2&\cdots&\lambda_2^{N-1}&S_2&S_2\lambda_2&\cdots&S_2\lambda_2^{N-2}&-\lambda_2^N\\\vdots&\vdots&&\vdots&\vdots&\vdots&&\vdots&\vdots\\\vdots&\vdots&&\vdots&\vdots&\vdots&&\vdots&\vdots\\1&\lambda_{2N}&\cdots&\lambda_{2N}^{N-1}&S_{2N}&S_{2N}\lambda_{2N}&\cdots&S_{2N}\lambda_{2N}^{N-2}&-\lambda_{2N}^N\end{vmatrix},\tag{2.134b}$$

$$\Delta A_{21}^{(N)}=\begin{vmatrix}1&\lambda_1&\cdots&-S_1\lambda_1^N&S_1&S_1\lambda_1&\cdots&S_1\lambda_1^{N-1}\\1&\lambda_2&\cdots&-S_2\lambda_2^N&S_2&S_2\lambda_2&\cdots&S_2\lambda_2^{N-1}\\\vdots&\vdots&&\vdots&\vdots&\vdots&&\vdots\\\vdots&\vdots&&\vdots&\vdots&\vdots&&\vdots\\1&\lambda_{2N}&\cdots&-S_{2N}\lambda_{2N}^N&S_{2N}&S_{2N}\lambda_{2N}&\cdots&S_{2N}\lambda_{2N}^{N-1}\end{vmatrix}.\tag{2.134c}$$

利用达布变换法得到 MKdV 方程的 N-孤子解公式:

$$\begin{cases}\widetilde{Q}(x,t)=Q(x,t)+\dfrac{\Delta A_{12}^{(N)}}{\Delta_1},\\ \widetilde{Q}(-x,-t)=Q(-x,-t)+\dfrac{\Delta A_{21}^{(N)}}{\Delta_1},\end{cases}\tag{2.135}$$

当 $N=1,2$ 时,MKdV 方程的孤子解公式以及结构图.

1-孤子解:

考虑 $N=1$ 且 $\lambda=\lambda_j(j=1,2)$时,求解方程(2.132)可得

$$A_{12}^{(1)}=\frac{\Delta A_{12}^{(1)}}{\Delta_{11}},A_{21}^{(1)}=\frac{\Delta A_{21}^{(1)}}{\Delta_{11}},\tag{2.136}$$

其中

$$\Delta_{11}=\begin{vmatrix}1 & S_1\\1 & S_2\end{vmatrix},\Delta A_{12}^{(1)}=\begin{vmatrix}1 & -\lambda_1\\1 & -\lambda_2\end{vmatrix},\Delta A_{21}^{(1)}=\begin{vmatrix}-\lambda_1 S_1 & S_1\\-\lambda_2 S_2 & S_2\end{vmatrix},\tag{2.137}$$

非局域非线性 MKdV 方程的 1-孤子解形式如下

$$\begin{cases}\widetilde{Q}_1(x,t)=Q_1(x,t)+\dfrac{\Delta A_{12}^{(1)}}{\Delta_{11}},\\\widetilde{Q}_1(-x,-t)=Q_1(-x,-t)+\dfrac{\Delta A_{21}^{(1)}}{\Delta_{11}},\end{cases}\tag{2.138}$$

方程(2.138)的1-孤子解 Maple 图如图 2-3 所示.

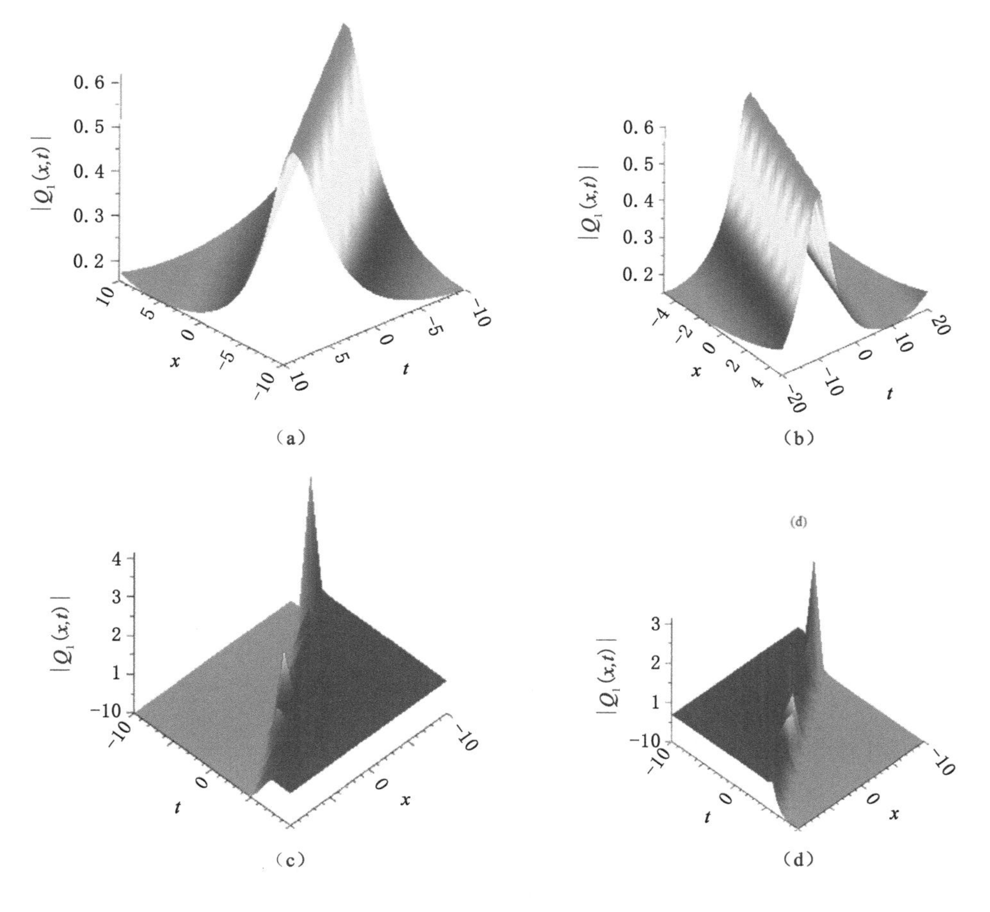

图 2-3　MKdV 方程的 1-孤子解

图 2-3(a)和(b)表示 MKdV 方程中$|\widetilde{Q}_1(x,t)|$,$|\widetilde{Q}_1(-x,-t)|$的解,参数为$\lambda_1=0.2,\lambda_2=0.3,c_1=0.1,c_2=0.5,v_1=0.4\mathrm{i},v_2=1$;(c)和(d)表示 MKdV 方程中$|\widetilde{Q}_1(x,t)|$,$|\widetilde{Q}_1(-x,-t)|$的解,参数为$\lambda_1=0.5,\lambda_2=0.2+0.7\mathrm{i},c_1=0.1+0.2\mathrm{i},c_2=0.9+0.2\mathrm{i},v_1=2+0.3\mathrm{i},v_2=1-0.7\mathrm{i}$.

2-孤子解:

考虑 $N=2$ 且 $\lambda=\lambda_j(j=1,2,3,4)$时,求解方程(2.132)可得

$$A_{12}^{(2)}=\frac{\Delta A_{12}^{(2)}}{\Delta_{12}},A_{21}^{(2)}=\frac{\Delta A_{21}^{(2)}}{\Delta_{12}},\tag{2.139}$$

其中

$$\begin{cases}\Delta_{12}=\begin{vmatrix}1&\lambda_1&S_1&S_1\lambda_1\\1&\lambda_2&S_2&S_2\lambda_2\\1&\lambda_3&S_3&S_3\lambda_3\\1&\lambda_4&S_4&S_4\lambda_4\end{vmatrix},\\ \Delta A_{12}^{(2)}=\begin{vmatrix}1&\lambda_1&S_1&-\lambda_1^2\\1&\lambda_2&S_2&-\lambda_2^2\\1&\lambda_3&S_3&-\lambda_3^2\\1&\lambda_4&S_4&-\lambda_4^2\end{vmatrix},\\ \Delta A_{21}^{(2)}=\begin{vmatrix}1&-\lambda_1^2S_1&S_1&S_1\lambda_1\\1&-\lambda_2^2S_2&S_2&S_2\lambda_2\\1&-\lambda_3^2S_3&S_3&S_3\lambda_3\\1&-\lambda_4^2S_4&S_4&S_4\lambda_4\end{vmatrix}.\end{cases}\tag{2.140}$$

非局域非线性 MKdV 方程的 2-孤子解形式如下

$$\begin{cases}\widetilde{Q}_2(x,t)=Q_2(x,t)+\dfrac{\Delta A_{12}^{(2)}}{\Delta_{12}},\\ \widetilde{Q}_2(-x,-t)=Q_2(-x,-t)+\dfrac{\Delta A_{21}^{(2)}}{\Delta_{12}},\end{cases}\tag{2.141}$$

方程(2.141)的 2-孤子解 Maple 图如图 2-4 所示.

图 2-4(a)和(b)表示 MKdV 方程中$|\widetilde{Q}_2(x,t)|$,$|\widetilde{Q}_2(-x,-t)|$的解,参数为$\lambda_1=3,\lambda_2=\mathrm{i},\lambda_3=1-0.7\mathrm{i},\lambda_4=2,c_1=0,c_2=0,v_1=0.2,v_2=0.8+0.6\mathrm{i},v_3=1,v_4=-0.7+0.5\mathrm{i}$;(c)和(d)表示 MKdV 方程中$|\widetilde{Q}_2(x,t)|$,$|\widetilde{Q}_2(-x,-t)|$的解,参数为$\lambda_1=1,\lambda_2=0.7\mathrm{i},\lambda_3=-\mathrm{i},\lambda_4=5,c_1=0,c_2=0,v_1=0.8+0.1\mathrm{i},v_2=0.7,v_3=0.3,v_4=0.2$.

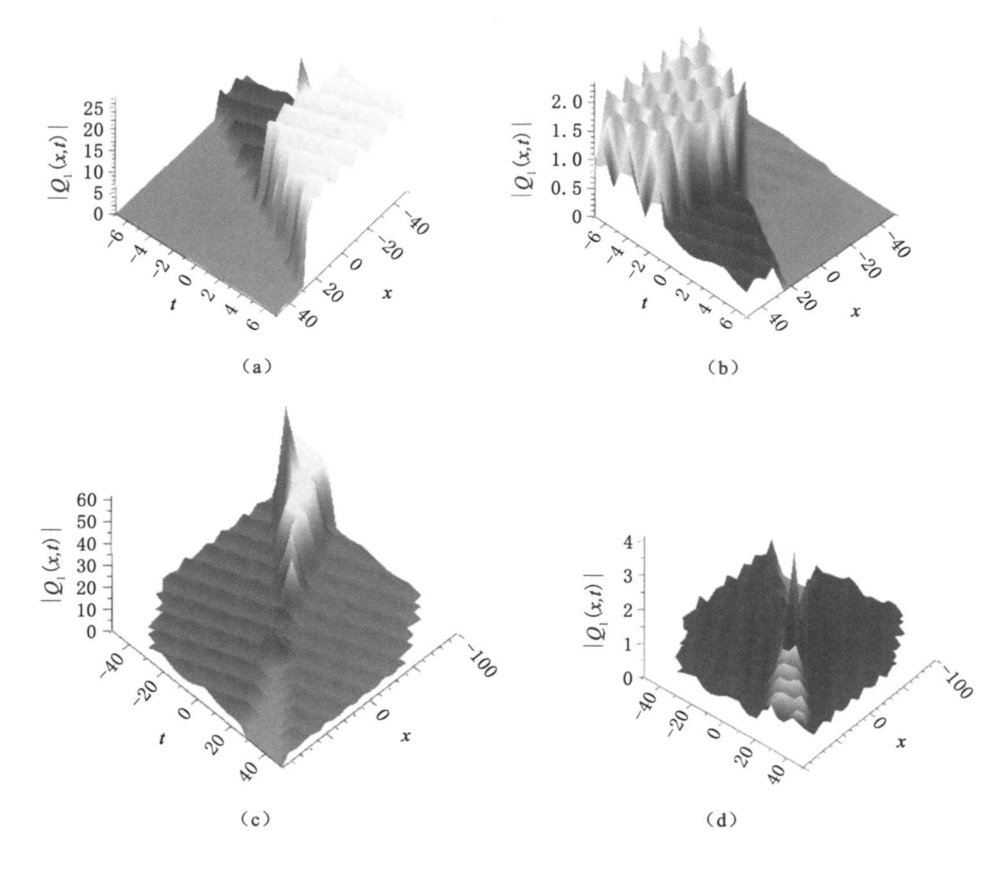

图 2-4　MKdV 方程的 2-孤子解

2.3.3　非局域非线性 MKdV 方程在非零背景下的精确解

在这一部分，我们将利用达布变换给出方程(2.105)新的精确解，首先给出种子解 $Q(x,t)=Ae^{\alpha x}$，其次将其分别代入方程(2.106)和(2.107)中，可以得到非局域非线性 MKdV 方程的两个基本解.

$$\boldsymbol{\psi}^*(x,t)=\begin{pmatrix}\Phi_1\\0\end{pmatrix},\boldsymbol{\varphi}^*(x,t)=\begin{pmatrix}0\\\Phi_2\end{pmatrix},\Phi_1=\varphi_1\psi_1,\Phi_2=\varphi_2\psi_2,\quad(2.142)$$

其中

$$\varphi_1=\frac{c\,(\mathrm{i}\lambda e^{\mathrm{i}\lambda x}-Ae^{\mathrm{i}\lambda x+\alpha x}-\mathrm{i}\lambda+A)^{\frac{1}{2}}+b\,(\mathrm{i}\lambda e^{\mathrm{i}\lambda x}+Ae^{\mathrm{i}\lambda x+\alpha x}-\mathrm{i}\lambda-A)^{\frac{1}{2}}}{2},$$

$$\varphi_2=\frac{c\,(\mathrm{i}\lambda \mathrm{e}^{\mathrm{i}\lambda x}-A\mathrm{e}^{\mathrm{i}\lambda x+\alpha x}-\mathrm{i}\lambda+A)^{\frac{1}{2}}-b\,(\mathrm{i}\lambda \mathrm{e}^{\mathrm{i}\lambda x}+A\mathrm{e}^{\mathrm{i}\lambda x+\alpha x}-\mathrm{i}\lambda-A)^{\frac{1}{2}}}{2},$$

$$\psi_1=c_1\mathrm{e}^{a_1 t}+c_2\mathrm{e}^{-a_1 t},\psi_2=c_1\mathrm{e}^{a_1 t}\frac{a_1-V_{11}}{V_{12}}+c_2\mathrm{e}^{-a_1 t}\frac{-a_1-V_{11}}{V_{12}},$$

$$a_1=\sqrt{(4\mathrm{i}\lambda^3-2\mathrm{i}\lambda A^2\mathrm{e}^{2\alpha x}-2\alpha A^2\mathrm{e}^{2\alpha x})^2-(4\lambda^2 A\mathrm{e}^{\alpha x}-2A^3\mathrm{e}^{3\alpha x}-2\mathrm{i}\alpha A\mathrm{e}^{\alpha x}-\alpha^2 A\mathrm{e}^{\alpha x})^2},$$

$$V_{11}=4\mathrm{i}\lambda^3-2\mathrm{i}\lambda A^2\mathrm{e}^{2\alpha x}-2\alpha A^2\mathrm{e}^{2\alpha x},V_{22}=4\lambda^2 A\mathrm{e}^{\alpha x}-2A^3\mathrm{e}^{3\alpha x}-2\mathrm{i}\alpha A\mathrm{e}^{\alpha x}-\alpha^2 A\mathrm{e}^{\alpha x}.$$

把方程(2.142)代入(2.130)中,可以得到

$$S_j=\frac{v_j^{(1)}\Phi_1}{\Phi_2}. \tag{2.143}$$

为了求非局域非线性 MKdV 方程在非零背景下的精确解,分别考虑 $N=1,2$ 的情形.

1-孤子解:

考虑 $N=1$ 且 $\lambda=\lambda_j(j=1,2)$时,求解方程(2.132)可得

$$A'^{(1)}_{12}=\frac{\Delta' A^{(1)}_{12}}{\Delta'_{11}},A'^{(1)}_{21}=\frac{\Delta A'^{(1)}_{21}}{\Delta'_{11}}, \tag{2.144}$$

其中

$$\begin{cases}\Delta'_{11}=\begin{vmatrix}1 & \dfrac{v_1^{(1)}\Phi_1}{\Phi_2}\\ 1 & \dfrac{v_2^{(1)}\Phi_1}{\Phi_2}\end{vmatrix},\\ \Delta A'^{(1)}_{12}=\begin{vmatrix}1 & -\lambda_1\\ 1 & -\lambda_2\end{vmatrix},\\ \Delta A'^{(1)}_{21}=\begin{vmatrix}-\dfrac{v_1^{(1)}\Phi_1}{\Phi_2}\lambda_1 & \dfrac{v_1^{(1)}\Phi_1}{\Phi_2}\\ -\dfrac{v_2^{(1)}\Phi_1}{\Phi_2}\lambda_2 & \dfrac{v_2^{(1)}\Phi_1}{\Phi_2}\end{vmatrix}.\end{cases} \tag{2.145}$$

根据达布变换非局域非线性 MKdV 方程的 1-孤子解如下:

$$\begin{cases}\widetilde{Q}_1(x,t)=A\mathrm{e}^{\alpha x}+\dfrac{\Delta A'^{(1)}_{12}}{\Delta'_{11}},\\ \widetilde{Q}_1(-x,-t)=A\mathrm{e}^{-\alpha x}+\dfrac{\Delta A'^{(1)}_{21}}{\Delta'_{11}}.\end{cases} \tag{2.146}$$

通过选取合适的参数,利用 Maple 软件将非局域非线性 MKdV 方程在非零背景下的 1-孤子解演化如下:

图 2-5(a)和(b)表示 MKdV 方程中 $|\widetilde{Q}_1(x,t)|$, $|\widetilde{Q}_1(-x,-t)|$ 的解,参数为 $\lambda_1=0.8,\lambda_2=2\mathrm{i},c=0,b=1,c_1=1,c_2=1,v_1=0.7,v_2=4\mathrm{i},\alpha=\mathrm{i},\sigma=-1$;(c)和

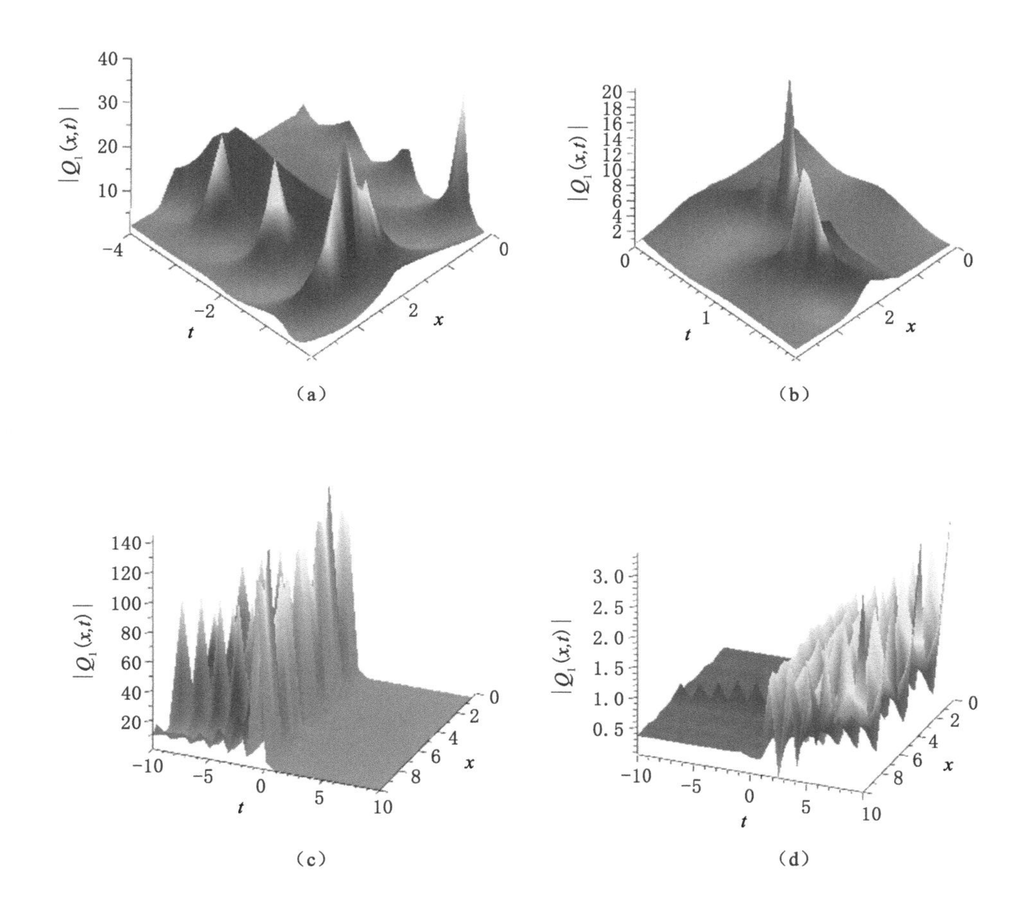

图 2-5　MKdV 方程的 1-孤子解

(d)表示 MKdV 方程中 $|\widetilde{Q}_1(x,t)|$，$|\widetilde{Q}_1(-x,-t)|$ 的解，参数为 $\lambda_1=1$，$\lambda_2=2\mathrm{i}$，$c=0$，$b=1$，$c_1=1$，$c_2=1$，$v_1=2+0.2\mathrm{i}$，$v_2=0.5+0.5\mathrm{i}$，$\alpha=\mathrm{i}$，$\sigma=-1$.

2-孤子解：

考虑 $N=2$ 且 $\lambda=\lambda_j(j=1,2,3,4)$ 时，求解方程(2.132)可得

$$A'^{(2)}_{12}=\frac{\Delta A'^{(2)}_{12}}{\Delta'_{12}},A^{(2)}_{21}=\frac{\Delta' A^{(2)}_{21}}{\Delta'_{12}},\tag{2.147}$$

$$
\left\{\begin{array}{l}
\Delta'_{12} = \begin{vmatrix} 1 & \lambda_1 & \dfrac{v_1^{(1)}\Phi_1}{\Phi_2} & \dfrac{v_1^{(1)}\Phi_1}{\Phi_2}\lambda_1 \\ 1 & \lambda_2 & \dfrac{v_2^{(1)}\Phi_1}{\Phi_2} & \dfrac{v_2^{(1)}\Phi_1}{\Phi_2}\lambda_2 \\ 1 & \lambda_3 & \dfrac{v_3^{(1)}\Phi_1}{\Phi_2} & \dfrac{v_3^{(1)}\Phi_1}{\Phi_2}\lambda_3 \\ 1 & \lambda_4 & \dfrac{v_4^{(1)}\Phi_1}{\Phi_2} & \dfrac{v_4^{(1)}\Phi_1}{\Phi_2}\lambda_4 \end{vmatrix}, \\
\Delta A'^{(2)}_{12} = \begin{vmatrix} 1 & \lambda_1 & \dfrac{v_1^{(1)}\Phi_1}{\Phi_2} & -\lambda_1^2 \\ 1 & \lambda_2 & \dfrac{v_2^{(1)}\Phi_1}{\Phi_2} & -\lambda_2^2 \\ 1 & \lambda_3 & \dfrac{v_3^{(1)}\Phi_1}{\Phi_2} & -\lambda_3^2 \\ 1 & \lambda_4 & \dfrac{v_4^{(1)}\Phi_1}{\Phi_2} & -\lambda_4^2 \end{vmatrix}, \\
\Delta A'^{(2)}_{21} = \begin{vmatrix} 1 & -\lambda_1^2 & \dfrac{v_1^{(1)}\Phi_1}{\Phi_2} & \dfrac{v_1^{(1)}\Phi_1}{\Phi_2} & \dfrac{v_1^{(1)}\Phi_1}{\Phi_2}\lambda_1 \\ 1 & -\lambda_2^2 & \dfrac{v_2^{(1)}\Phi_1}{\Phi_2} & \dfrac{v_2^{(1)}\Phi_1}{\Phi_2} & \dfrac{v_2^{(1)}\Phi_1}{\Phi_2}\lambda_2 \\ 1 & -\lambda_3^2 & \dfrac{v_3^{(1)}\Phi_1}{\Phi_2} & \dfrac{v_3^{(1)}\Phi_1}{\Phi_2} & \dfrac{v_3^{(1)}\Phi_1}{\Phi_2}\lambda_3 \\ 1 & -\lambda_4^2 & \dfrac{v_4^{(1)}\Phi_1}{\Phi_2} & \dfrac{v_4^{(1)}\Phi_1}{\Phi_2} & \dfrac{v_4^{(1)}\Phi_1}{\Phi_2}\lambda_4 \end{vmatrix}.
\end{array}\right. \tag{2.148}
$$

根据达布变换非局域非线性 MKdV 方程的双孤子解如下

$$
\left\{\begin{array}{l}
\widetilde{Q}_2(x,t) = A\mathrm{e}^{\sigma x} + \dfrac{\Delta A'^{(2)}_{12}}{\Delta'_{12}}, \\
\widetilde{Q}_2(-x,-t) = A\mathrm{e}^{-\sigma x} + \dfrac{\Delta A'^{(2)}_{21}}{\Delta'_{12}}.
\end{array}\right. \tag{2.149}
$$

图 2-6 表示非局域非线性 MKdV 方程 $|\widetilde{Q}_2(x,t)|$，$|\widetilde{Q}_2(-x,-t)|$ 的精确解，(a)和(b)参数为 $\lambda_1=1+2\mathrm{i}$，$\lambda_2=1-0.5\mathrm{i}$，$\lambda_3=0.6\mathrm{i}$，$\lambda_4=4$，$c_2=0$，$c_1=1$，$c=1$，$b=0$，$v_1=0.2+0.3\mathrm{i}$，$v_2=0.3\mathrm{i}$，$v_3=0$，$v_4=0.1+0.3\mathrm{i}$，$\alpha=1$，$\sigma=-1$；(c)和(d)参数为 $\lambda_1=0.2+\mathrm{i}$，$\lambda_2=0.5\mathrm{i}+2$，$\lambda_3=0.4$，$\lambda_4=4$，$c_2=0$，$c_1=1$，$c=1$，$b=0$，$v_1=0.2+0.3\mathrm{i}$，$v_2=0.3$，$v_3=0$，$v_4=0.1+0.3\mathrm{i}$，$\alpha=1$，$\sigma=-1$.

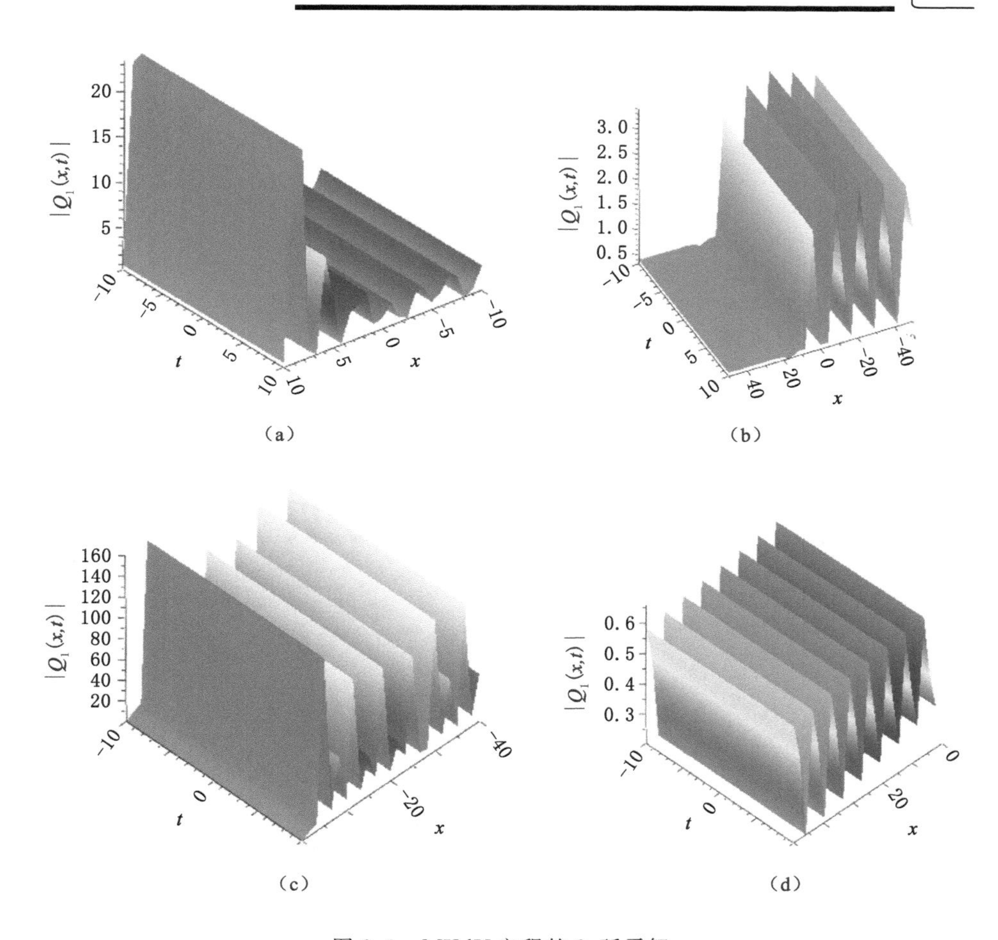

图 2-6　MKdV 方程的 2-孤子解

第3章 PT-对称离散薛定谔方程的达布变换

3.1 PT-对称离散非局域非线性薛定谔方程的达布变换

PT-对称系统同时具有守恒和耗散系统的特征，可积系统具有 Lax 对和守恒定律，二者融合可以丰富非线性薛定谔方程的数学结构. 学者 Ablowitz 提出用反散射变换求解衰减边界条件下的非局域离散 PT 对称的非线性薛定谔方程[42]，文献[42]给出了 PT-对称离散非局域非线性薛定谔方程的 Lax 对，本章主要利用达布变换求解该方程在零背景和非零背景下的孤子解.

研究如下 PT-对称的离散非局域非线性薛定谔方程[42]：

$$\mathrm{i}\,\frac{\mathrm{d}Q_n(t)}{\mathrm{d}t}=Q_{n+1}(t)-2Q_n(t)+Q_{n-1}(t)-\sigma Q_n(t)Q_{-n}^{*}(t)\left[Q_{n+1}(t)-Q_{n-1}(t)\right]. \tag{3.1}$$

方程(3.1)的 Lax 对形式如下：

$$\boldsymbol{V}_{n+1}(z,t)=\boldsymbol{A}\boldsymbol{V}_n(z,t)=\begin{pmatrix} z & Q_n(t) \\ R_n(t) & z^{-1} \end{pmatrix}\boldsymbol{V}_n(z,t). \tag{3.2}$$

和

$$\boldsymbol{V}_{n,t}(z,t)=\boldsymbol{B}\boldsymbol{V}_n(t)=$$

$$\begin{pmatrix} \mathrm{i}Q_n(t)R_{n-1}(t)-\frac{\mathrm{i}}{2}(z-z^{-1})^2 & -\mathrm{i}(zQ_n(t)-z^{-1}Q_{n-1}(t)) \\ \mathrm{i}(z^{-1}R_n(t)-zR_{n-1}(t)) & -\mathrm{i}R_n(t)R_{n-1}(t)+\frac{\mathrm{i}}{2}(z-z^{-1})^2 \end{pmatrix} V_n(t) \tag{3.3}$$

其中 Q,R 是变量空间关于时间变量 t 的函数，z 是谱参数. 它满足如下规则：

$$\begin{cases} Ef(n)=f(n+1), \\ E^{-1}f(n)=f(n-1). \end{cases} \tag{3.4}$$

通过引入变换矩阵 $\boldsymbol{T}_n$ 构造方程(3.1)的达布变换，满足 $\widetilde{\boldsymbol{V}}_n=\boldsymbol{T}_n\boldsymbol{V}_n$，这里

$$\boldsymbol{T}_n=\begin{pmatrix} T_{11} & T_{12} \\ T_{21} & T_{22} \end{pmatrix}=\begin{pmatrix} z^N+\sum_{i=1}^{N} g_{11(n)}^{(i)} z^{N-2i} & \sum_{i=1}^{N} g_{12(n)}^{(i)} z^{N+1-2i} \\ \sum_{i=1}^{N} g_{21(n)}^{(i)} z^{N+1-2i} & z^{-N}+\sum_{i=1}^{N} g_{22(n)}^{(i)} z^{N+2-2i} \end{pmatrix}. \tag{3.5}$$

根据相容性，得到

$$\begin{cases} \boldsymbol{T}_{n+1}\boldsymbol{A}=\widetilde{\boldsymbol{A}}\boldsymbol{T}_n, \\ \boldsymbol{T}_{n,t}+\boldsymbol{T}_n\boldsymbol{B}=\widetilde{\boldsymbol{B}}\boldsymbol{T}_n, \end{cases} \tag{3.6}$$

如果方程(3.5)和(3.6)中，$\widetilde{\boldsymbol{A}},\widetilde{\boldsymbol{B}}$ 与 $\boldsymbol{A},\boldsymbol{B}$ 具有相同形式，令 $\boldsymbol{\varphi}=(\varphi_1,\varphi_2)^{\mathrm{T}}$，$\boldsymbol{\phi}=(\phi_1,\phi_2)^{\mathrm{T}}$ 是方程(3.1)的两个基本解，则给出如下系统：

$$\begin{cases} \sum_{i=1}^{N}\left(g_{11(n)}^{(i)} z_j^{N-2i}+g_{12(n)}^{(i)} z_j^{N+1-2i}\alpha_j^{(1)}\right)=-z_j^N, \\ \sum_{i=1}^{N}\left(g_{21(n)}^{(i)} z_j^{N+1-2i}+g_{22(n)}^{(i)} z_j^{N+2-2i}\alpha_j^{(1)}\right)=-\alpha_j^{(1)} z_j^N, \end{cases} \tag{3.7}$$

和

$$\alpha_j^{(1)}=\frac{\varphi_2+\beta_j^{(1)}\phi_2}{\varphi_1+\beta_j^{(1)}\phi_1}, 1\leqslant j\leqslant 2N. \tag{3.8}$$

这里 $z_j,\alpha_j^{(k)}$ 应选择合适的参数. 我们考虑 2×2 矩阵 $\boldsymbol{T}$，形式如下：

$$\begin{cases} T_{11} = z^N + \sum_{i=1}^{N} g_{11(n)}^{(i)} z^i, \\ T_{12} = \sum_{i=1}^{N} g_{12(n)}^{(i)} z^i, \\ T_{21} = \sum_{i=1}^{N} g_{21(n)}^{(i)} z^i, \\ T_{22} = z^N + \sum_{i=1}^{N} g_{22(n)}^{(i)} z^i, \end{cases} \tag{3.9}$$

其中 N 是一个自然数，$g_{mn}^{(i)}(m,n=1,2;i\geqslant 0)$为关于 n,t 的函数.通过计算，获得 $\Delta \boldsymbol{T}$ 如下：

$$\Delta \boldsymbol{T} = \prod_{j=1}^{2N} (z - z_j) \tag{3.10}$$

证明了 $z_j(1\leqslant j\leqslant 2N)$为 $\Delta \boldsymbol{T}$ 的 $2N$ 次根.根据以上条件，将分别证明 $\widetilde{\boldsymbol{A}}$，$\widetilde{\boldsymbol{B}}$ 与 $\boldsymbol{A}$，$\boldsymbol{B}$ 具有相同形式.

命题 3.1 由方程(3.2)定义的矩阵 $\widetilde{\boldsymbol{A}}$ 与 $\boldsymbol{A}$ 具有相同形式，有

$$\widetilde{\boldsymbol{A}} = \begin{pmatrix} z & \widetilde{Q}_n(t) \\ \widetilde{R}_n(t) & z^{-1} \end{pmatrix}, \tag{3.11}$$

新解与旧解之间的关系如下：

$$\begin{cases} \widetilde{Q}_n(t) = Q_{n(t)} g_{11(n+1)}^{(N)} + g_{12(n+1)}^{(N)}, \\ \widetilde{R}_n(t) = \dfrac{R_{n(t)} - g_{21(n)}^{(N)}}{g_{11(n)}^{(N)}}. \end{cases} \tag{3.12}$$

证明 由于 $\boldsymbol{T}^{-1} = \dfrac{\boldsymbol{T}^*}{|\boldsymbol{T}_n|}$和根据方程(3.6)，获得$|\boldsymbol{T}_n|\widetilde{\boldsymbol{A}} = \boldsymbol{T}_{n+1}\boldsymbol{A}\boldsymbol{T}_n^{-1}$，设

$$\boldsymbol{T}_{n+1}\boldsymbol{A}\boldsymbol{T}^* = \begin{pmatrix} E_{11}(z) & E_{12}(z) \\ E_{21}(z) & E_{22}(z) \end{pmatrix}, \tag{3.13}$$

容易证明 $E_{sl}(1\leqslant s,l\leqslant 2)$为 z 的 $2N$ 或 $2N+1$ 次多项式.通过计算方程(3.13)获得如下形式：

$$\boldsymbol{T}_{n+1}\boldsymbol{A}\boldsymbol{T}_n^* = |\boldsymbol{T}_n| \boldsymbol{H}(z), \tag{3.14}$$

这里

$$\boldsymbol{H}(z)=\begin{pmatrix} H_{11}^{(1)}(z)+H_{11}^{(0)} & H_{12}^{(0)} \\ H_{21}^{(0)} & H_{22}^{(0)}+H_{22}^{(1)}z^{-1} \end{pmatrix}, \tag{3.15}$$

$\boldsymbol{H}_{mn}^{(k)}(m,n=1,2;k=-1,0,1)$是关于 z 的函数. 基于方程(3.14)获得

$$\boldsymbol{T}_{n+1}\boldsymbol{A}=\boldsymbol{H}(z)\boldsymbol{T} \tag{3.16}$$

通过比较方程(3.16)中 z 的 $N+1,N,-N,-N-1$ 次幂,得到

$$\begin{cases} H_{11}^{(1)}=1, H_{11}^{(0)}=0, \\ H_{12}^{(0)}=Q_n(t)g_{11(n+1)}^{(N)}+g_{12(n+1)}^{(N)}, \\ H_{21}^{(0)}=\dfrac{R_n(t)-g_{21(n)}^{(N)}}{g_{11(n)}^{(N)}}, \\ H_{22}^{(1)}=1, H_{22}^{(-1)}=1. \end{cases} \tag{3.17}$$

在这一部分,新矩阵 $\tilde{\boldsymbol{A}}$ 与 $\boldsymbol{A}$ 具有相同形式,即只有 $\boldsymbol{Q},\boldsymbol{R},\boldsymbol{A}$ 转化为 $\tilde{\boldsymbol{Q}},\tilde{\boldsymbol{R}},\tilde{\boldsymbol{A}}$ 具有相同的结构. 经过详细计算,比较 λ^N 的幂次,得到如下方程:

$$\begin{cases} \tilde{Q}_n(t)=Q_{n(t)}g_{11(n+1)}^{(N)}+g_{12(n+1)}^{(N)}, \\ \tilde{R}_n(t)=\dfrac{R_{n(t)}-g_{21(n)}^{(N)}}{g_{11(n)}^{(N)}}. \end{cases} \tag{3.18}$$

通过方程(3.17)和(3.18),知道 $\tilde{\boldsymbol{A}}=\boldsymbol{H}(z)$. 证毕.

命题 3.2　在方程(3.3)的变换下,矩阵 $\tilde{\boldsymbol{B}}$ 与 $\boldsymbol{B}$ 具有相同结构,

$$\tilde{\boldsymbol{B}}=\begin{pmatrix} \mathrm{i}\tilde{Q}_n(t)\tilde{R}_{n-1}(t)-\dfrac{\mathrm{i}}{2}(z-z^{-1})^2 & -\mathrm{i}(z\tilde{Q}_n(t)-z^{-1}\tilde{Q}_{n-1}(t)) \\ \mathrm{i}(z^{-1}\tilde{R}_n(t)-z\tilde{R}_{n-1}(t)) & -\mathrm{i}\tilde{R}_n(t)\tilde{Q}_{n-1}(t)+\dfrac{\mathrm{i}}{2}(z-z^{-1})^2 \end{pmatrix}, \tag{3.19}$$

得到新解与旧解之间的关系:

$$\begin{cases} \tilde{Q}_{n-1}(t)=Q_{n-1(t)}g_{11(n)}^{(N)}+g_{12(n)}^{(N)}, \\ \tilde{R}_n(t)=\dfrac{R_{n(t)}-g_{21(n)}^{(N)}}{g_{11(n)}^{(N)}}. \end{cases} \tag{3.20}$$

证明　由于 $\boldsymbol{T}^{-1}=\dfrac{\boldsymbol{T}^*}{|\boldsymbol{T}_n|}$ 和根据方程(3.6),得到 $|\boldsymbol{T}_n|\tilde{\boldsymbol{B}}=\boldsymbol{T}_{n,t}\boldsymbol{T}_{n+1}\boldsymbol{T}^*+\boldsymbol{T}_n\boldsymbol{B}\boldsymbol{T}_n^*$,

设

$$|\boldsymbol{T}_n|\widetilde{\boldsymbol{B}}=\begin{pmatrix}F_{11}(z) & F_{12}(z)\\ F_{21}(z) & F_{22}(z)\end{pmatrix},\tag{3.21}$$

易证 $F_{sl}(1\leqslant s,l\leqslant 2)$ 为 z 的 $2N$ 或 $2N+1$ 次多项式.通过计算方程(3.21)得到

$$\boldsymbol{T}_{n,t}\boldsymbol{T}_n^*+\boldsymbol{T}_n\boldsymbol{B}\boldsymbol{T}_n^*=|\boldsymbol{T}_n|\boldsymbol{K}(z),\tag{3.22}$$

这里

$$\boldsymbol{K}(z)=\begin{pmatrix}K_{11}^{(2)}z^2+K_{11}^{(0)}+K_{11}^{(-2)}z^{-2} & K_{12}^{(1)}z+K_{12}^{(0)}+K_{12}^{(-1)}z^{-1}\\ K_{21}^{(1)}z+K_{21}^{(0)}+K_{21}^{(-1)}z^{-1} & K_{22}^{(2)}z^2+K_{22}^{(0)}+K_{22}^{(-2)}z^{-2}\end{pmatrix},\tag{3.23}$$

$K_{mn}^{(k)}(m,n=1,2;k=-2,0,2)$满足没有 z 的函数.基于方程(3.22)可以获得

$$\boldsymbol{T}_{n,t}+\boldsymbol{T}_n\boldsymbol{B}=\boldsymbol{K}(z)\boldsymbol{T}\tag{3.24}$$

通过比较方程(3.24)中 z 的 $N+2,N,-N,-N+1,-N-1,-N-2$ 次幂,得到如下形式:

$$\begin{cases}K_{11}^{(2)}=-\dfrac{\mathrm{i}}{2},\\ K_{11}^{(0)}=\mathrm{i}(Q_n(t)R_{n-1}(t)+1-Q_{n-1}(t)g_{21(n)}^{(N)})+\dfrac{g_{11,t(n)}^{(N)}-\mathrm{i}(g_{21(n)}^{(N)}+R_n(t))g_{12(n)}^{(N)}}{g_{11(n)}^{(N)}},\\ K_{11}^{(-2)}=-\dfrac{\mathrm{i}}{2},K_{12}^{(1)}=-\mathrm{i}\widetilde{Q}_n(t),K_{12}^{(0)}=0,K_{12}^{(-1)}=\mathrm{i}Q_{n-1}g_{11(n)}^{(N)}+\mathrm{i}g_{12(n)}^{(N)},\\ K_{21}^{(1)}=-\mathrm{i}\widetilde{R}_{n-1}(t),K_{21}^{(0)}=0,K_{21}^{(-1)}=\dfrac{\mathrm{i}R_n(t)-\mathrm{i}g_{21(n)}^{(N)}}{g_{11(n)}^{(N)}},K_{22}^{(2)}=\dfrac{\mathrm{i}}{2},\\ K_{22}^{(0)}=\mathrm{i}(Q_{n-1}(t)g_{21(n)}^{(N)}+1+R_{n-1}(t)Q_{n-1}(t))-\dfrac{\mathrm{i}R_n(t)-\mathrm{i}g_{21(n)}^{(N)}}{g_{11(n)}^{(N)}}g_{12(n)}^{(N)},K_{22}^{(-2)}=\dfrac{\mathrm{i}}{2}.\end{cases}\tag{3.25}$$

在这一部分,新矩阵 $\widetilde{\boldsymbol{B}}$ 与 $\boldsymbol{B}$ 具有相同形式,即只有 $\boldsymbol{Q},\boldsymbol{R},\boldsymbol{B}$ 转化为$\widetilde{\boldsymbol{Q}},\widetilde{\boldsymbol{R}},\widetilde{\boldsymbol{B}}$ 具有相同的结构.经过详细的计算,比较 λ^N 的幂次,得到如下方程:

$$\begin{cases}\widetilde{Q}_{n-1}(t)=Q_{n-1(t)}g_{11(n)}^{(N)}+g_{12(n)}^{(N)},\\ \widetilde{R}_n(t)=\dfrac{R_{n(t)}-g_{21(n)}^{(N)}}{g_{11(n)}^{(N)}}.\end{cases}\tag{3.26}$$

通过方程(3.25)和(3.26)可知 $\widetilde{\boldsymbol{B}}=\boldsymbol{K}(z)$.

证毕.

3.2 零背景下 PT-对称离散非局域非线性薛定谔方程的孤子解

为了利用达布变换获得方程(3.1)的 N-孤子解，首先给出一组种子解 $Q_n(t)=R_n(t)=0$，代入方程(3.2)和(3.3)，得到如下两个基本解：

$$\boldsymbol{\varphi}=\begin{pmatrix} z^n \mathrm{e}^{-\frac{\mathrm{i}}{2}(z-z^{-1})^2 t} \\ 0 \end{pmatrix},\boldsymbol{\phi}=\begin{pmatrix} 0 \\ z^{-n}\mathrm{e}^{\frac{\mathrm{i}}{2}(z-z^{-1})^2 t} \end{pmatrix}. \tag{3.27}$$

把方程(3.27)代入方程(3.8)，我们得到

$$\alpha_j^{(1)}=z^{-2n}\mathrm{e}^{\mathrm{i}(z-z^{-1})^2 t+G_{1,j}}, \tag{3.28}$$

这里 $\mathrm{e}^{G_{1,j}}=\gamma_j^{(1)}$，$1\leqslant j\leqslant 2N$.

为了获得方程(3.1)的 N-孤子解，考虑如下变换矩阵：

$$\boldsymbol{T}_n=\begin{pmatrix} z^N+\sum\limits_{i=1}^{N} g_{11(n)}^{(i)} z^{N-2i} & \sum\limits_{i=1}^{N} g_{12(n)}^{(i)} z^{N+1-2i} \\ \sum\limits_{i=1}^{N} g_{21(n)}^{(i)} z^{N+1-2i} & z^{-N}+\sum\limits_{i=1}^{N} g_{22(n)}^{(i)} z^{N+2-2i} \end{pmatrix}, \tag{3.29}$$

和

$$\begin{cases} \sum\limits_{i=1}^{N}\left(g_{11(n)}^{(i)} z_j^{N-2i}+g_{12(n)}^{(i)} z_j^{N+1-2i}\alpha_j^{(1)}\right)=-z_j^N, \\ \sum\limits_{i=1}^{N}\left(g_{21(n)}^{(i)} z_j^{N+1-2i}+g_{22(n)}^{(i)} z_j^{N+2-2i}\alpha_j^{(1)}\right)=-\alpha_j^{(1)} z_j^N. \end{cases} \tag{3.30}$$

根据方程(3.30)，得到

$$\Delta_1^{(N)}=\begin{vmatrix} z_1^{N-2} & z_1^{N-4} & \cdots & z_1^{-N+2} & z_1^{-N} & \alpha_1^{(1)}z_1^{N-1} & \alpha_1^{(1)}z_1^{N-3} & \cdots & \alpha_1^{(1)}z_1^{-N+1} \\ z_2^{N-2} & z_2^{N-4} & \cdots & z_2^{-N+2} & z_2^{-N} & \alpha_2^{(1)}z_2^{N-1} & \alpha_2^{(1)}z_2^{N-3} & \cdots & \alpha_2^{(1)}z_2^{-N+1} \\ \vdots & \vdots & & \vdots & \vdots & \vdots & \vdots & & \vdots \\ z_{2N}^{N-2} & z_{2N}^{N-4} & \cdots & z_{2N}^{-N+2} & z_{2N}^{-N} & \alpha_{2N}^{(1)}z_{2N}^{N-1} & \alpha_{2N}^{(1)}z_{2N}^{N-3} & \cdots & \alpha_{2N}^{(1)}z_{2N}^{-N+1} \end{vmatrix}, \tag{3.31a}$$

$$\Delta_2^{(N)}=\begin{vmatrix} z_1^{N-1} & z_1^{N-3} & \cdots & z_1^{-N+3} & z_1^{-N+1} & \alpha_1^{(1)}z_1^{N} & \alpha_1^{(1)}z_1^{N-2} & \cdots & \alpha_1^{(1)}z_1^{-N+2} \\ z_2^{N-1} & z_2^{N-3} & \cdots & z_2^{-N+3} & z_2^{-N+1} & \alpha_2^{(1)}z_2^{N} & \alpha_2^{(1)}z_2^{N-2} & \cdots & \alpha_2^{(1)}z_2^{-N+2} \\ \vdots & \vdots & & \vdots & \vdots & \vdots & \vdots & & \vdots \\ z_{2N}^{N-1} & z_{2N}^{N-3} & \cdots & z_{2N}^{-N+3} & z_{2N}^{-N+1} & \alpha_{2N}^{(1)}z_{2N}^{N} & \alpha_{2N}^{(1)}z_{2N}^{N-2} & \cdots & \alpha_{2N}^{(1)}z_{2N}^{-N+2} \end{vmatrix}, \tag{3.31b}$$

这里 $\alpha_j^{(1)}=z^{-2n}\mathrm{e}^{i(z-z^{-1})^2+G_{1,j}}$，$1\leqslant j\leqslant 2N$.

根据克莱默法则

$$g_{11(n+1)}^{(1)}=\frac{\Delta_{11}^{(N)}}{\Delta_1^{(N)}},g_{12(n+1)}^{(1)}=\frac{\Delta_{12}^{(N)}}{\Delta_1^{(N)}},g_{21(n+1)}^{(1)}=\frac{\Delta_{21}^{(N)}}{\Delta_2^{(N)}}. \tag{3.32}$$

这里

$$\Delta_{11}^{(N)}=\begin{vmatrix} z_1^{N-2} & z_1^{N-4} & \cdots & z_1^{-N+2} & -z_1^{N} & \alpha_1^{(1)}z_1^{N-1} & \alpha_1^{(1)}z_1^{N-3} & \cdots & \alpha_1^{(1)}z_1^{-N+1} \\ z_2^{N-2} & z_2^{N-4} & \cdots & z_2^{-N+2} & -z_2^{N} & \alpha_2^{(1)}z_2^{N-1} & \alpha_2^{(1)}z_2^{N-3} & \cdots & \alpha_2^{(1)}z_2^{-N+1} \\ \vdots & \vdots & & \vdots & \vdots & \vdots & \vdots & & \vdots \\ z_{2N}^{N-2} & z_{2N}^{N-4} & \cdots & z_{2N}^{-N+2} & -z_{2N}^{N} & \alpha_{2N}^{(1)}z_{2N}^{N-1} & \alpha_{2N}^{(1)}z_{2N}^{N-3} & \cdots & \alpha_{2N}^{(1)}z_{2N}^{-N+1} \end{vmatrix}, \tag{3.33a}$$

$$\Delta_{12}^{(N)}=\begin{vmatrix} z_1^{N-2} & z_1^{N-4} & \cdots & z_1^{-N+2} & z_1^{-N} & \alpha_1^{(1)}z_1^{N-1} & \alpha_1^{(1)}z_1^{N-3} & \cdots & -z_1^{N} \\ z_2^{N-2} & z_2^{N-4} & \cdots & z_2^{-N+2} & z_2^{-N} & \alpha_2^{(1)}z_2^{N-1} & \alpha_2^{(1)}z_2^{N-3} & \cdots & -z_2^{N} \\ \vdots & \vdots & & \vdots & \vdots & \vdots & \vdots & & \vdots \\ z_{2N}^{N-2} & z_{2N}^{N-4} & \cdots & z_{2N}^{-N+2} & z_{2N}^{-N} & \alpha_{2N}^{(1)}z_{2N}^{N-1} & \alpha_{2N}^{(1)}z_{2N}^{N-3} & \cdots & -z_{2N}^{N} \end{vmatrix}, \tag{3.33b}$$

$$\Delta_{21}^{(N)}=\begin{vmatrix} z_1^{N-1} & z_1^{N-3} & \cdots & z_1^{-N+3} & -\alpha_1^{(1)}z_1^{-N} & \alpha_1^{(1)}z_1^{N} & \alpha_1^{(1)}z_1^{N-2} & \cdots & \alpha_1^{(1)}z_1^{-N+2} \\ z_2^{N-1} & z_2^{N-3} & \cdots & z_2^{-N+3} & -\alpha_2^{(1)}z_2^{-N} & \alpha_2^{(1)}z_2^{N} & \alpha_2^{(1)}z_2^{N-2} & \cdots & \alpha_2^{(1)}z_2^{-N+2} \\ \vdots & \vdots & & \vdots & \vdots & \vdots & \vdots & & \vdots \\ z_{2N}^{N-1} & z_{2N}^{N-3} & \cdots & z_{2N}^{-N+3} & -\alpha_{2N}^{(1)}z_{2N}^{-N} & \alpha_{2N}^{(1)}z_{2N}^{N} & \alpha_{2N}^{(1)}z_{2N}^{N-2} & \cdots & \alpha_{2N}^{(1)}z_{2N}^{-N+2} \end{vmatrix}. \tag{3.33c}$$

并且 $\alpha_j^{(1)}=z^{-2n}\mathrm{e}^{i(z-z^{-1})^2+G_{1,j}}$，$1\leqslant j\leqslant 2N$.

根据方程(3.30)和克莱默法则得到方程(3.1)的 N-孤子解形式：

$$
\begin{cases}
\widetilde{Q}_n(t)=Q_n(t)\dfrac{\Delta_{11}^{(N)}}{\Delta_1^{(N)}}+\dfrac{\Delta_{12}^{(N)}}{\Delta_1^{(N)}},\\
\widetilde{R}_n(t)=\dfrac{R_n(t)-\dfrac{\Delta_{21}^{(N)}}{\Delta_2^{(N)}}}{\dfrac{\Delta_{11}^{(N)}}{\Delta_1^{(N)}}}.
\end{cases}
\tag{3.34}
$$

为了获得方程(3.1)的 1-孤子解,我们考虑 $N=1$ 代入方程(3.29)和(3.30),并且得到矩阵 $\boldsymbol{T}$,形式如下:

$$
\boldsymbol{T}_n=\begin{pmatrix} z+g_{11(n)}^{(1)}z^{-1} & g_{12(n)}^{(1)} \\ g_{21(n)}^{(1)} & z^{-1}+g_{22(n)}^{(1)}z \end{pmatrix},
\tag{3.35}
$$

和

$$
\begin{cases}
g_{11(n)}^{(1)}z_j^{-1}+g_{12(n)}^{(1)}\alpha_j^{(1)}=-z_j,\\
g_{21(n)}^{(1)}+g_{22(n)}^{(1)}z_j\alpha_j^{(1)}=-\alpha_j^{(1)}z_j^{-1}.
\end{cases}
\tag{3.36}
$$

这里 $\alpha_j^{(1)}=z^{-2n}\mathrm{e}^{i(z-z^{-1})^2+G_{1,j}}$, $j=1,2$.

根据方程(3.36)和克莱默法则,得到系统

$$
\begin{cases}
\Delta_1^{(1)}=\begin{vmatrix} z_1^{-1} & z_1-2n\mathrm{e}^{i(z_1-z_1-1)^2t+G_{1,1}} \\ z_2^{-1} & z_2-2n\mathrm{e}^{i(z_2-z_2-1)^2t+G_{1,2}} \end{vmatrix},\\
\Delta_{11}^{(1)}=\begin{vmatrix} -z_1 & z_1-2n\mathrm{e}^{i(z_1-z_1-1)^2t+G_{1,1}} \\ -z_2 & z_2-2n\mathrm{e}^{i(z_2-z_2-1)^2t+G_{1,2}} \end{vmatrix},\\
\Delta_{12}^{(1)}=\begin{vmatrix} z_1^{-1} & -z_1 \\ z_2^{-1} & -z_2 \end{vmatrix},\\
\Delta_2^{(1)}=\begin{vmatrix} 1 & z_1-2n+1\mathrm{e}^{i(z_1-z_1-1)^2t+G_{1,1}} \\ 1 & z_2-2n+1\mathrm{e}^{i(z_2-z_2-1)^2t+G_{1,2}} \end{vmatrix},\\
\Delta_{21}^{(1)}=\begin{vmatrix} -z_1-2n-1\mathrm{e}^{i(z_1-z_1-1)^2t+G_{1,1}} & z_1-2n+1\mathrm{e}^{i(z_1-z_1-1)^2t+G_{1,1}} \\ -z_2-2n-1\mathrm{e}^{i(z_2-z_2-1)^2t+G_{1,2}} & z_2-2n+1\mathrm{e}^{i(z_2-z_2-1)^2t+G_{1,2}} \end{vmatrix}.
\end{cases}
\tag{3.37}
$$

基于方程(3.32)获得如下系统

$$
g_{11(n+1)}^{(1)}=\frac{\Delta_{11}^{(1)}}{\Delta_1^{(1)}},\ g_{12(n+1)}^{(1)}=\frac{\Delta_{12}^{(1)}}{\Delta_1^{(1)}},\ g_{21(n+1)}^{(1)}=\frac{\Delta_{21}^{(1)}}{\Delta_2^{(1)}}
\tag{3.38}
$$

通过达布变换得到方程(3.1)的 1-孤子解为

$$
\begin{cases}
\widetilde{Q}_{n-1}(t)=\dfrac{\Delta_{12}^{(1)}}{\Delta_1^{(1)}},\\
\widetilde{R}_n(t)=-\dfrac{\Delta_{21}^{(1)}\Delta_1^{(1)}}{\Delta_2^{(1)}\Delta_1^{(1)}}.
\end{cases}
\tag{3.39}
$$

图 3-3(a)表示 PT-对称离散非局域非线性薛定谔方程 $\widetilde{R}_n(t)$的解,参数 $z_1=2\mathrm{i}$,$z_2=0.8\mathrm{i}$,$G_{11}=1+0.3\mathrm{i}$,$G_{12}=0.6+\mathrm{i}$. 图 3-3(b)表示 PT-对称离散非局域非线性薛定谔方程 $\widetilde{Q}_{n-1}(t)$的解,参数 $z_1=2+0.2\mathrm{i}$,$z_2=0.8+0.1\mathrm{i}$,$G_{11}=1+0.5\mathrm{i}$,$G_{12}=0.3+\mathrm{i}$. 图 3-3(c)表示 PT-对称离散非局域非线性薛定谔方程 $\widetilde{Q}_{n-1}(t)$的解,参数 $z_1=-0.2+\mathrm{i}$,$z_2=-0.3+2\mathrm{i}$,$G_{11}=1+0.5\mathrm{i}$,$G_{12}=-3-\mathrm{i}$.

由图 3-3(a)可以看出,PT-对称离散方程的 1-孤子解是类似"呼吸状"的孤子图解,波是以相同频率进行传播. 图 3-3(b)的 1-孤子解释波随着距离的增加,传播的幅度基本保持不变. 可以看到,改变参数的取值,图 3-3(c)的 1-孤子解在 n,t 平面上以扭结式进行传播.

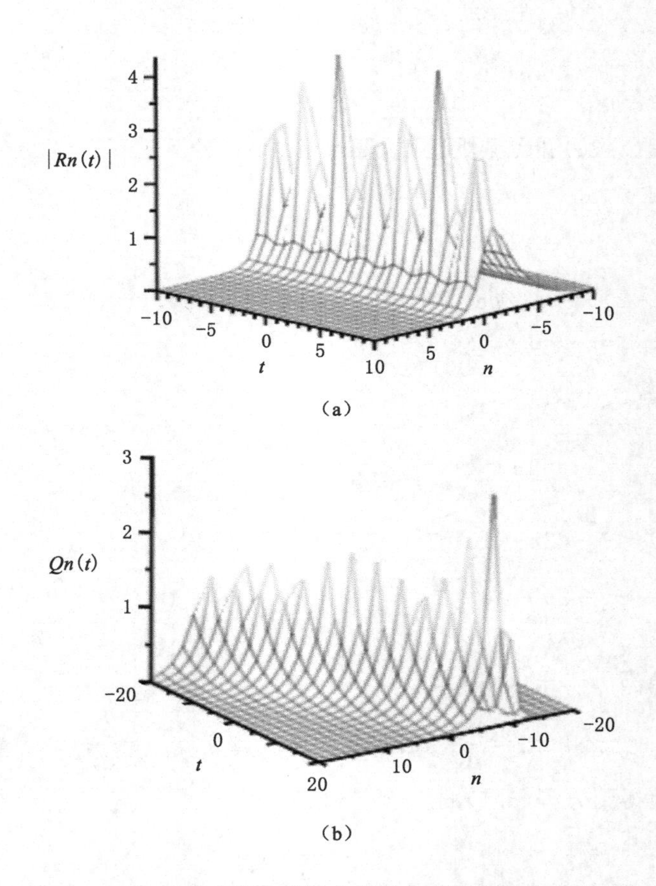

图 3-3 PT-对称离散非局域非线性薛定谔方程的 1-孤子解

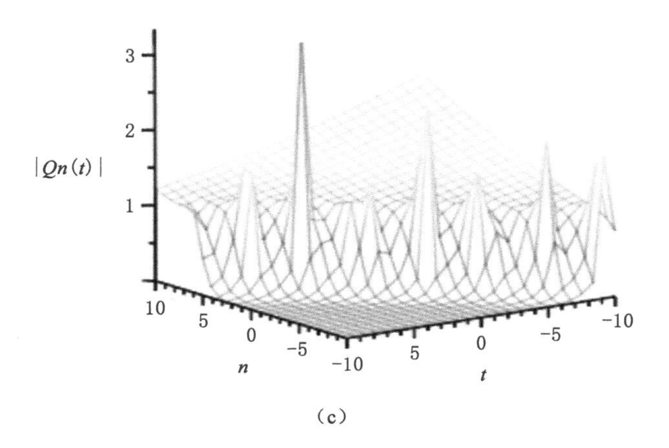

(c)

图 3-3 （续）

为了得到方程(3.1)的 2-孤子解，考虑 $N=2$ 代入方程(3.29)和(3.30)，获得变换矩阵 $\boldsymbol{T}_n$：

$$\boldsymbol{T}_n=\begin{pmatrix} z^2+g_{11(n)}^{(2)}z^{-2} & g_{12(n)}^{(2)}z^{-1} \\ g_{21(n)}^{(2)}z^{-1} & z^{-2}+g_{22(n)}^{(2)} \end{pmatrix} \tag{3.40}$$

和

$$\begin{cases} g_{11(n)}^{(2)}z_j^{-2}+g_{12(n)}^{(2)}\alpha_j^{(1)}z^{-1}=-z_j^2, \\ g_{21(n)}^{(2)}z^{-1}+g_{22(n)}^{(2)}\alpha_j^{(1)}=-\alpha_j^{(1)}z_j^{-2}, \end{cases} \tag{3.41}$$

这里 $\alpha_j^{(1)}=z^{-2n}\mathrm{e}^{\mathrm{i}(z-z^{-1})^2+G_{1,j}}$，$j=1,2,3,4$.

根据方程(3.41)和克莱默法则，获得如下系统：

$$\begin{cases} \Delta_1^{(2)}=\begin{vmatrix} 1 & z_1^{-2} & z_1^{-2n+1}\mathrm{e}^{\mathrm{i}(z_1-z_1^{-1})^2t+G_{1,1}} & z_1^{-2n-1}\mathrm{e}^{\mathrm{i}(z_1-z_1^{-1})^2t+G_{1,1}} \\ 1 & z_2^{-2} & z_2^{-2n+1}\mathrm{e}^{\mathrm{i}(z_2-z_2^{-1})^2t+G_{1,2}} & z_2^{-2n-1}\mathrm{e}^{\mathrm{i}(z_2-z_2^{-1})^2t+G_{1,2}} \\ 1 & z_3^{-2} & z_3^{-2n+1}\mathrm{e}^{\mathrm{i}(z_3-z_3^{-1})^2t+G_{1,3}} & z_3^{-2n-1}\mathrm{e}^{\mathrm{i}(z_3-z_3^{-1})^2t+G_{1,3}} \\ 1 & z_4^{-2} & z_4^{-2n+1}\mathrm{e}^{\mathrm{i}(z_4-z_4^{-1})^2t+G_{1,4}} & z_4^{-2n-1}\mathrm{e}^{\mathrm{i}(z_4-z_4^{-1})^2t+G_{1,4}} \end{vmatrix}, \\ \Delta_{11}^{(2)}=\begin{vmatrix} 1 & -z_1^{-2} & z_1^{-2n+1}\mathrm{e}^{\mathrm{i}(z_1-z_1^{-1})^2t+G_{1,1}} & z_1^{-2n-1}\mathrm{e}^{\mathrm{i}(z_1-z_1^{-1})^2t+G_{1,1}} \\ 1 & -z_2^{-2} & z_2^{-2n+1}\mathrm{e}^{\mathrm{i}(z_2-z_2^{-1})^2t+G_{1,2}} & z_2^{-2n-1}\mathrm{e}^{\mathrm{i}(z_2-z_2^{-1})^2t+G_{1,2}} \\ 1 & -z_3^{-2} & z_3^{-2n+1}\mathrm{e}^{\mathrm{i}(z_3-z_3^{-1})^2t+G_{1,3}} & z_3^{-2n-1}\mathrm{e}^{\mathrm{i}(z_3-z_3^{-1})^2t+G_{1,3}} \\ 1 & -z_4^{-2} & z_4^{-2n+1}\mathrm{e}^{\mathrm{i}(z_4-z_4^{-1})^2t+G_{1,4}} & z_4^{-2n-1}\mathrm{e}^{\mathrm{i}(z_4-z_4^{-1})^2t+G_{1,4}} \end{vmatrix}, \end{cases}$$

(3.42a)

$$
\begin{cases}
\Delta_{12}^{(2)}=\begin{vmatrix}
1 & z_1^{-2} & z_1-2n+1\mathrm{e}^{\mathrm{i}(z_1-z_1-1)^2t+G_{1,1}} & -z_1^{-2}\\
1 & z_2^{-2} & z_2-2n+1\mathrm{e}^{\mathrm{i}(z_2-z_2-1)^2t+G_{1,2}} & -z_2^{-2}\\
1 & z_3^{-2} & z_3-2n+1\mathrm{e}^{\mathrm{i}(z_3-z_3-1)^2t+G_{1,3}} & -z_3^{-2}\\
1 & z_4^{-2} & z_4-2n+1\mathrm{e}^{\mathrm{i}(z_4-z_4-1)^2t+G_{1,4}} & -z_4^{-2}
\end{vmatrix},\\
\Delta_{2}^{(2)}=\begin{vmatrix}
z_1 & z_1^{-1} & z_1-2n+2\mathrm{e}^{\mathrm{i}(z_1-z_1-1)^2t+G_{1,1}} & z_1-2n\mathrm{e}^{\mathrm{i}(z_1-z_1-1)^2t+G_{1,1}}\\
z_2 & z_2^{-1} & z_2-2n+2\mathrm{e}^{\mathrm{i}(z_2-z_2-1)^2t+G_{1,2}} & z_2-2n\mathrm{e}^{\mathrm{i}(z_2-z_2-1)^2t+G_{1,2}}\\
z_3 & z_3^{-1} & z_3-2n+2\mathrm{e}^{\mathrm{i}(z_3-z_3-1)^2t+G_{1,3}} & z_3-2n\mathrm{e}^{\mathrm{i}(z_3-z_3-1)^2t+G_{1,3}}\\
z_4 & z_4^{-1} & z_4-2n+2\mathrm{e}^{\mathrm{i}(z_4-z_4-1)^2t+G_{1,4}} & z_4-2n\mathrm{e}^{\mathrm{i}(z_4-z_4-1)^2t+G_{1,4}}
\end{vmatrix},\\
\Delta_{21}^{(2)}=\begin{vmatrix}
z_1 & -z_1-2n-2\mathrm{e}^{\mathrm{i}(z_1-z_1-1)^2t+G_{1,1}} & z_1-2n+2\mathrm{e}^{\mathrm{i}(z_1-z_1-1)^2t+G_{1,1}} & z_1-2n\mathrm{e}^{\mathrm{i}(z_1-z_1-1)^2t+G_{1,1}}\\
z_2 & -z_2-2n-2\mathrm{e}^{\mathrm{i}(z_2-z_2-1)^2t+G_{1,2}} & z_2-2n+2\mathrm{e}^{\mathrm{i}(z_2-z_2-1)^2t+G_{1,2}} & z_2-2n\mathrm{e}^{\mathrm{i}(z_2-z_2-1)^2t+G_{1,2}}\\
z_3 & -z_3-2n-2\mathrm{e}^{\mathrm{i}(z_3-z_3-1)^2t+G_{1,3}} & z_3-2n+2\mathrm{e}^{\mathrm{i}(z_3-z_3-1)^2t+G_{1,3}} & z_3-2n\mathrm{e}^{\mathrm{i}(z_3-z_3-1)^2t+G_{1,3}}\\
z_4 & -z_4-2n-2\mathrm{e}^{\mathrm{i}(z_4-z_4-1)^2t+G_{1,4}} & z_4-2n+2\mathrm{e}^{\mathrm{i}(z_4-z_4-1)^2t+G_{1,4}} & z_4-2n\mathrm{e}^{\mathrm{i}(z_4-z_4-1)^2t+G_{1,4}}
\end{vmatrix}.
\end{cases}
\tag{3.42b}
$$

基于方程(3.32),获得如下系统

$$
g_{11(n+1)}^{(2)}=\frac{\Delta_{11}^{(2)}}{\Delta_{1}^{(2)}},g_{12(n+1)}^{(2)}=\frac{\Delta_{12}^{(2)}}{\Delta_{1}^{(2)}},g_{21(n+1)}^{(2)}=\frac{\Delta_{21}^{(2)}}{\Delta_{2}^{(2)}}.\tag{3.43}
$$

通过达布变化得到方程(3.1)的 2-孤子解

$$
\begin{cases}
\widetilde{Q}_{n-1}(t)=\dfrac{\Delta_{12}^{(2)}}{\Delta_{1}^{(1)}},\\
\widetilde{R}_{n}(t)=-\dfrac{\Delta_{21}^{(2)}\Delta_{1}^{(2)}}{\Delta_{2}^{(2)}\Delta_{1}^{(2)}}.
\end{cases}\tag{3.44}
$$

图 3-4(a)表示 PT-对称离散非局域非线性薛定谔方程 $\widetilde{R}_n(t)$ 的解,参数 $z_1=-0.2+\mathrm{i}$, $z_2=-0.4+2\mathrm{i}$, $z_3=0.6$, $z_4=1+0.8\mathrm{i}$, $G_{11}=1+0.5\mathrm{i}$, $G_{12}=-0.6-\mathrm{i}$, $G_{13}=-0.4-0.6\mathrm{i}$, $G_{14}=0.8+0.4\mathrm{i}$. 图 3-4(b)表示 PT-对称离散非局域非线性薛定谔方程 $\widetilde{Q}_{n-1}(t)$ 的解,参数 $z_1=2$, $z_2=1$, $z_3=0.5$, $z_4=0.4$, $G_{11}=1+0.3\mathrm{i}$, $G_{12}=0.4+2\mathrm{i}$, $G_{13}=2+\mathrm{i}$, $G_{14}=0.5+\mathrm{i}$. 图 3-4(c)表示 PT-对称离散非局域非线性薛定谔方程 $\widetilde{Q}_{n-1}(t)$ 的解,参数 $z_1=2$, $z_2=1+0.6\mathrm{i}$, $z_3=0.5$, $z_4=0.4+0.3\mathrm{i}$, $G_{11}=1+0.3\mathrm{i}$, $G_{12}=0.4+2\mathrm{i}$, $G_{13}=2+\mathrm{i}$, $G_{14}=0.5+\mathrm{i}$.

两个离散孤子解在图 3-4(a)中以扭结和交叉的形式进行传播,且以相同的形状和速度进行传播,可以发现不同参数的两个孤子解之间是相互作用的. 图 3-4(b)显示了两个离散孤子解以相同的速度在平行波中进行传播. 图 3-4(c)中,两个离散波相互作用,与图 3-4(a)有所不同的是,两个波的形状不同,这些 2-孤子解的动力学行为结果可为孤子研究提供理论分析.

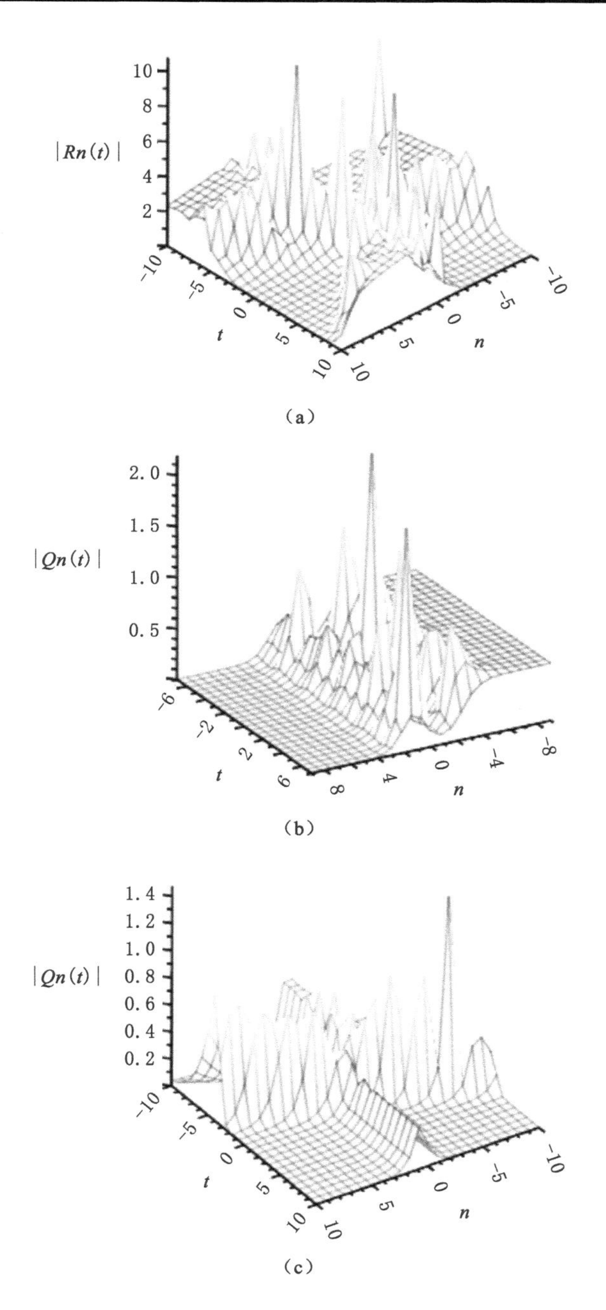

图 3-4　PT-对称离散非局域非线性薛定谔方程的 2-孤子解

3.3 非零背景下 PT-对称离散非局域非线性薛定谔方程的孤子解

零种子解的 N-孤子解是最简单的情况，而非零种子解的 N-孤子解公式有达布变换更加复杂. 为了获得方程(3.1)的非零的 N-孤子解，给出一组非零种子解 $Q_n(t)=\mathrm{e}^{2it}$，设 $\sigma=1$，然后 $R_n(t)=\sigma Q_n^*(t)=\mathrm{e}^{-2it}$，代入方程(3.2)，得到两个基本解：

$$\begin{cases}\boldsymbol{\varphi}=\begin{pmatrix}(z+z^{-1})^n E\mathrm{e}^{\mathrm{i}at}\\0\end{pmatrix},\\ \boldsymbol{\phi}=\begin{pmatrix}0\\(z+z^{-1})^n F\mathrm{e}^{\mathrm{i}(-2+b)t}\end{pmatrix}\end{cases}\tag{3.45}$$

其中 $E=\dfrac{z-z^{-1}}{-\frac{1}{2}(z^2+z^{-2})+2-a}F$.

把方程(3.45)代入方程(3.8)中，得到

$$\alpha_j^{(1)}=\frac{F}{E}z^{-1}\mathrm{e}^{\mathrm{i}(-2-a+b)t+G_{1,j}}\tag{3.46}$$

这里 $\mathrm{e}^{G_{1,j}}=v_j^{(1)}$，$1\leqslant j\leqslant 2N$.

为了获得方程(3.1)的 N-孤子解，考虑如下变换矩阵：

$$\boldsymbol{T}_n=\begin{bmatrix}z^N+\sum_{i=1}^{N}g_{11(n)}^{(i)}z^{N-2i} & \sum_{i=1}^{N}g_{12(n)}^{(i)}z^{N+1-2i}\\ \sum_{i=1}^{N}g_{21(n)}^{(i)}z^{N+1-2i} & z^{-N}+\sum_{i=1}^{N}g_{22(n)}^{(i)}z^{N+2-2i}\end{bmatrix}\tag{3.47}$$

和

$$\begin{cases}\sum_{i=1}^{N}\left(g_{11(n)}^{(i)}z_j^{N-2i}+g_{12(n)}^{(i)}z_j^{N+1-2i}\alpha_j^{(1)}\right)=-z_j^N,\\ \sum_{i=1}^{N}\left(g_{21(n)}^{(i)}z_j^{N+1-2i}+g_{22(n)}^{(i)}z_j^{N+2-2i}\alpha_j^{(1)}\right)=-\alpha_j^{(1)}z_j^N,\end{cases}\tag{3.48}$$

这里 $1\leqslant j\leqslant 2N$.

根据方程(3.48),得到

$$\Delta_1^{(N)}=\begin{vmatrix} z_1^{N-2} & z_1^{N-4} & \cdots & z_1^{-N+2} & z_1^{-N} & \alpha_1^{(1)}z_1^{N-1} & \alpha_1^{(1)}z_1^{N-3} & \cdots & \alpha_1^{(1)}z_1^{-N+1} \\ z_2^{N-2} & z_2^{N-4} & \cdots & z_2^{-N+2} & z_2^{-N} & \alpha_2^{(1)}z_2^{N-1} & \alpha_2^{(1)}z_2^{N-3} & \cdots & \alpha_2^{(1)}z_2^{-N+1} \\ \vdots & \vdots & & \vdots & \vdots & \vdots & \vdots & & \vdots \\ z_{2N}^{N-2} & z_{2N}^{N-4} & \cdots & z_{2N}^{-N+2} & z_{2N}^{-N} & \alpha_{2N}^{(1)}z_{2N}^{N-1} & \alpha_{2N}^{(1)}z_{2N}^{N-3} & \cdots & \alpha_{2N}^{(1)}z_{2N}^{-N+1} \end{vmatrix},$$

$$\Delta_2^{(N)}=\begin{vmatrix} z_1^{N-1} & z_1^{N-3} & \cdots & z_1^{-N+3} & z_1^{-N+1} & \alpha_1^{(1)}z_1^{N} & \alpha_1^{(1)}z_1^{N-2} & \cdots & \alpha_1^{(1)}z_1^{-N+2} \\ z_2^{N-1} & z_2^{N-3} & \cdots & z_2^{-N+3} & z_2^{-N+1} & \alpha_2^{(1)}z_2^{N} & \alpha_2^{(1)}z_2^{N-2} & \cdots & \alpha_2^{(1)}z_2^{-N+2} \\ \vdots & \vdots & & \vdots & \vdots & \vdots & \vdots & & \vdots \\ z_{2N}^{N-1} & z_{2N}^{N-3} & \cdots & z_{2N}^{-N+3} & z_{2N}^{-N+1} & \alpha_{2N}^{(1)}z_{2N}^{N} & \alpha_{2N}^{(1)}z_{2N}^{N-2} & \cdots & \alpha_{2N}^{(1)}z_{2N}^{-N+2} \end{vmatrix}. \tag{3.49}$$

这里 $\alpha_j^{(1)}=\dfrac{F}{E}e^{i(-2-a+b)t+G_{1,j}}$,$1\leqslant j\leqslant 2N$.

根据方程(3.48)和克莱默法则,可得

$$g_{11(n+1)}^{(1)}=\frac{\Delta_{11}^{(N)}}{\Delta_1^{(N)}},g_{12(n+1)}^{(1)}=\frac{\Delta_{12}^{(N)}}{\Delta_1^{(N)}},g_{21(n+1)}^{(1)}=\frac{\Delta_{21}^{(N)}}{\Delta_2^{(N)}} \tag{3.50}$$

其中

$$\begin{cases} \Delta_{11}^{(N)}=\begin{vmatrix} z_1^{N-2} & z_1^{N-4} & \cdots & z_1^{-N+2} & -z_1^{N} & \alpha_1^{(1)}z_1^{N-1} & \alpha_1^{(1)}z_1^{N-3} & \cdots & \alpha_1^{(1)}z_1^{-N+1} \\ z_2^{N-2} & z_2^{N-4} & \cdots & z_2^{-N+2} & -z_2^{N} & \alpha_2^{(1)}z_2^{N-1} & \alpha_2^{(1)}z_2^{N-3} & \cdots & \alpha_2^{(1)}z_2^{-N+1} \\ \vdots & \vdots & & \vdots & \vdots & \vdots & \vdots & & \vdots \\ z_{2N}^{N-2} & z_{2N}^{N-4} & \cdots & z_{2N}^{-N+2} & -z_{2N}^{N} & \alpha_{2N}^{(1)}z_{2N}^{N-1} & \alpha_{2N}^{(1)}z_{2N}^{N-3} & \cdots & \alpha_{2N}^{(1)}z_{2N}^{-N+1} \end{vmatrix}, \\ \Delta_{12}^{(N)}=\begin{vmatrix} z_1^{N-2} & z_1^{N-4} & \cdots & z_1^{-N+2} & z_1^{-N} & \alpha_1^{(1)}z_1^{N-1} & \alpha_1^{(1)}z_1^{N-3} & \cdots & -z_1^{N} \\ z_2^{N-2} & z_2^{N-4} & \cdots & z_2^{-N+2} & z_2^{-N} & \alpha_2^{(1)}z_2^{N-1} & \alpha_2^{(1)}z_2^{N-3} & \cdots & -z_2^{N} \\ \vdots & \vdots & & \vdots & \vdots & \vdots & \vdots & & \vdots \\ z_{2N}^{N-2} & z_{2N}^{N-4} & \cdots & z_{2N}^{-N+2} & z_{2N}^{-N} & \alpha_{2N}^{(1)}z_{2N}^{N-1} & \alpha_{2N}^{(1)}z_{2N}^{N-3} & \cdots & -z_{2N}^{N} \end{vmatrix}, \\ \Delta_{21}^{(N)}=\begin{vmatrix} z_1^{N-1} & z_1^{N-3} & \cdots & z_1^{-N+3} & -\alpha_1^{(1)}z_1^{-N} & \alpha_1^{(1)}z_1^{N} & \alpha_1^{(1)}z_1^{N-2} & \cdots & \alpha_1^{(1)}z_1^{-N+2} \\ z_2^{N-1} & z_2^{N-3} & \cdots & z_2^{-N+3} & -\alpha_2^{(1)}z_2^{-N} & \alpha_2^{(1)}z_2^{N} & \alpha_2^{(1)}z_2^{N-2} & \cdots & \alpha_2^{(1)}z_2^{-N+2} \\ \vdots & \vdots & & \vdots & \vdots & \vdots & \vdots & & \vdots \\ z_{2N}^{N-1} & z_{2N}^{N-3} & \cdots & z_{2N}^{-N+3} & -\alpha_{2N}^{(1)}z_{2N}^{-N} & \alpha_{2N}^{(1)}z_{2N}^{N} & \alpha_{2N}^{(1)}z_{2N}^{N-2} & \cdots & \alpha_{2N}^{(1)}z_{2N}^{-N+2} \end{vmatrix}. \end{cases} \tag{3.51}$$

这里 $\alpha_j^{(1)}=\dfrac{F}{E}e^{i(-2-a+b)t+G_{1,j}}$,$1\leqslant j\leqslant 2N$.

根据方程(3.48)和克莱默法则得到方程(3.1)的 N-孤子解形式:

$$\begin{cases}\widetilde{Q}_n(t)=\mathrm{e}^{2it}\dfrac{\Delta_{11}^{(N)}}{\Delta_1^{(N)}}+\dfrac{\Delta_{12}^{(N)}}{\Delta_1^{(N)}},\\ \widetilde{R}_n(t)=\dfrac{\mathrm{e}^{-2it}-\dfrac{\Delta_{21}^{(N)}}{\Delta_2^{(N)}}}{\dfrac{\Delta_{11}^{(N)}}{\Delta_1^{(N)}}}.\end{cases}\tag{3.52}$$

为了获得方程(3.1)的1-孤子解,考虑 $N=1$ 代入方程(3.47)和(3.48),并且得到变换矩阵,形式如下:

$$\boldsymbol{T}_n=\begin{pmatrix}z+g_{11(n)}^{(1)}z^{-1} & g_{12(n)}^{(1)}\\ g_{21(n)}^{(1)} & z^{-1}+g_{22(n)}^{(1)}z\end{pmatrix}\tag{3.53}$$

和

$$\begin{cases}g_{11(n)}^{(1)}z_j^{-1}+g_{12(n)}^{(1)}\alpha_j^{(1)}=-z_j,\\ g_{21(n)}^{(1)}+g_{22(n)}^{(1)}z_j\alpha_j^{(1)}=-\alpha_j^{(1)}z_j^{-1},\end{cases}\tag{3.54}$$

这里 $\alpha_j^{(1)}=\dfrac{F}{E}\mathrm{e}^{\mathrm{i}(-2-a+b)t+G_{1,j}}$, $j=1,2$.

根据方程(3.54)和克拉默法则,得到系统如下:

$$\begin{cases}\Delta_1^{(1)}=\begin{vmatrix}z_1^{-1} & \dfrac{F}{Ez_1}\mathrm{e}^{\mathrm{i}(-2-a+b)t+G_{1,1}}\\ z_2^{-1} & \dfrac{F}{Ez_2}\mathrm{e}^{\mathrm{i}(-2-a+b)t+G_{1,2}}\end{vmatrix},\\ \Delta_{11}^{(1)}=\begin{vmatrix}-z_1 & \dfrac{F}{Ez_1}\mathrm{e}^{\mathrm{i}(-2-a+b)t+G_{1,1}}\\ -z_2 & \dfrac{F}{Ez_2}\mathrm{e}^{\mathrm{i}(-2-a+b)t+G_{1,2}}\end{vmatrix},\\ \Delta_{12}^{(1)}=\begin{vmatrix}z_1^{-1} & -z_1\\ z_2^{-1} & -z_2\end{vmatrix},\Delta_2^{(1)}=\begin{vmatrix}1 & \dfrac{F}{E}\mathrm{e}^{\mathrm{i}(-2-a+b)t+G_{1,1}}\\ 1 & \dfrac{F}{E}\mathrm{e}^{\mathrm{i}(-2-a+b)t+G_{1,2}}\end{vmatrix},\\ \Delta_{21}^{(1)}=\begin{vmatrix}-\dfrac{F}{Ez_1^2}\mathrm{e}^{\mathrm{i}(-2-a+b)t+G_{1,1}} & \dfrac{F}{E}\mathrm{e}^{\mathrm{i}(-2-a+b)t+G_{1,1}}\\ -\dfrac{F}{Ez_2^2}\mathrm{e}^{\mathrm{i}(-2-a+b)t+G_{1,2}} & \dfrac{F}{E}\mathrm{e}^{\mathrm{i}(-2-a+b)t+G_{1,2}}\end{vmatrix}.\end{cases}\tag{3.55}$$

基于方程(3.50),获得如下系统

$$g_{11(n+1)}^{(1)}=\frac{\Delta_{11}^{(1)}}{\Delta_1^{(1)}},g_{12(n+1)}^{(1)}=\frac{\Delta_{12}^{(1)}}{\Delta_1^{(1)}},g_{21(n+1)}^{(1)}=\frac{\Delta_{21}^{(1)}}{\Delta_2^{(1)}}\tag{3.56}$$

通过达布变换可以得到方程(3.1)的1-孤子解为

$$\begin{cases} \widetilde{Q}_n(t) = \mathrm{e}^{2it}\dfrac{\Delta_{11}^{(1)}}{\Delta_1^{(1)}} + \dfrac{\Delta_{12}^{(1)}}{\Delta_1^{(1)}}, \\ \widetilde{R}_n(t) = \dfrac{\mathrm{e}^{-2it} - \dfrac{\Delta_{21}^{(1)}}{\Delta_2^{(1)}}}{\dfrac{\Delta_{11}^{(1)}}{\Delta_1^{(1)}}}. \end{cases} \tag{3.57}$$

图 3-5(a)表示 PT-对称离散非局域非线性薛定谔方程 $\widetilde{Q}_n(t)$的解，参数 $z=0.8$，$z_1=0.2+0.5i$，$z_2=0.2-0.5i$，$a=0.2i$，$b=a-2$，$F=2$，$G_{11}=0.3+0.6i$，$G_{12}=0.3-0.6i$. 图 3-5(b)表示 *PT*-对称离散非局域非线性薛定谔方程 $\widetilde{R}_n(t)$的解，参数 $z=0.8$，$z_1=2$，$z_2=1$，$a=0.2i$，$b=a-2$，$F=0.6$，$G_{11}=2$，$G_{12}=0.6$. 图 3-5(c)表示 PT-对称离散非局域非线性薛定谔方程 $\widetilde{Q}_n(t)$的解，参数 $z=0.6i$，$z_1=0.3i$，$z_2=0.5i$，$a=4$，$b=a-2$，$F=0.4i$，$G_{11}=0.2+0.3i$，$G_{12}=0.3+0.5i$.

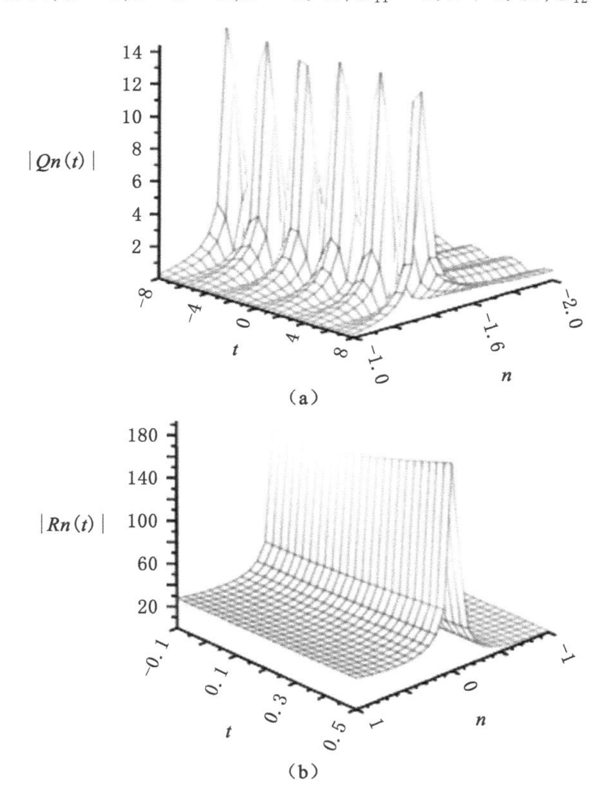

图 3-5　PT-对称离散非局域非线性薛定谔方程的非零 1-孤子解

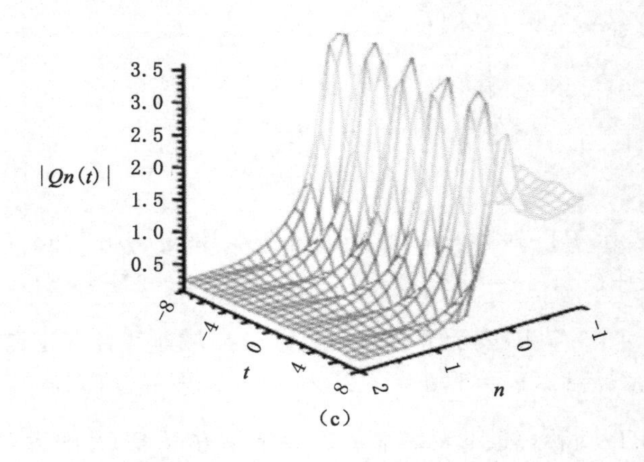

(c)

图 3-5 （续）

考虑离散 PT-对称非局域非线性薛定谔方程 1-孤子解在 n，t 平面上的分布，如图 3-5 所示，可以看出，在图 3-5(a)中，离散波的传播形状类似“呼吸状”，且传播的振幅频率是一相同的，几乎是稳定传播. 图 3-5(b)中，随着距离的增加，波的传播宽度保持不变. 图 3-5(c)中，怪波以扭结的形式进行传播，波之间的距离相同，随着时间的增加，波的宽度保持不变.

为了得到方程(3.1)的 2-孤子解，考虑 $N=2$ 代入方程(4.47)和(4.48)中，获得变换矩阵：

$$\boldsymbol{T}_n=\begin{pmatrix} z^2+g_{11(n)}^{(2)}z^{-2} & g_{12(n)}^{(2)}z^{-1} \\ g_{21(n)}^{(2)}z^{-1} & z^{-2}+g_{22(n)}^{(2)} \end{pmatrix} \tag{3.58}$$

和

$$\begin{cases} g_{11(n)}^{(2)}z_j^{-2}+g_{12(n)}^{(2)}\alpha_j^{(1)}z^{-1}=-z_j^2, \\ g_{21(n)}^{(2)}z^{-1}+g_{22(n)}^{(2)}\alpha_j^{(1)}=-\alpha_j^{(1)}z_j^{-2}, \end{cases} \tag{3.59}$$

这里 $\alpha_j^{(1)}=\dfrac{F}{E}\mathrm{e}^{\mathrm{i}(-2-a+b)t+G_{1,j}}$，$j=1,2,3,4$.

根据方程(3.54)和克莱默法则，获得如下系统：

$$\Delta_1^{(2)}=\begin{vmatrix} 1 & z_1^{-2} & \frac{F}{E}\mathrm{e}^{\mathrm{i}(-2-a+b)t+G_{1,1}} & \frac{F}{Ez_1^2}\mathrm{e}^{\mathrm{i}(-2-a+b)t+G_{1,1}} \\ 1 & z_2^{-2} & \frac{F}{E}\mathrm{e}^{\mathrm{i}(-2-a+b)t+G_{1,2}} & \frac{F}{Ez_2^2}\mathrm{e}^{\mathrm{i}(-2-a+b)t+G_{1,2}} \\ 1 & z_3^{-2} & \frac{F}{E}\mathrm{e}^{\mathrm{i}(-2-a+b)t+G_{1,3}} & \frac{F}{Ez_3^2}\mathrm{e}^{\mathrm{i}(-2-a+b)t+G_{1,3}} \\ 1 & z_4^{-2} & \frac{F}{E}\mathrm{e}^{\mathrm{i}(-2-a+b)t+G_{1,4}} & \frac{F}{Ez_4^2}\mathrm{e}^{\mathrm{i}(-2-a+b)t+G_{1,4}} \end{vmatrix}, \tag{3.60a}$$

$$\Delta_{11}^{(2)}=\begin{vmatrix} 1 & -z_1^{2} & \frac{F}{E}\mathrm{e}^{\mathrm{i}(-2-a+b)t+G_{1,1}} & \frac{F}{Ez_1^2}\mathrm{e}^{\mathrm{i}(-2-a+b)t+G_{1,1}} \\ 1 & -z_2^{2} & \frac{F}{E}\mathrm{e}^{\mathrm{i}(-2-a+b)t+G_{1,2}} & \frac{F}{Ez_2^2}\mathrm{e}^{\mathrm{i}(-2-a+b)t+G_{1,2}} \\ 1 & -z_3^{2} & \frac{F}{E}\mathrm{e}^{\mathrm{i}(-2-a+b)t+G_{1,3}} & \frac{F}{Ez_3^2}\mathrm{e}^{\mathrm{i}(-2-a+b)t+G_{1,3}} \\ 1 & -z_4^{2} & \frac{F}{E}\mathrm{e}^{\mathrm{i}(-2-a+b)t+G_{1,4}} & \frac{F}{Ez_4^2}\mathrm{e}^{\mathrm{i}(-2-a+b)t+G_{1,4}} \end{vmatrix}, \tag{3.60b}$$

$$\Delta_{12}^{(2)}=\begin{vmatrix} 1 & z_1^{-2} & \frac{F}{E}\mathrm{e}^{\mathrm{i}(-2-a+b)t+G_{1,1}} & -z_1^2 \\ 1 & z_2^{-2} & \frac{F}{E}\mathrm{e}^{\mathrm{i}(-2-a+b)t+G_{1,2}} & -z_2^2 \\ 1 & z_3^{-2} & \frac{F}{E}\mathrm{e}^{\mathrm{i}(-2-a+b)t+G_{1,3}} & -z_3^2 \\ 1 & z_4^{-2} & \frac{F}{E}\mathrm{e}^{\mathrm{i}(-2-a+b)t+G_{1,4}} & -z_4^2 \end{vmatrix}, \tag{3.60c}$$

$$\Delta_2^{(2)}=\begin{vmatrix} z_1 & z_1^{-1} & \frac{F}{E}z_1\mathrm{e}^{\mathrm{i}(-2-a+b)t+G_{1,1}} & \frac{F}{Ez_1}\mathrm{e}^{\mathrm{i}(-2-a+b)t+G_{1,1}} \\ z_2 & z_2^{-1} & \frac{F}{E}z_2\mathrm{e}^{\mathrm{i}(-2-a+b)t+G_{1,2}} & \frac{F}{Ez_2}\mathrm{e}^{\mathrm{i}(-2-a+b)t+G_{1,2}} \\ z_3 & z_3^{-1} & \frac{F}{E}z_3\mathrm{e}^{\mathrm{i}(-2-a+b)t+G_{1,3}} & \frac{F}{Ez_3}\mathrm{e}^{\mathrm{i}(-2-a+b)t+G_{1,3}} \\ z_4 & z_4^{-1} & \frac{F}{E}z_4\mathrm{e}^{\mathrm{i}(-2-a+b)t+G_{1,4}} & \frac{F}{Ez_4}\mathrm{e}^{\mathrm{i}(-2-a+b)t+G_{1,4}} \end{vmatrix}, \tag{3.60d}$$

$$\Delta_{21}^{(2)}=\begin{vmatrix} z_1 & -\frac{F}{Ez_1^3}e^{i(-2-a+b)t+G_{1,1}} & \frac{F}{E}z_1e^{i(-2-a+b)t+G_{1,1}} & \frac{F}{Ez_1}e^{i(-2-a+b)t+G_{1,1}} \\ z_2 & -\frac{F}{Ez_2^3}e^{i(-2-a+b)t+G_{1,2}} & \frac{F}{E}z_2e^{i(-2-a+b)t+G_{1,2}} & \frac{F}{Ez_2}e^{i(-2-a+b)t+G_{1,2}} \\ z_3 & -\frac{F}{Ez_3^3}e^{i(-2-a+b)t+G_{1,3}} & \frac{F}{E}z_3e^{i(-2-a+b)t+G_{1,3}} & \frac{F}{Ez_3}e^{i(-2-a+b)t+G_{1,3}} \\ z_4 & -\frac{F}{Ez_4^3}e^{i(-2-a+b)t+G_{1,4}} & \frac{F}{E}z_4e^{i(-2-a+b)t+G_{1,4}} & \frac{F}{Ez_4}e^{i(-2-a+b)t+G_{1,4}} \end{vmatrix}. \tag{3.60e}$$

基于方程(3.50),获得如下系统

$$g_{11(n+1)}^{(2)}=\frac{\Delta_{11}^{(2)}}{\Delta_1^{(2)}},g_{12(n+1)}^{(2)}=\frac{\Delta_{12}^{(2)}}{\Delta_1^{(2)}},g_{21(n+1)}^{(2)}=\frac{\Delta_{21}^{(2)}}{\Delta_2^{(2)}} \tag{3.61}$$

通过达布变换得到方程(3.1)的 2-孤子解

$$\begin{cases} \widetilde{Q}_n(t)=e^{2it}\frac{\Delta_{11}^{(2)}}{\Delta_1^{(2)}}+\frac{\Delta_{12}^{(2)}}{\Delta_1^{(2)}}, \\ \widetilde{R}_n(t)=\frac{e^{-2it}-\frac{\Delta_{21}^{(2)}}{\Delta_2^{(2)}}}{\frac{\Delta_{11}^{(2)}}{\Delta_1^{(2)}}}. \end{cases} \tag{3.62}$$

图 3-6(a)表示 PT-对称离散非局域非线性薛定谔方程 $\widetilde{Q}_n(t)$的解,参数 $z=0.6i,z_1=0.2+0.5i,z_2=0.2-0.5i,z_3=0.3+0.3i,z_4=0.3-0.3i,a=1,b=a-2,F=0.2i,G_{11}=0.6,G_{12}=0.2,G_{13}=0.5,G_{14}=0.3$. 图 3-6(b)表示 PT-对称非局域非线性薛定谔方程 $\widetilde{R}_n(t)$的解,参数 $z=1+i,z_1=1+i,z_2=1-i,z_3=0.2+0.3i,z_4=0.2-0.3i,a=2,b=a-2,F=0.6+0.2i,G_{11}=0.2i,G_{12}=0.3i,G_{13}=0.5i,G_{14}=0.1i$. 图 3-6(c)表示 PT-对称离散非局域非线性薛定谔方程 $\widetilde{R}_n(t)$的解,参数 $z=1+i,z_1=1+0.5i,z_2=2+i,z_3=1-i,z_4=2+0.5i,a=2+i,b=a-2,F=1+i,G_{11}=2+i,G_{12}=1+2i,G_{13}=1-3i,G_{14}=2+0.5i$.

考虑 PT-对称离散非局域非线性薛定谔方程的 2-孤子解的波传播. 从图 3-6(a)可以看出,两个波的形状不同,一个是呼吸状的怪波,一个是亮孤子波,二者平行传播. 在图 3-6(b)中,两个波均是亮孤子波,波的传播宽度一致,但振幅不同,二者保持平行传播. 图 3-6(c)中是宽度和振幅相同的亮孤子波,平行传播,传播过程中几乎是稳定的.

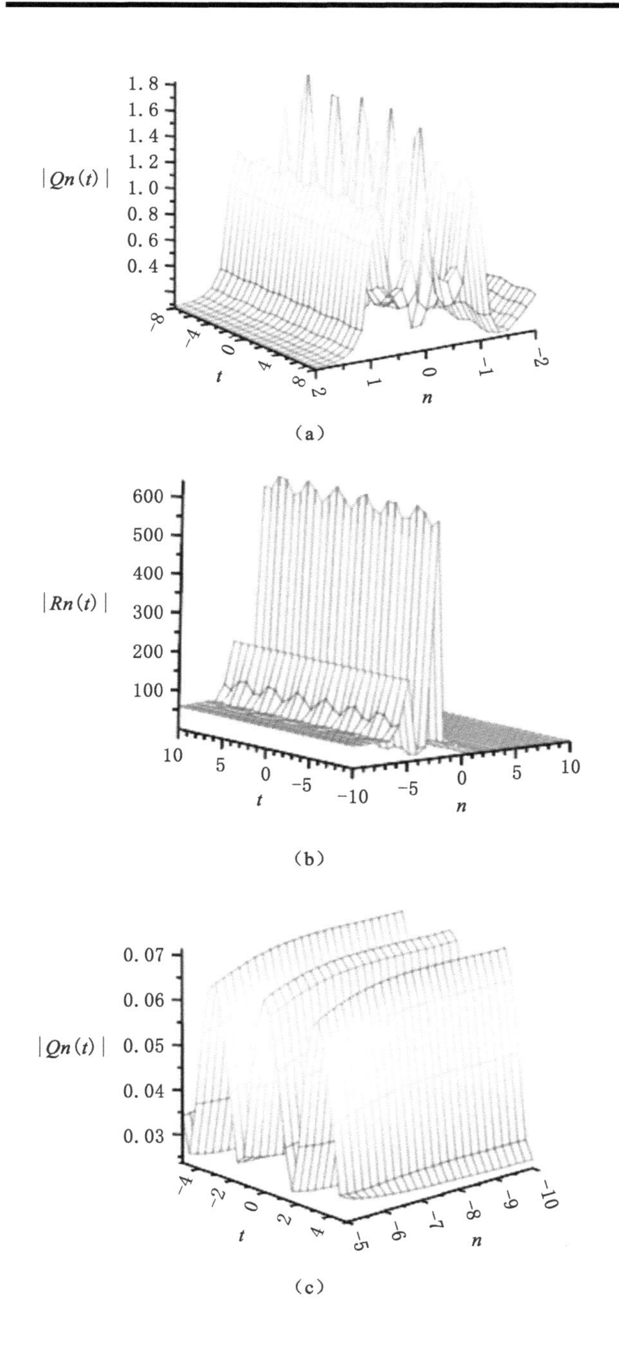

图 3-6 PT-对称离散非局域非线性薛定谔方程的非零 2-孤子解

第4章 达布变换方法求解局域可积方程

4.1 KE方程的达布变换和精确解

最近孤子理论中的热点问题之一是运用达布变换方法求方程的精确解.本节利用达布变换求出非线性 Kundu-Eckhaus(KE)方程的精确解.通过构造特殊的 Lax 对,推导出 KE 方程的 1-孤子解、2-孤子解、3-孤子解和 N-孤子解的达布变换.根据得到的解,利用画图软件给出了两个孤子之间的弹性相互作用和动力学特征.

4.1.1 KE方程的达布变换

1984年,一种非线性 Kundu-Eckhaus 方程被提出,形式如下:

$$\mathrm{i}u_t + u_{xx} + 2|u|^2u + 4\beta^2|u|^4u - 4\mathrm{i}\beta(|u|^2)_x u = 0, \beta \in R. \tag{4.1}$$

公式中下小标表示偏导数,方程(4.1)的 Lax 对形式如下:

$$\boldsymbol{\Psi}_x = \boldsymbol{M}\boldsymbol{\Psi}, \boldsymbol{\Psi}_t = \boldsymbol{N}\boldsymbol{\Psi} = (N_2\lambda^2 + N_1\lambda + N_0)\boldsymbol{\Psi}. \tag{4.2}$$

$$\begin{cases} \boldsymbol{M} = \begin{pmatrix} -\mathrm{i}\lambda + \mathrm{i}\beta \mid u \mid^2 & u \\ -u^* & \mathrm{i}\lambda - \mathrm{i}\beta \mid u \mid^2 \end{pmatrix}, \\ \boldsymbol{N}_2 = \begin{pmatrix} -2\mathrm{i} & 0 \\ 0 & 2\mathrm{i} \end{pmatrix}, \boldsymbol{N}_1 = \begin{pmatrix} 0 & 2u \\ -2u^* & 0 \end{pmatrix}, \end{cases} \tag{4.3}$$

$$\boldsymbol{N}_0 = \begin{pmatrix} \beta(-u_x u^* + u u_x^*) + 4\mathrm{i}\beta^2 \mid u \mid^4 + \mathrm{i} \mid u \mid^2 & \mathrm{i}u_x + 2\beta \mid u \mid^2 u \\ \mathrm{i}u_x^* - 2\beta \mid u \mid^2 u^* & \beta(u_x u^* - u u_x^*) - 4\mathrm{i}\beta^2 \mid u \mid^4 - \mathrm{i} \mid u \mid^2 \end{pmatrix}. \tag{4.4}$$

这里 u 表示关于空间变量 x 和时间变量 t 的函数，λ 为谱参数，$*$ 表示复共轭.

构建方程(4.1)的达布变换，引入变换 $\boldsymbol{T}$：

$$\tilde{\boldsymbol{\psi}}_n = \boldsymbol{T}\boldsymbol{\Psi}_n, \boldsymbol{T} = \begin{pmatrix} T_{11} & T_{12} \\ T_{21} & T_{22} \end{pmatrix}, \tag{4.5}$$

$$\boldsymbol{\Psi}_x = \tilde{\boldsymbol{M}}\boldsymbol{\Psi}, \tilde{\boldsymbol{M}} = (\boldsymbol{T}_x + \boldsymbol{T}\boldsymbol{M})\boldsymbol{T}^{-1}, \tag{4.6}$$

$$\boldsymbol{\Psi}_t = \tilde{\boldsymbol{N}}\boldsymbol{\Psi}, \tilde{\boldsymbol{N}} = (\boldsymbol{T}_t + \boldsymbol{T}\boldsymbol{N})\boldsymbol{T}^{-1}. \tag{4.7}$$

若 $\tilde{\boldsymbol{M}}, \tilde{\boldsymbol{N}}$ 和 $\boldsymbol{M}, \boldsymbol{N}$ 具有相同的形式，则称方程(4.5)是 KE 方程的达布变换. 令 $\boldsymbol{\Psi} = (\Psi_1, \Psi_2)^{\mathrm{T}}, \boldsymbol{\varphi} = (\varphi_1, \varphi_2)^{\mathrm{T}}$ 是方程(4.2)～(4.4)的两个基本解，并给出形式如下的线性表达式：

$$\begin{cases} \sum_{i=0}^{N-1} (A_{11}^{(i)} + A_{12}^{(i)} M_j^{(1)}) \lambda_j^i = -\lambda_j^N, \\ \sum_{i=0}^{N-1} (A_{21}^{(i)} + A_{22}^{(i)} M_j^{(1)}) \lambda_j^i = -M_j^{(1)} \lambda_j^N, \end{cases} \tag{4.8}$$

其中

$$M_j^{(1)} = \frac{\psi_2 + v_j^{(1)} \varphi_2}{\psi_1 + v_j^{(1)} \varphi_1}, 0 \leqslant j \leqslant 2N, \tag{4.9}$$

λ_j 和 $v_j^{(k)}$ ($i \neq k, \lambda_i \neq \lambda_j, v_i^{(k)} \neq v_j^{(k)}, k = 1, 2$)选择合适的参数，使得方程(4.8)中的行列式不为零.

引入 2×2 的矩阵 $\boldsymbol{T}$，形式如下：

$$\begin{cases} T_{11} = \lambda^N + \sum_{i=0}^{N-1} A_{11}^{(i)} \lambda^i, T_{12} = \sum_{i=0}^{N-1} A_{12}^{(i)} \lambda^i, \\ T_{21} = \sum_{i=0}^{N-1} A_{21}^{(i)} \lambda^i, T_{22} = \lambda^N + \sum_{i=0}^{N-1} A_{22}^{(i)} \lambda^i, \end{cases} \tag{4.10}$$

其中 $A_{mn}^{(i)}$ ($m, n = 1, 2; i \geqslant 0$)是关于 x, t 的函数，N 为自然数.

计算得到 $\Delta\boldsymbol{T}$,形式如下：

$$\Delta\boldsymbol{T}=\prod_{j=1}^{2N}(\lambda-\lambda_j) \tag{4.11}$$

这里 $\lambda_j(j=1\leqslant j\leqslant 2N)$ 是 $\Delta\boldsymbol{T}$ 的 $2N$ 个根. 下证 $\widetilde{\boldsymbol{M}}$ 和 $\boldsymbol{M}$, $\widetilde{\boldsymbol{N}}$ 和 $\boldsymbol{N}$ 具有相同的形式.

命题 4.1 方程(4.6)中 $\widetilde{\boldsymbol{M}}$ 和 $\boldsymbol{M}$ 是相同的形式,即

$$\widetilde{\boldsymbol{M}}=\begin{pmatrix}-\mathrm{i}\lambda+\mathrm{i}\beta\mid\widetilde{u}\mid^2 & \widetilde{u}(x,t)\\ -\widetilde{u}^*(-x,t) & \mathrm{i}\lambda-\mathrm{i}\beta\mid\widetilde{u}\mid^2\end{pmatrix}. \tag{4.12}$$

下式给出了方程(4.6)的新解和旧解的关系

$$\begin{cases}\widetilde{u}(x,t)=u(x,t)+2\mathrm{i}A_{12},\\ \widetilde{u}^*(-x,t)=u^*(-x,t)+2\mathrm{i}A_{21},\end{cases} \tag{4.13}$$

式子(4.13)是通过方程(4.6)达布变换得到的.

证明 设

$$\boldsymbol{T}^{-1}=\frac{\boldsymbol{T}^*}{\Delta\boldsymbol{T}}\text{和}(\boldsymbol{T}_x+\boldsymbol{T}\boldsymbol{M})\boldsymbol{T}^*=\begin{pmatrix}B_{11}(\lambda) & B_{12}(\lambda)\\ B_{21}(\lambda) & B_{22}(\lambda)\end{pmatrix} \tag{4.14}$$

得到 $B_{sl}(1\leqslant s,l\leqslant 2)$ 是 λ 的 $2N$ 或 $2N+1$ 次多项式.

通过计算,$\lambda_j(1\leqslant j\leqslant 2)$ 是 $B_{sl}(1\leqslant s,l\leqslant 2)$ 的根,式(4.14)的形式如下：

$$(\boldsymbol{T}_x+\boldsymbol{T}\boldsymbol{M})\boldsymbol{T}^*=(\Delta\boldsymbol{T})C(\lambda) \tag{4.15}$$

其中

$$\boldsymbol{C}(\lambda)=\begin{pmatrix}C_{11}^{(1)}\lambda+C_{11}^{(0)} & C_{12}^{(0)}\\ C_{21}^{(0)} & C_{22}^{(1)}\lambda+C_{22}^{(0)}\end{pmatrix} \tag{4.16}$$

这里 $C_{mn}^{(k)}(m,n=1,2;k=0,1)$ 满足不含 λ 的函数,方程(4.15)获得下式

$$(\boldsymbol{T}_x+\boldsymbol{T}\boldsymbol{M})=\boldsymbol{C}(\lambda)\boldsymbol{T} \tag{4.17}$$

比较方程(4.17)中 λ^N 的阶次,得到下列关系式：

$$\begin{cases}C_{11}^{(1)}=-\mathrm{i},C_{11}^{(0)}=\mathrm{i}\beta\mid u\mid^2,C_{12}^{(0)}=u(x,t)+2\mathrm{i}A_{12}=\widetilde{u}(x,t),\\ C_{21}^{(0)}=-u^*(x,t)-2\mathrm{i}A_{21}=-\widetilde{u}^*(-x,t),C_{22}^{(1)}=\mathrm{i},C_{22}^{(0)}=-\mathrm{i}\beta\mid u\mid^2.\end{cases} \tag{4.18}$$

在上述证明中设 $\widetilde{\boldsymbol{M}}$ 和 $\boldsymbol{M}$ 具有相同的形式,这意味着 $u(x,t)$,$u^*(-x,t)$ 转换为 $\widetilde{u}(x,t)$,$\widetilde{u}^*(-x,t)$,经过复杂的计算,我们比较了 λ^N 的阶次,并得到下述

方程：

$$\begin{cases}\tilde{u}(x,t)=u(x,t)+2\mathrm{i}A_{12},\\ \tilde{u}^*(-x,t)=u^*(-x,t)+2\mathrm{i}A_{21},\end{cases}\tag{4.19}$$

从而可知 $\tilde{\boldsymbol{M}}=\boldsymbol{C}(\lambda)$，即证.

命题 4.2 方程(4.7)中 $\tilde{\boldsymbol{N}}$ 和 $\boldsymbol{N}$ 是相同的形式，即

$$\tilde{\boldsymbol{N}}=\begin{pmatrix}-2\mathrm{i}\lambda^2+\beta(-\tilde{u}_x\tilde{u}^*+\tilde{u}\tilde{u}_x^*)+4\mathrm{i}\beta^2|\tilde{u}|^4+\mathrm{i}|\tilde{u}|^2 & 2\tilde{u}\lambda+\mathrm{i}\tilde{u}_x+2\beta|\tilde{u}|^2\tilde{u}\\ -2\tilde{u}^*\lambda+\mathrm{i}\tilde{u}_x^*+2\beta|\tilde{u}|^2\tilde{u}^* & 2\mathrm{i}\lambda^2+\beta(\tilde{u}_x\tilde{u}^*-\tilde{u}\tilde{u}_x^*)-4\mathrm{i}\beta^2|\tilde{u}|^4-\mathrm{i}|\tilde{u}|^2\end{pmatrix}.\tag{4.20}$$

证明 假设 $\tilde{\boldsymbol{N}}$ 和 $\boldsymbol{N}$ 具有相同的结构.

设

$$\boldsymbol{T}^{-1}=\frac{\boldsymbol{T}^*}{\Delta\boldsymbol{T}}\text{和}(\boldsymbol{T}_t+\boldsymbol{T}\boldsymbol{N})\boldsymbol{T}^*=\begin{pmatrix}E_{11}(\lambda) & E_{12}(\lambda)\\ E_{21}(\lambda) & E_{22}(\lambda)\end{pmatrix}.\tag{4.21}$$

易证 $E_{sl}(1\leqslant s,l\leqslant 2)$ 是 λ 的 $N+1$ 或 $N+2$ 次多项式. 通过计算，可以得到 $\lambda_j(1\leqslant j\leqslant 2)$ 是 $E_{sl}(1\leqslant s,l\leqslant 2)$ 的根，因此，方程(4.21)具有下列形式

$$(\boldsymbol{T}_t+\boldsymbol{T}\boldsymbol{N})\boldsymbol{T}^*=(\Delta\boldsymbol{T})\boldsymbol{F}(\lambda)\tag{4.22}$$

其中

$$\boldsymbol{F}(\lambda)=\begin{pmatrix}F_{11}^{(2)}\lambda^2+F_{11}^{(1)}\lambda+F_{11}^{(0)} & F_{12}^{(1)}\lambda+F_{12}^{(0)}\\ F_{21}^{(1)}\lambda+F_{21}^{(0)} & F_{22}^{(2)}\lambda^2+F_{22}^{(1)}\lambda+F_{22}^{(0)}\end{pmatrix}\tag{4.23}$$

和 $F_{mn}^{(k)}(m,n=1,2;k=0,1,2)$ 是满足不含 λ 的函数. 方程(4.23)有如下形式

$$(\boldsymbol{T}_t+\boldsymbol{T}\boldsymbol{N})=\boldsymbol{F}(\lambda)\boldsymbol{T}\tag{4.24}$$

通过比较方程(4.24)中的 λ^N 阶次，得到了以下方程

$$\begin{cases}F_{11}^{(2)}=-2\mathrm{i},F_{11}^{(1)}=0,\\ F_{11}^{(0)}=\beta(-u_xu^*+uu_x^*)+4\mathrm{i}\beta^2|u|^4+\mathrm{i}|u|^2-2uA_{21}-4\mathrm{i}A_{12}A_{21}\\ \quad=\beta(-\tilde{u}_x\tilde{u}^*+\tilde{u}\tilde{u}_x^*)+4\mathrm{i}\beta^2|\tilde{u}|^4+\mathrm{i}|\tilde{u}|^2,\\ F_{12}^{(1)}=2u+4\mathrm{i}A_{12},\\ F_{12}^{(0)}=\mathrm{i}u_x+2\beta|u|^2u+2uA_{11}+4\mathrm{i}A_{12}-2uA_{22}-4\mathrm{i}A_{12}A_{22}\\ \quad=\mathrm{i}\tilde{u}_x+2\beta|\tilde{u}|^2\tilde{u},\\ F_{21}^{(0)}=\mathrm{i}u_x^*-2\beta|u|^2u^*+2u^*A_{11}-4\mathrm{i}A_{21}-2u^*A_{22}-4\mathrm{i}A_{11}A_{21}\\ \quad=\mathrm{i}\tilde{u}_x^*-2\beta|\tilde{u}|^2\tilde{u}^*,\end{cases}\tag{4.25a}$$

$$\begin{cases} F_{21}^{(1)} = -2u^* - 4\mathrm{i}A_{21}, \\ F_{22}^{(2)} = 2\mathrm{i}, F_{22}^{(1)} = 0, \\ F_{22}^{(0)} = 2uA_{21} + \beta(u_x u^* - u u_x^*) - 4\mathrm{i}\beta^2 |u|^4 - \mathrm{i}|u|^2 + 2u^* A_{12} + 4\mathrm{i}A_{12}A_{21} \\ \quad = \beta(\tilde{u}_x \tilde{u}^* - \tilde{u}\tilde{u}_x^*) - 4\mathrm{i}\beta^2 |\tilde{u}|^4 - \mathrm{i}|\tilde{u}|^2. \end{cases} \tag{4.25b}$$

在上述证明中，我们假设 $\tilde{\boldsymbol{N}}$ 和 $\boldsymbol{N}$ 具有相同的结构，这意味着 $u(x,t)$，$u^*(-x,t)$，$u_x(x,t)$，$u_x^*(-x,t)$ 转换为 $\tilde{u}(x,t)$，$\tilde{u}^*(-x,t)$，$\tilde{u}_x(x,t)$，$\tilde{u}_x^*(-x,t)$，从而可知 $\tilde{N}=F(\lambda)$，即证.

4.1.2 KE 方程的精确解

为了利用达布变换求得 KE 方程的 N-孤子解，首先选取一个种子解 $u=0$，并且将这些解代入方程(4.2)、(4.3)，得到 KE 方程的两个基本解：

$$\boldsymbol{\psi}(\lambda) = \begin{pmatrix} \mathrm{e}^{-\mathrm{i}\lambda x - 2\mathrm{i}\lambda^2 t} \\ 0 \end{pmatrix}, \boldsymbol{\varphi}(\lambda) = \begin{pmatrix} 0 \\ \mathrm{e}^{\mathrm{i}\lambda x + 2\mathrm{i}\lambda^2 t} \end{pmatrix}, \tag{4.26}$$

把方程(4.26)代入方程(4.9)，可以得到

$$M_j^{(1)} = \frac{v_j^{(1)} \mathrm{e}^{\mathrm{i}\lambda x + 2\mathrm{i}\lambda^2 t}}{\mathrm{e}^{-\mathrm{i}\lambda x - 2\mathrm{i}\lambda^2 t}} = \mathrm{e}^{2\mathrm{i}(\lambda_j x + 2\lambda_j^2 t + F_j)}, \tag{4.27}$$

其中

$$v_j^{(i)} = \mathrm{e}^{(2\mathrm{i}F_j^{(i)})} (1 \leqslant i \leqslant 2, 1 \leqslant j \leqslant 2N).$$

为了获得方程(4.1)的 N-孤子解，利用矩阵 $\boldsymbol{T}$

$$\boldsymbol{T} = \begin{pmatrix} \lambda + A_{11} & A_{12} \\ A_{21} & \lambda + A_{22} \end{pmatrix} \tag{4.28}$$

$$\begin{cases} \lambda_j^N + \sum\limits_{i=0}^{N-1} (A_{11}^{(i)} + M_j A_{12}^{(i)}) \lambda_j^i = 0, \\ \sum\limits_{i=0}^{N-1} A_{21}^{(i)} \lambda_j^i + M_j (\lambda_j^N + \sum\limits_{i=0}^{N-1} A_{22}^{(i)} \lambda_j^i) = 0. \end{cases} \tag{4.29}$$

根据方程(4.29)和克莱姆法则，得到

$$A_{12}^{(N-1)} = \frac{\Delta A_{12}^{(N-1)}}{\Delta}, A_{21}^{(N-1)} = \frac{\Delta A_{21}^{(N-1)}}{\Delta} \tag{4.30}$$

其中

$$\Delta=\begin{vmatrix} 1 & e^{2i(\lambda_1 x+2\lambda_1^2 t+F_1)} & \lambda_1 & \lambda_1 e^{2i(\lambda_1 x+2\lambda_1^2 t+F_1)} & \lambda_1^2 & \cdots & \lambda_1^{N-1} & \lambda_1^{N-1} e^{2i(\lambda_1 x+2\lambda_1^2 t+F_1)} \\ 1 & e^{2i(\lambda_2 x+2\lambda_2^2 t+F_2)} & \lambda_2 & \lambda_2 e^{2i(\lambda_2 x+2\lambda_2^2 t+F_2)} & \lambda_2^2 & \cdots & \lambda_2^{N-1} & \lambda_2^{N-1} e^{2i(\lambda_2 x+2\lambda_2^2 t+F_2)} \\ \vdots & \vdots & \vdots & \vdots & \vdots & & \vdots & \vdots \\ 1 & e^{2i(\lambda_{2N} x+2\lambda_{2N}^2 t+F_{2N})} & \lambda_{2N} & \lambda_{2N} e^{2i(\lambda_{2N} x+2\lambda_{2N}^2 t+F_{2N})} & \lambda_{2N}^2 & \cdots & \lambda_{2N}^{N-1} & \lambda_{2N}^{N-1} e^{2i(\lambda_{2N} x+2\lambda_{2N}^2 t+F_{2N})} \end{vmatrix}, \tag{4.31a}$$

$$\Delta A_{12}=\begin{vmatrix} 1 & e^{2i(\lambda_1 x+2\lambda_1^2 t+F_1)} & \lambda_1 & \lambda_1 e^{2i(\lambda_1 x+2\lambda_1^2 t+F_1)} & \lambda_1^2 & \cdots & \lambda_1^{N-1} & -\lambda_1^N \\ 1 & e^{2i(\lambda_2 x+2\lambda_2^2 t+F_2)} & \lambda_2 & \lambda_2 e^{2i(\lambda_2 x+2\lambda_2^2 t+F_2)} & \lambda_2^2 & \cdots & \lambda_2^{N-1} & -\lambda_2^N \\ \vdots & \vdots & \vdots & \vdots & \vdots & & \vdots & \vdots \\ 1 & e^{2i(\lambda_{2N} x+2\lambda_{2N}^2 t+F_{2N})} & \lambda_{2N} & \lambda_{2N} e^{2i(\lambda_{2N} x+2\lambda_{2N}^2 t+F_{2N})} & \lambda_{2N}^2 & \cdots & \lambda_{2N}^{N-1} & -\lambda_{2N}^N \end{vmatrix}, \tag{4.31b}$$

$$\Delta A_{21}=\begin{vmatrix} 1 & e^{2i(\lambda_1 x+2\lambda_1^2 t+F_1)} & \lambda_1 & \lambda_1 e^{2i(\lambda_1 x+2\lambda_1^2 t+F_1)} & \lambda_1^2 & \cdots & -\lambda_1^{N-1} e^{2i(\lambda_1 x+2\lambda_1^2 t+F_1)} & \lambda_1^{N-1} e^{2i(\lambda_1 x+2\lambda_1^2 t+F_1)} \\ 1 & e^{2i(\lambda_2 x+2\lambda_2^2 t+F_2)} & \lambda_2 & \lambda_2 e^{2i(\lambda_2 x+2\lambda_2^2 t+F_2)} & \lambda_2^2 & \cdots & -\lambda_2^{N-1} e^{2i(\lambda_2 x+2\lambda_2^2 t+F_2)} & \lambda_2^{N-1} e^{2i(\lambda_2 x+2\lambda_2^2 t+F_2)} \\ \vdots & \vdots & \vdots & \vdots & \vdots & & \vdots & \vdots \\ 1 & e^{2i(\lambda_{2N} x+2\lambda_{2N}^2 t+F_{2N})} & \lambda_{2N} & \lambda_{2N} e^{2i(\lambda_{2N} x+2\lambda_{2N}^2 t+F_{2N})} & \lambda_{2N}^2 & \cdots & -\lambda_{2N}^{N-1} e^{2i(\lambda_{2N} x+2\lambda_{2N}^2 t+F_{2N})} & \lambda_{2N}^{N-1} e^{2i(\lambda_{2N} x+2\lambda_{2N}^2 t+F_{2N})} \end{vmatrix}. \tag{4.31c}$$

基于方程(4.9)和(4.27),能得到

$$A_{12}^{(N-1)}=\frac{\Delta A_{12}^{(N-1)}}{\Delta},A_{21}^{(N-1)}=\frac{\Delta A_{21}^{(N-1)}}{\Delta}. \tag{4.32}$$

用达布变换方法得到 KE 方程的 N-孤子解,形式如下:

$$\begin{cases} \tilde{u}(x,t)=u(x,t)+2i\,\dfrac{\Delta A_{12}^{(N-1)}}{\Delta}, \\ \tilde{u}^*(-x,t)=u^*(-x,t)+2i\,\dfrac{\Delta A_{21}^{(N-1)}}{\Delta}. \end{cases} \tag{4.33}$$

1-孤子解:

为了获得方程(4.1)的 1-孤子解,考虑 $N=1$ 时,得到

$$A_{12}^{(0)}=\frac{\Delta A_{12}^{(0)}}{\Delta},A_{21}^{(0)}=\frac{\Delta A_{21}^{(0)}}{\Delta} \tag{4.34}$$

其中

$$\Delta=\begin{vmatrix} 1 & e^{2i(\lambda_1 x+2\lambda_1^2 t+F_1)} \\ 1 & e^{2i(\lambda_2 x+2\lambda_2^2 t+F_2)} \end{vmatrix},\Delta A_{12}=\begin{vmatrix} 1 & -\lambda_1 \\ 1 & -\lambda_2 \end{vmatrix},$$

$$\Delta A_{21}=\begin{vmatrix} -\lambda_1 e^{2i(\lambda_1 x+2\lambda_1^2 t+F_1)} & e^{2i(\lambda_1 x+2\lambda_1^2 t+F_1)} \\ -\lambda_2 e^{2i(\lambda_2 x+2\lambda_2^2 t+F_2)} & e^{2i(\lambda_2 x+2\lambda_2^2 t+F_2)} \end{vmatrix}. \tag{4.35}$$

因此可以获得 KE 方程的 1-孤子解

$$\widetilde{u}(x,t)=2\mathrm{i}\frac{A_{12}^{(0)}}{\Delta},\widetilde{u}^{*}(-x,t)=2\mathrm{i}\frac{A_{21}^{(0)}}{\Delta}. \tag{4.36}$$

选取合适的参数,利用 Maple 软件画出方程(4.1)的 1-孤子解.

图 4-7(a)表示 KE 方程$|\widetilde{u}(x,t)|$的解,参数为$\lambda_1=0.2+0.2\mathrm{i}$,$\lambda_2=0.1+0.3\mathrm{i}$,$F_{11}=0.2\mathrm{i}$,$F_{21}=0.1\mathrm{i}$;图 4-7(b)表示 KE 方程$|\widetilde{u}(x,t)|$的解参数为$\lambda_1=0.2$,$\lambda_2=0.3$,$F_{11}=0.1+0.2\mathrm{i}$,$F_{21}=0.3+0.1\mathrm{i}$;图 4-7(c)表示 KE 方程的$|\widetilde{u}^{*}(-x,t)|$的解,参数为$\lambda_1=0.2+0.2\mathrm{i}$,$\lambda_2=0.3+0.3\mathrm{i}$,$F_{11}=0.2$,$F_{21}=0.3$;图 4-7(d)表示 KE 方程的$|\widetilde{u}^{*}(-x,t)|$的解,参数为$\lambda_1=2$,$\lambda_2=3$,$F_{11}=0.1+0.2\mathrm{i}$,$F_{21}=0.3+0.1\mathrm{i}$.

2-孤子解:

为了获得方程(4.1)的 2-孤子解,考虑 $N=2$ 时,得到

$$A_{12}^{(1)}=\frac{\Delta A_{12}^{(1)}}{\Delta},A_{21}^{(1)}=\frac{\Delta A_{21}^{(1)}}{\Delta} \tag{4.37}$$

其中

$$\begin{cases}\Delta=\begin{vmatrix}1 & \mathrm{e}^{2\mathrm{i}(\lambda_1x+2\lambda_1^2t+F_1)} & \lambda_1 & \lambda_1\mathrm{e}^{2\mathrm{i}(\lambda_1x+2\lambda_1^2t+F_1)}\\ 1 & \mathrm{e}^{2\mathrm{i}(\lambda_2x+2\lambda_2^2t+F_2)} & \lambda_2 & \lambda_2\mathrm{e}^{2\mathrm{i}(\lambda_2x+2\lambda_2^2t+F_2)}\\ 1 & \mathrm{e}^{2\mathrm{i}(\lambda_3x+2\lambda_3^2t+F_3)} & \lambda_3 & \lambda_3\mathrm{e}^{2\mathrm{i}(\lambda_3x+2\lambda_3^2t+F_3)}\\ 1 & \mathrm{e}^{2\mathrm{i}(\lambda_4x+2\lambda_4^2t+F_4)} & \lambda_4 & \lambda_4\mathrm{e}^{2\mathrm{i}(\lambda_4x+2\lambda_4^2t+F_4)}\end{vmatrix},\\ \Delta A_{12}=\begin{vmatrix}1 & \mathrm{e}^{2\mathrm{i}(\lambda_1x+2\lambda_1^2t+F_1)} & \lambda_1 & -\lambda_1^2\\ 1 & \mathrm{e}^{2\mathrm{i}(\lambda_2x+2\lambda_2^2t+F_2)} & \lambda_2 & -\lambda_2^2\\ 1 & \mathrm{e}^{2\mathrm{i}(\lambda_3x+2\lambda_3^2t+F_3)} & \lambda_3 & -\lambda_3^2\\ 1 & \mathrm{e}^{2\mathrm{i}(\lambda_4x+2\lambda_4^2t+F_4)} & \lambda_4 & -\lambda_4^2\end{vmatrix},\\ \Delta A_{21}=\begin{vmatrix}1 & \mathrm{e}^{2\mathrm{i}(\lambda_1x+2\lambda_1^2t+F_1)} & -\lambda_1^2\mathrm{e}^{2\mathrm{i}(\lambda_1x+2\lambda_1^2t+F_1)} & \lambda_1\mathrm{e}^{2\mathrm{i}(\lambda_1x+2\lambda_1^2t+F_1)}\\ 1 & \mathrm{e}^{2\mathrm{i}(\lambda_2x+2\lambda_2^2t+F_2)} & -\lambda_2^2\mathrm{e}^{2\mathrm{i}(\lambda_2x+2\lambda_2^2t+F_2)} & \lambda_2\mathrm{e}^{2\mathrm{i}(\lambda_2x+2\lambda_2^2t+F_2)}\\ 1 & \mathrm{e}^{2\mathrm{i}(\lambda_3x+2\lambda_3^2t+F_3)} & -\lambda_3^2\mathrm{e}^{2\mathrm{i}(\lambda_3x+2\lambda_3^2t+F_3)} & \lambda_3\mathrm{e}^{2\mathrm{i}(\lambda_3x+2\lambda_3^2t+F_3)}\\ 1 & \mathrm{e}^{2\mathrm{i}(\lambda_4x+2\lambda_4^2t+F_4)} & -\lambda_4^2\mathrm{e}^{2\mathrm{i}(\lambda_4x+2\lambda_4^2t+F_4)} & \lambda_4\mathrm{e}^{2\mathrm{i}(\lambda_4x+2\lambda_4^2t+F_4)}\end{vmatrix}.\end{cases} \tag{4.38}$$

因此可以获得 KE 方程的 2-孤子解

$$\widetilde{u}(x,t)=2\mathrm{i}\frac{A_{12}^{(1)}}{\Delta},\widetilde{u}^{*}(-x,t)=2\mathrm{i}\frac{A_{21}^{(1)}}{\Delta}. \tag{4.39}$$

选取合适的参数,利用 Maple 软件画出方程(4.1)的 2-孤子解.

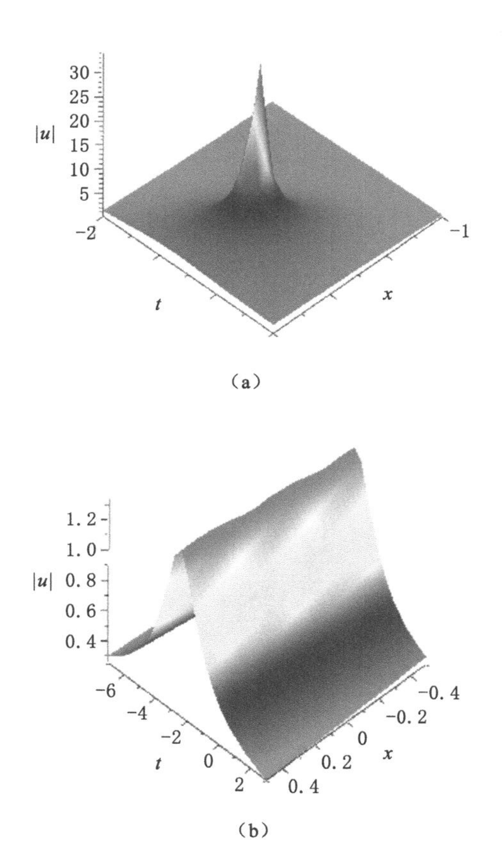

(a)

(b)

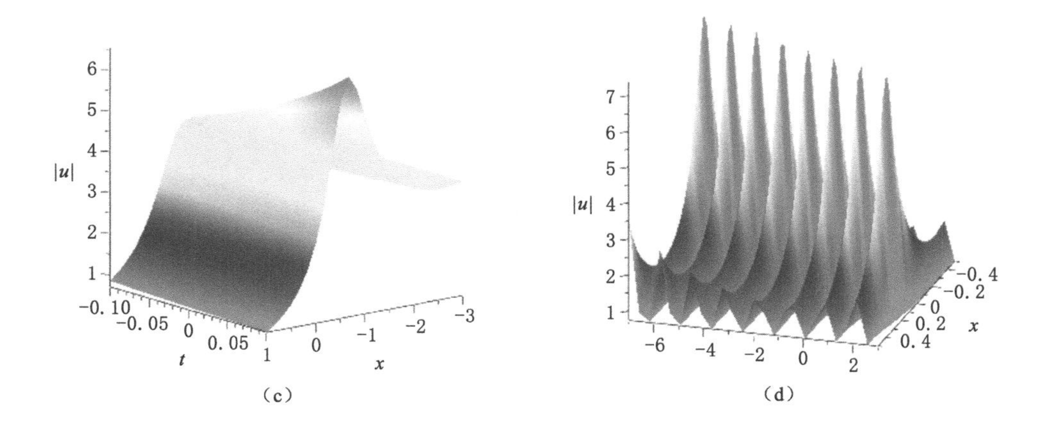

(c)　　(d)

图 4-7　KE 方程的 1-孤子解

图 4-8(a)表示 KE 方程的$|\tilde{u}(x,t)|$的解，参数为$\lambda_1=0.2$，$\lambda_2=0.3$，$\lambda_3=0.5$，$\lambda_4=0.5$，$F_{11}=0.2\mathrm{i}$，$F_{12}=0.3\mathrm{i}$，$F_{21}=0.1\mathrm{i}$，$F_{22}=0.4\mathrm{i}$，$F_{31}=0.3\mathrm{i}$，$F_{32}=0.1\mathrm{i}$，$F_{41}=0.3\mathrm{i}$，$F_{42}=0.1\mathrm{i}$；图 4-8(b)表示 KE 方程$|\tilde{u}(x,t)|$的解，参数为$\lambda_1=0.2+0.2\mathrm{i}$，$\lambda_2=0.3+0.3\mathrm{i}$，$\lambda_2=0.5+0.5\mathrm{i}$，$\lambda_4=0.6+0.6\mathrm{i}$，$F_{11}=0.2\mathrm{i}$，$F_{12}=0.3\mathrm{i}$，$F_{21}=0.1\mathrm{i}$，$F_{31}=0.3\mathrm{i}$，$F_{32}=0.1\mathrm{i}$，$F_{41}=0.3\mathrm{i}$，$F_{42}=0.1\mathrm{i}$；图 4-8(c)表示 KE 方程的$|\tilde{u}^*(-x,t)|$的解，参数为$\lambda_1=0.2$，$\lambda_2=0.3$，$\lambda_3=0.5$，$\lambda_4=0.6$，$F_{11}=0.2\mathrm{i}$，$F_{12}=0.3\mathrm{i}$，$F_{21}=0.1\mathrm{i}$，$F_{22}=0.4\mathrm{i}$，$F_{31}=0.3\mathrm{i}$，$F_{32}=0.1\mathrm{i}$，$F_{41}=0.3\mathrm{i}$，$F_{42}=0.1$；图 4-8(d)表示 KE 方程的$|\tilde{u}^*(-x,t)|$的解，参数为$\lambda_1=0.2+0.2\mathrm{i}$，$\lambda_2=0.3+0.3\mathrm{i}$，$\lambda_2=0.5+0.5\mathrm{i}$，$\lambda_2=0.6+0.6\mathrm{i}$，$F_{11}=0.2\mathrm{i}$，$F_{12}=0.3\mathrm{i}$，$F_{21}=0.1\mathrm{i}$，$F_{22}=0.4\mathrm{i}$，$F_{31}=0.3\mathrm{i}$，$F_{32}=0.1\mathrm{i}$，$F_{41}=0.1\mathrm{i}$，$F_{41}=0.1\mathrm{i}$.

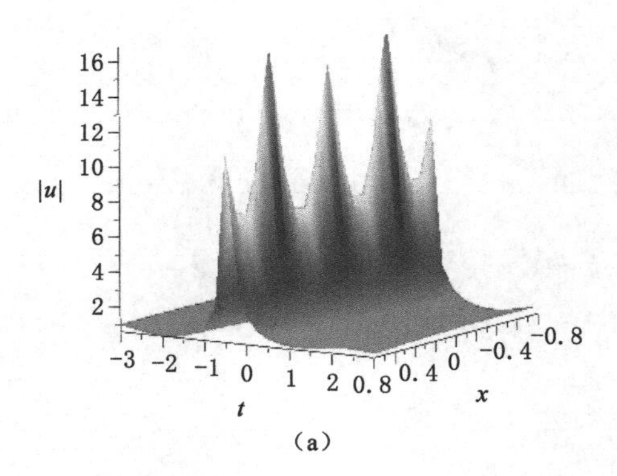

(a)

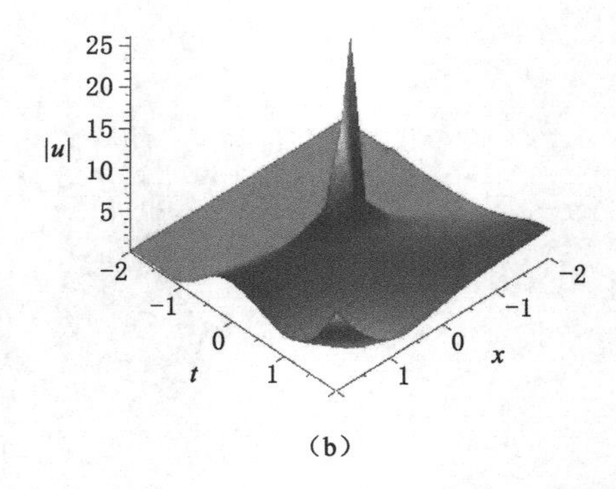

(b)

图 4-8 KE 方程的 2-孤子解

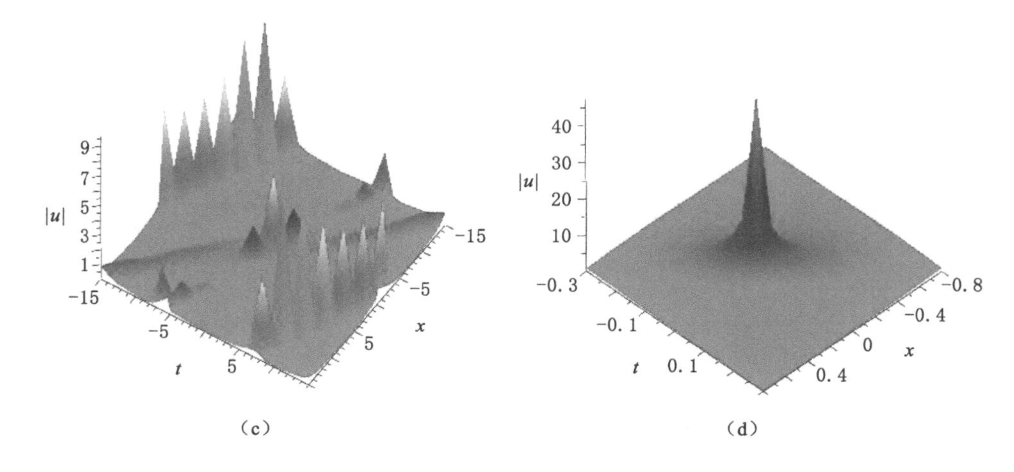

(c) (d)

图 4-8 (续)

3-孤子解:

为了获得方程(4.1)的 3-孤子解,考虑 $N=3$ 时,得到

$$A_{12}^{(2)}=\frac{\Delta A_{12}^{(2)}}{\Delta},A_{21}^{(2)}=\frac{\Delta A_{21}^{(2)}}{\Delta} \tag{4.40}$$

其中

$$\Delta=\begin{vmatrix} 1 & e^{2i(\lambda_1 x+2\lambda_1^2 t+F_1)} & \lambda_1 & \lambda_1 e^{2i(\lambda_1 x+2\lambda_1^2 t+F_1)} & \lambda_1^2 & \lambda_1^2 e^{2i(\lambda_1 x+2\lambda_1^2 t+F_1)} \\ 1 & e^{2i(\lambda_2 x+2\lambda_2^2 t+F_2)} & \lambda_2 & \lambda_2 e^{2i(\lambda_2 x+2\lambda_2^2 t+F_2)} & \lambda_2^2 & \lambda_2^2 e^{2i(\lambda_2 x+2\lambda_2^2 t+F_2)} \\ 1 & e^{2i(\lambda_3 x+2\lambda_3^2 t+F_3)} & \lambda_3 & \lambda_3 e^{2i(\lambda_3 x+2\lambda_3^2 t+F_3)} & \lambda_3^2 & \lambda_3^2 e^{2i(\lambda_3 x+2\lambda_3^2 t+F_3)} \\ 1 & e^{2i(\lambda_4 x+2\lambda_4^2 t+F_4)} & \lambda_4 & \lambda_4 e^{2i(\lambda_4 x+2\lambda_4^2 t+F_4)} & \lambda_4^2 & \lambda_4^2 e^{2i(\lambda_4 x+2\lambda_4^2 t+F_4)} \\ 1 & e^{2i(\lambda_5 x+2\lambda_5^2 t+F_5)} & \lambda_5 & \lambda_5 e^{2i(\lambda_5 x+2\lambda_5^2 t+F_5)} & \lambda_5^2 & \lambda_5^2 e^{2i(\lambda_5 x+2\lambda_5^2 t+F_5)} \\ 1 & e^{2i(\lambda_6 x+2\lambda_6^2 t+F_6)} & \lambda_6 & \lambda_6 e^{2i(\lambda_6 x+2\lambda_6^2 t+F_6)} & \lambda_6^2 & \lambda_6^2 e^{2i(\lambda_6 x+2\lambda_6^2 t+F_6)} \end{vmatrix}, \tag{4.41a}$$

$$\Delta A_{12}=\begin{vmatrix} 1 & e^{2i(\lambda_1 x+2\lambda_1^2 t+F_1)} & \lambda_1 & \lambda_1 e^{2i(\lambda_1 x+2\lambda_1^2 t+F_1)} & \lambda_1^2 & -\lambda_1^3 \\ 1 & e^{2i(\lambda_2 x+2\lambda_2^2 t+F_2)} & \lambda_2 & \lambda_2 e^{2i(\lambda_2 x+2\lambda_2^2 t+F_2)} & \lambda_2^2 & -\lambda_2^3 \\ 1 & e^{2i(\lambda_3 x+2\lambda_3^2 t+F_3)} & \lambda_3 & \lambda_3 e^{2i(\lambda_3 x+2\lambda_3^2 t+F_3)} & \lambda_3^2 & -\lambda_3^3 \\ 1 & e^{2i(\lambda_4 x+2\lambda_4^2 t+F_4)} & \lambda_4 & \lambda_4 e^{2i(\lambda_4 x+2\lambda_4^2 t+F_4)} & \lambda_4^2 & -\lambda_4^3 \\ 1 & e^{2i(\lambda_5 x+2\lambda_5^2 t+F_5)} & \lambda_5 & \lambda_5 e^{2i(\lambda_5 x+2\lambda_5^2 t+F_5)} & \lambda_5^2 & -\lambda_5^3 \\ 1 & e^{2i(\lambda_6 x+2\lambda_6^2 t+F_6)} & \lambda_6 & \lambda_6 e^{2i(\lambda_6 x+2\lambda_6^2 t+F_6)} & \lambda_6^2 & -\lambda_6^3 \end{vmatrix}, \tag{4.41b}$$

$$\Delta A_{21}=\begin{vmatrix} 1 & e^{2i(\lambda_1 x+2\lambda_1^2 t+F_1)} & \lambda_1 & \lambda_1 e^{2i(\lambda_1 x+2\lambda_1^2 t+F_1)} & -\lambda_1^3 & \lambda_1^2 e^{2i(\lambda_1 x+2\lambda_1^2 t+F_1)} \\ 1 & e^{2i(\lambda_2 x+2\lambda_2^2 t+F_2)} & \lambda_2 & \lambda_2 e^{2i(\lambda_2 x+2\lambda_2^2 t+F_2)} & -\lambda_2^3 & \lambda_2^2 e^{2i(\lambda_2 x+2\lambda_2^2 t+F_2)} \\ 1 & e^{2i(\lambda_3 x+2\lambda_3^2 t+F_3)} & \lambda_3 & \lambda_3 e^{2i(\lambda_3 x+2\lambda_3^2 t+F_3)} & -\lambda_3^3 & \lambda_3^2 e^{2i(\lambda_3 x+2\lambda_3^2 t+F_3)} \\ 1 & e^{2i(\lambda_4 x+2\lambda_4^2 t+F_4)} & \lambda_4 & \lambda_4 e^{2i(\lambda_4 x+2\lambda_4^2 t+F_4)} & -\lambda_4^3 & \lambda_4^2 e^{2i(\lambda_4 x+2\lambda_4^2 t+F_4)} \\ 1 & e^{2i(\lambda_5 x+2\lambda_5^2 t+F_5)} & \lambda_5 & \lambda_5 e^{2i(\lambda_5 x+2\lambda_5^2 t+F_5)} & -\lambda_5^3 & \lambda_5^2 e^{2i(\lambda_5 x+2\lambda_5^2 t+F_5)} \\ 1 & e^{2i(\lambda_6 x+2\lambda_6^2 t+F_6)} & \lambda_6 & \lambda_6 e^{2i(\lambda_6 x+2\lambda_6^2 t+F_6)} & -\lambda_6^3 & \lambda_6^2 e^{2i(\lambda_6 x+2\lambda_6^2 t+F_6)} \end{vmatrix}. \tag{4.41c}$$

因此可以获得 KE 方程的 3-孤子解

$$\tilde{u}(x,t)=2i\frac{A_{12}^{(2)}}{\Delta},\tilde{u}^*(-x,t)=2i\frac{A_{21}^{(2)}}{\Delta}. \tag{4.42}$$

4.2 三耦合方程的达布变换和精确解

本节通过构造 4×4 的 Lax 对,研究了三耦合方程的达布变换和精确解.

4.2.1 三耦合方程的达布变换

孤立子和呼吸子在耦合薛定谔方程中有着广泛的应用. 闫振亚[43] 等研究了具有内部自由度的玻色-爱因斯坦凝聚态,该凝聚态是有三耦合均场方程所控制的. 利用反散射变换和 Hirota 双线性方法,借助雅可比椭圆函数得到六组不同的精确解,同时给出了这些解在长波极限下得到的孤波极限形式.

$$\begin{cases} \mathrm{i}\dfrac{\partial q_1}{\partial t}+\dfrac{\partial^2 q_1}{\partial x^2}-2\alpha(|q_1|^2+2|q_0|^2)q_1-2\alpha\beta q_0^2\bar{q}_{-1}=0, \\ \mathrm{i}\dfrac{\partial q_0}{\partial t}+\dfrac{\partial^2 q_0}{\partial x^2}-2\alpha(|q_1|^2+|q_0|^2+|q_{-1}|^2)q_0-2\alpha\beta q_1 q_{-1}\bar{q}_0=0, \alpha^2=\beta^2=1, \\ \mathrm{i}\dfrac{\partial q_{-1}}{\partial t}+\dfrac{\partial^2 q_{-1}}{\partial x^2}-2\alpha(2|q_0|^2+|q_{-1}|^2)q_{-1}-2\alpha\beta q_0^2\bar{q}_1=0, \end{cases} \tag{4.43}$$

方程(4.43)的 Lax 对如下：

$$\begin{cases} \Psi_x+\mathrm{i}\lambda\sigma_4\Psi=u(x,t)\Psi, \\ \Psi_t+2\mathrm{i}\lambda^2\sigma_4\Psi=v(x,t,\lambda)\Psi, \end{cases} \tag{4.44}$$

$$\boldsymbol{u}=\begin{pmatrix} -\mathrm{i}\lambda & 0 & q_1(x,t) & q_0(x,t) \\ 0 & -\mathrm{i}\lambda & \beta q_0(x,t) & q_{-1}(x,t) \\ \alpha\bar{q}_1(x,t) & \alpha\beta\bar{q}_0(x,t) & \mathrm{i}\lambda & 0 \\ \alpha\bar{q}_0(x,t) & \alpha\bar{q}_{-1}(x,t) & 0 & \mathrm{i}\lambda \end{pmatrix}, \tag{4.45}$$

$$\boldsymbol{v}=\begin{pmatrix} -\mathrm{i}\alpha(|q_1|^2+|q_0|^2)-2\mathrm{i}\lambda^2 & -\mathrm{i}\alpha(\beta q_1\bar{q}_0+q_0\bar{q}_{-1}) & \mathrm{i}q_{1x}+2\lambda q_1 & \mathrm{i}q_{0x}+2\lambda q_0 \\ -\mathrm{i}\alpha(\beta q_0\bar{q}_1+q_{-1}\bar{q}_0) & -\mathrm{i}\alpha(|q_{-1}|^2+|q_0|^2)-2\mathrm{i}\lambda^2 & \beta(\mathrm{i}q_{0x}+2\lambda q_0) & \mathrm{i}q_{-1x}+2\lambda q_{-1} \\ \alpha(-\mathrm{i}\bar{q}_{1x}+2\lambda\bar{q}_1) & \alpha\beta(-\mathrm{i}\bar{q}_{0x}+2\lambda\bar{q}_0) & \mathrm{i}\alpha(|q_1|^2+|q_0|^2)+2\mathrm{i}\lambda^2 & \mathrm{i}\alpha(\beta q_{-1}\bar{q}_0+q_0\bar{q}_1) \\ \alpha(-\mathrm{i}\bar{q}_{0x}+2\lambda\bar{q}_0) & \alpha(-\mathrm{i}\bar{q}_{-1x}+2\lambda\bar{q}_{-1}) & \mathrm{i}\alpha(\beta q_0\bar{q}_{-1}+q_1\bar{q}_0) & \mathrm{i}\alpha(|q_{-1}|^2+|q_0|^2)+2\mathrm{i}\lambda^2 \end{pmatrix} \tag{4.46}$$

这里公式中下小标表示偏导数，$q_0(x,t)$，$q_1(x,t)$，$q_{-1}(x,t)$，$\bar{q}_0(x,t)$，$\bar{q}_1(x,t)$，$\bar{q}_{-1}(x,t)$表示关于空间变量 x 和时间变量 t 的函数，λ 为谱参数.

构建方程(4.43)的达布变换，引入矩阵 $\boldsymbol{T}$：

$$\tilde{\boldsymbol{\varphi}}_n=\boldsymbol{T}\boldsymbol{\varphi}_n, \boldsymbol{T}=\begin{pmatrix} T_{11} & T_{12} & T_{13} & T_{14} \\ T_{21} & T_{22} & T_{23} & T_{24} \\ T_{31} & T_{32} & T_{33} & T_{34} \\ T_{41} & T_{42} & T_{43} & T_{44} \end{pmatrix} \tag{4.47}$$

$$\boldsymbol{\varphi}_x=\tilde{\boldsymbol{U}}\boldsymbol{\varphi}, \tilde{\boldsymbol{U}}=(\boldsymbol{T}_x+\boldsymbol{T}\boldsymbol{U})\boldsymbol{T}^{-1} \tag{4.48}$$

$$\boldsymbol{\varphi}_t=\tilde{\boldsymbol{V}}\boldsymbol{\varphi}, \tilde{\boldsymbol{V}}=(\boldsymbol{T}_t+\boldsymbol{T}\boldsymbol{V})\boldsymbol{T}^{-1} \tag{4.49}$$

其中方程(4.47)是三耦合方程的达布变换,$\widetilde{\boldsymbol{U}}$,$\widetilde{\boldsymbol{V}}$ 和 $\boldsymbol{U}$,$\boldsymbol{V}$ 具有相同的形式,令 $\boldsymbol{\psi}=(\psi_1,\psi_2,\psi_3,\psi_4)^{\mathrm{T}}$,$\boldsymbol{\varphi}=(\varphi_1,\varphi_2,\varphi_3,\varphi_4)^{\mathrm{T}}$ 是方程的两个基本解,代入方程(4.47),可以得出下列线性表达式

$$\begin{cases}\sum\limits_{i=0}^{N-1}(A_{11}^{(i)}+A_{12}^{(i)}M_j^{(1)}+A_{13}^{(i)}M_j^{(2)}+A_{14}^{(i)}M_j^{(3)})\lambda_j^i=-\lambda_j^N,\\ \sum\limits_{i=0}^{N-1}(A_{21}^{(i)}+A_{22}^{(i)}M_j^{(1)}+A_{23}^{(i)}M_j^{(2)}+A_{24}^{(i)}M_j^{(3)})\lambda_j^i=-M_j^{(1)}\lambda_j^N,\\ \sum\limits_{i=0}^{N-1}(A_{31}^{(i)}+A_{32}^{(i)}M_j^{(1)}+A_{33}^{(i)}M_j^{(2)}+A_{34}^{(i)}M_j^{(3)})\lambda_j^i=-M_j^{(2)}\lambda_j^N,\\ \sum\limits_{i=0}^{N-1}(A_{41}^{(i)}+A_{42}^{(i)}M_j^{(1)}+A_{43}^{(i)}M_j^{(2)}+A_{44}^{(i)}M_j^{(3)})\lambda_j^i=-M_j^{(3)}\lambda_j^N,\end{cases}\tag{4.50}$$

其中

$$\begin{cases}M_j^{(1)}=\dfrac{\psi_2+v_j^{(1)}\varphi_2+v_j^{(2)}\xi_2+v_j^{(3)}X_2}{\psi_1+v_j^{(1)}\varphi_1+v_j^{(2)}\xi_1+v_j^{(3)}X_1},\\ M_j^{(2)}=\dfrac{\psi_3+v_j^{(1)}\varphi_3+v_j^{(2)}\xi_3+v_j^{(3)}X_3}{\psi_1+v_j^{(1)}\varphi_1+v_j^{(2)}\xi_1+v_j^{(3)}X_1},\\ M_j^{(3)}=\dfrac{\psi_4+v_j^{(1)}\varphi_4+v_j^{(2)}\xi_4+v_j^{(3)}X_4}{\psi_1+v_j^{(1)}\varphi_1+v_j^{(2)}\xi_1+v_j^{(3)}X_1},\\ 0\leqslant j\leqslant 4N.\end{cases}\tag{4.51}$$

λ_j 和 $v_j^{(k)}(i\neq k,\lambda_i\neq\lambda_j,v_i^{(k)}\neq v_j^{(k)},k=1,2,3)$选择合适的参数,使得方程(4.50)中的行列式不为零.

因此,给出了 4×4 的矩阵 $\boldsymbol{T}$,形式如下:

$$\begin{cases}T_{11}=\lambda^N+\sum\limits_{i=0}^{N-1}A_{11}^{(i)}\lambda^i,T_{12}=\sum\limits_{i=0}^{N-1}A_{12}^{(i)}\lambda^i,T_{13}=\sum\limits_{i=0}^{N-1}A_{13}^{(i)}\lambda^i,T_{14}=\sum\limits_{i=0}^{N-1}A_{14}^{(i)}\lambda^i,\\ T_{21}=\sum\limits_{i=0}^{N-1}A_{21}^{(i)}\lambda^i,T_{22}=\lambda^N+\sum\limits_{i=0}^{N-1}A_{22}^{(i)}\lambda^i,T_{23}=\sum\limits_{i=0}^{N-1}A_{23}^{(i)}\lambda^i,T_{24}=\sum\limits_{i=0}^{N-1}A_{24}^{(i)}\lambda^i,\\ T_{31}=\sum\limits_{i=0}^{N-1}A_{31}^{(i)}\lambda^i,T_{32}=\sum\limits_{i=0}^{N-1}A_{32}^{(i)}\lambda^i,T_{33}=\lambda^N+\sum\limits_{i=0}^{N-1}A_{33}^{(i)}\lambda^i,T_{34}=\sum\limits_{i=0}^{N-1}A_{34}^{(i)}\lambda^i,\\ T_{41}=\sum\limits_{i=0}^{N-1}A_{41}^{(i)}\lambda^i,T_{42}=\sum\limits_{i=0}^{N-1}A_{42}^{(i)}\lambda^i,T_{43}=\sum\limits_{i=0}^{N-1}A_{43}^{(i)}\lambda^i,T_{44}=\lambda^N+\sum\limits_{i=0}^{N-1}A_{44}^{(i)}\lambda^i,\end{cases}\tag{4.52}$$

其中 $A_{mn}^{(i)}(m,n=1,2,3,4)$是关于 x,t 的函数,N 是自然数.

经过计算,可以得到如下形式的 $\Delta\boldsymbol{T}$:

$$\Delta \boldsymbol{T} = \prod_{j=1}^{4N} (\lambda - \lambda_j) \tag{4.53}$$

这里 $\lambda_j (j=1\leqslant j\leqslant 2N)$ 是 $\Delta \boldsymbol{T}$ 的 $4N$ 个根. 下证 $\widetilde{\boldsymbol{U}}$ 和 $\boldsymbol{U}$, $\widetilde{\boldsymbol{V}}$ 和 $\boldsymbol{V}$ 具有相同的形式.

命题 4.3　方程(4.48)中 $\widetilde{\boldsymbol{U}}$ 和 $\boldsymbol{U}$ 是相同的形式,即

$$\widetilde{\boldsymbol{u}} = \begin{pmatrix} -\mathrm{i}\lambda & 0 & \widetilde{q}_1(x,t) & \widetilde{q}_0(x,t) \\ 0 & -\mathrm{i}\lambda & \beta\widetilde{q}_0(x,t) & \widetilde{q}_{-1}(x,t) \\ \alpha\overline{\widetilde{q}}_1(x,t) & \alpha\beta\overline{\widetilde{q}}_0(x,t) & \mathrm{i}\lambda & 0 \\ \alpha\overline{\widetilde{q}}_0(x,t) & \alpha\overline{\widetilde{q}}_{-1}(x,t) & 0 & \mathrm{i}\lambda \end{pmatrix} \tag{4.54}$$

下式确定了方程(4.48)的新解和旧解的关系

$$\begin{cases} \widetilde{q}_1(x,t) = q_1(x,t) + 2\mathrm{i}A_{13}, \\ \widetilde{q}_0(x,t) = q_0(x,t) + 2\mathrm{i}A_{14}, \\ \widetilde{q}_{-1}(x,t) = q_{-1}(x,t) + 2\mathrm{i}A_{24}. \end{cases} \tag{4.55}$$

证明　设

$$\boldsymbol{T}^{-1} = \frac{\boldsymbol{T}^*}{\Delta \boldsymbol{T}}$$

和

$$(\boldsymbol{T}_x + \boldsymbol{TU})\boldsymbol{T}^* = \begin{pmatrix} B_{11}(\lambda) & B_{12}(\lambda) & B_{13}(\lambda) & B_{14}(\lambda) \\ B_{21}(\lambda) & B_{22}(\lambda) & B_{23}(\lambda) & B_{24}(\lambda) \\ B_{31}(\lambda) & B_{32}(\lambda) & B_{33}(\lambda) & B_{34}(\lambda) \\ B_{41}(\lambda) & B_{42}(\lambda) & B_{43}(\lambda) & B_{44}(\lambda) \end{pmatrix} \tag{4.56}$$

得到 $B_{sl}(1\leqslant s,l\leqslant 4)$ 是 λ 的 $4N$ 或 $4N+1$ 次多项式.

通过一些计算, $\lambda_j(1\leqslant j\leqslant 4)$ 是 $B_{sl}(1\leqslant s,l\leqslant 4)$ 的根,式(4.56)会有如下形式:

$$(\boldsymbol{T}_x + \boldsymbol{TU})\boldsymbol{T}^* = (\Delta \boldsymbol{T})\boldsymbol{C}(\lambda) \tag{4.57}$$

其中

$$
C(\lambda)=\begin{pmatrix}
C_{11}^{(1)}\lambda+C_{11}^{(0)} & C_{12}^{(0)} & C_{13}^{(0)} & C_{14}^{(0)}\\
C_{21}^{(0)} & C_{22}^{(1)}\lambda+C_{22}^{(0)} & C_{23}^{(0)} & C_{24}^{(0)}\\
C_{31}^{(0)} & C_{32}^{(0)} & C_{33}^{(1)}\lambda+C_{33}^{(0)} & C_{34}^{(0)}\\
C_{41}^{(0)} & C_{42}^{(0)} & C_{43}^{(0)} & C_{44}^{(1)}\lambda+C_{44}^{(0)}
\end{pmatrix} \tag{4.58}
$$

这里 $C_{mn}^{(k)}(m,n=1,2,3,4;k=0,1)$满足不含 λ 的函数. 方程(4.57)获得下式

$$
(\boldsymbol{T}_x+\boldsymbol{TU})=\boldsymbol{C}(\lambda)\boldsymbol{T} \tag{4.59}
$$

通过复杂计算,得到下列关系式:

$$
\begin{cases}
C_{11}^{(1)}=-\mathrm{i},C_{11}^{(0)}=0,C_{12}^{(0)}=0,C_{13}^{(0)}=q_1(x,t)+2\mathrm{i}A_{13}=\tilde{q}_1(x,t),\\
C_{14}^{(0)}=q_0(x,t)+2\mathrm{i}A_{14}=\tilde{q}_0(x,t),\\
C_{21}^{(0)}=0,C_{22}^{(0)}=0,C_{22}^{(1)}=-\mathrm{i},C_{23}^{(0)}=\beta q_0(x,t)+2\mathrm{i}A_{23}=\widetilde{\beta q}_0(x,t),\\
C_{24}^{(0)}=q_{-1}(x,t)+2\mathrm{i}A_{24}=\tilde{q}_{-1}(x,t),\\
C_{33}^{(0)}=0,C_{34}^{(0)}=0,C_{33}^{(1)}=\mathrm{i},C_{31}^{(0)}=\bar{\alpha}q_1(x,t)+2\mathrm{i}A_{31}=\alpha\bar{\tilde{q}}_1(x,t),\\
C_{32}^{(0)}=\bar{\alpha}\beta q_0(x,t)-2\mathrm{i}A_{32}=\alpha\beta\bar{\tilde{q}}_0(x,t),\\
C_{43}^{(0)}=0,C_{44}^{(0)}=0,C_{44}^{(1)}=\mathrm{i},C_{41}^{(0)}=\bar{\alpha}q_0(x,t)-2\mathrm{i}A_{41}=\alpha\bar{\tilde{q}}_0(x,t),\\
C_{42}^{(0)}=\bar{\alpha}q_{-1}(x,t)-2\mathrm{i}A_{42}=\alpha\bar{\tilde{q}}_{-1}(x,t).
\end{cases} \tag{4.60}
$$

在上述证明中,设 $\tilde{\boldsymbol{U}}$ 和 $\boldsymbol{U}$ 具有相同的形式,这意味着 $q_0(x,t),q_1(x,t)$, $q_{-1}(x,t)$转换为 $\tilde{q}_0(x,t),\tilde{q}_1(x,t),\tilde{q}_{-1}(x,t)$,经过复杂的计算,比较了 λ^N 的阶次,得到下述方程:

$$
\begin{cases}
\tilde{q}_1(x,t)=q_1(x,t)+2\mathrm{i}A_{13},\\
\tilde{q}_0(x,t)=q_0(x,t)+2\mathrm{i}A_{14},\\
\tilde{q}_{-1}(x,t)=q_{-1}(x,t)+2\mathrm{i}A_{24}.
\end{cases} \tag{4.61}
$$

从而可知 $\tilde{\boldsymbol{U}}=\boldsymbol{C}(\lambda)$,即证.

命题 4.4 方程(4.49)中 $\tilde{\boldsymbol{V}}$ 和 $\boldsymbol{V}$ 是相同的形式,即

$$v=\begin{pmatrix} -\mathrm{i}\alpha(|\tilde{q}_1|^2+|\tilde{q}_0|^2)-2\mathrm{i}\lambda^2 & -\mathrm{i}\alpha(\beta\tilde{q}_1\bar{\tilde{q}}_0+\tilde{q}_0\bar{\tilde{q}}_{-1}) & \mathrm{i}\tilde{q}_{1x}+2\lambda\tilde{q}_1 & \mathrm{i}\tilde{q}_{0x}+2\lambda\tilde{q}_0 \\ -\mathrm{i}\alpha(\beta\tilde{q}_0\bar{\tilde{q}}_1+\tilde{q}_{-1}\bar{\tilde{q}}_0) & -\mathrm{i}\alpha(|\tilde{q}_{-1}|^2+|\tilde{q}_0|^2)-2\mathrm{i}\lambda^2 & \beta(\mathrm{i}\tilde{q}_{0x}+2\lambda\tilde{q}_0) & \mathrm{i}\tilde{q}_{-1x}+2\lambda\tilde{q}_{-1} \\ \alpha(-\mathrm{i}\bar{\tilde{q}}_{1x}+2\lambda\bar{\tilde{q}}_1) & \alpha\beta(-\mathrm{i}\bar{\tilde{q}}_{0x}+2\lambda\bar{\tilde{q}}_0) & \mathrm{i}\alpha(|\tilde{q}_1|^2+|\tilde{q}_0|^2)+2\mathrm{i}\lambda^2 & \mathrm{i}\alpha(\beta\tilde{q}_{-1}\bar{\tilde{q}}_0+\tilde{q}_0\bar{\tilde{q}}_1) \\ \alpha(-\mathrm{i}\bar{\tilde{q}}_{0x}+2\lambda\bar{\tilde{q}}_0) & \alpha(-\mathrm{i}\bar{\tilde{q}}_{-1x}+2\lambda\bar{\tilde{q}}_{-1}) & \mathrm{i}\alpha(\beta\tilde{q}_0\bar{\tilde{q}}_{-1}+\tilde{q}_1\bar{\tilde{q}}_0) & \mathrm{i}\alpha(|\tilde{q}_{-1}|^2+|\tilde{q}_0|^2)+2\mathrm{i}\lambda^2 \end{pmatrix} \tag{4.62}$$

证明　假设 $\tilde{\boldsymbol{V}}$ 和 $\boldsymbol{V}$ 具有相同的结构.

设

$$\boldsymbol{T}^{-1}=\frac{\boldsymbol{T}^*}{\Delta\boldsymbol{T}}$$

和

$$(\boldsymbol{T}_t+\boldsymbol{TV})\boldsymbol{T}^*=\begin{pmatrix} E_{11}(\lambda) & E_{12}(\lambda) & E_{13}(\lambda) & E_{14}(\lambda) \\ E_{21}(\lambda) & E_{22}(\lambda) & E_{23}(\lambda) & E_{24}(\lambda) \\ E_{31}(\lambda) & E_{32}(\lambda) & E_{33}(\lambda) & E_{34}(\lambda) \\ E_{41}(\lambda) & E_{42}(\lambda) & E_{43}(\lambda) & E_{44}(\lambda) \end{pmatrix} \tag{4.63}$$

易证 $E_{sl}(1\leqslant s,l\leqslant 4)$ 是 λ 的 $4N$ 或 $4N+1$ 次多项式. 通过计算,可以得到 $\lambda_j(1\leqslant j\leqslant 4)$ 是 $E_{sl}(1\leqslant s,l\leqslant 4)$ 的根,因此,方程(4.63)具有下列形式:

$$(\boldsymbol{T}_t+\boldsymbol{TV})\boldsymbol{T}^*=(\Delta\boldsymbol{T})\boldsymbol{F}(\lambda) \tag{4.64}$$

其中

$$F(\lambda)=\begin{pmatrix} F_{11}^{(3)}\lambda^3+F_{11}^{(2)}\lambda^2+F_{11}^{(1)}\lambda+F_{11}^{(0)} & F_{12}^{(2)}\lambda^2+F_{12}^{(1)}\lambda+F_{12}^{(0)} & F_{13}^{(2)}\lambda^2+F_{13}^{(1)}\lambda+F_{13}^{(0)} & F_{14}^{(2)}\lambda^2+F_{14}^{(1)}\lambda+F_{14}^{(0)} \\ F_{21}^{(2)}\lambda^2+F_{21}^{(1)}\lambda+F_{21}^{(0)} & F_{22}^{(3)}\lambda^3+F_{22}^{(2)}\lambda^2+F_{22}^{(1)}\lambda+F_{22}^{(0)} & F_{23}^{(2)}\lambda^2+F_{23}^{(1)}\lambda+F_{23}^{(0)} & F_{24}^{(2)}\lambda^2+F_{24}^{(1)}\lambda+F_{24}^{(0)} \\ F_{31}^{(2)}\lambda^2+F_{31}^{(1)}\lambda+F_{31}^{(0)} & F_{32}^{(2)}\lambda^2+F_{32}^{(1)}\lambda+F_{32}^{(0)} & F_{33}^{(3)}\lambda^3+F_{33}^{(2)}\lambda^2+F_{33}^{(1)}\lambda+F_{33}^{(0)} & F_{34}^{(2)}\lambda^2+F_{34}^{(1)}\lambda+F_{34}^{(0)} \\ F_{41}^{(2)}\lambda^2+F_{41}^{(1)}\lambda+F_{41}^{(0)} & F_{42}^{(2)}\lambda^2+F_{42}^{(1)}\lambda+F_{42}^{(0)} & F_{43}^{(2)}\lambda^2+F_{43}^{(1)}\lambda+F_{43}^{(0)} & F_{44}^{(3)}\lambda^3+F_{44}^{(2)}\lambda^2+F_{44}^{(1)}\lambda+F_{44}^{(0)} \end{pmatrix} \tag{4.65}$$

和 $F_{mn}^{(k)}(m,n=1,2,3,4;k=0,1,2)$ 是满足不含 λ 的函数. 方程(4.65)有如下形式

$$(\boldsymbol{T}_t+\boldsymbol{TV})=\boldsymbol{F}(\lambda)\boldsymbol{T} \tag{4.66}$$

经过计算,得到

$$
\begin{cases}
F_{11}^{(1)}=0, F_{11}^{(2)}=-2\mathrm{i}, F_{11}^{(3)}=0,\\
F_{11}^{(0)}=-\mathrm{i}\alpha(|q_1|^2+|q_0|^2)+2\alpha\bar{q}_1A_{13}^{(N-1)}+2\alpha\bar{q}_0A_{14}^{(N-1)}-(2q_1+4\mathrm{i}A_{13}^{(N-1)})A_{31}^{(N-1)}-\\
\quad (2q_0+4\mathrm{i}A_{14}^{(N-1)})A_{41}^{(N-1)},\\
F_{12}^{(1)}=0, F_{12}^{(2)}=0,\\
F_{12}^{(0)}=-\mathrm{i}\alpha(\beta q_1\bar{q}_0+q_0\bar{q}_{-1})+2\alpha\beta\bar{q}_0A_{13}^{(N-1)}+2\alpha\bar{q}_{-1}A_{14}^{(N-1)}-(2q_1+4\mathrm{i}A_{13}^{(N-1)})A_{32}^{(N-1)}-\\
\quad (2q_0+4\mathrm{i}A_{14}^{(N-1)})A_{42}^{(N-1)},\\
F_{13}^{(1)}=2q_1+4\mathrm{i}A_{13}^{(N-1)}, F_{13}^{(2)}=0,\\
F_{13}^{(0)}=\mathrm{i}q_{1x}+2q_1A_{11}^{(N-1)}+2\beta q_0A_{12}^{(N-1)}-(2q_1+4\mathrm{i}A_{13}^{(N-1)})A_{33}^{(N-1)}-(2q_0+4\mathrm{i}A_{14}^{(N-1)})\\
\quad A_{43}^{(N-1)}+4\mathrm{i}A_{13}^{(N-2)},\\
F_{14}^{(1)}=2q_0+4\mathrm{i}A_{14}^{(N-1)}, F_{14}^{(2)}=0,\\
F_{14}^{(0)}=\mathrm{i}q_{0x}+2q_0A_{11}^{(N-1)}+2q_{-1}A_{12}^{(N-1)}-(2q_1+4\mathrm{i}A_{13}^{(N-1)})A_{34}^{(N-1)}-(2q_0+4\mathrm{i}A_{14}^{(N-1)})\\
\quad A_{44}^{(N-1)}+4\mathrm{i}A_{14}^{(N-2)},\\
F_{21}^{(1)}=0, F_{21}^{(2)}=0,\\
F_{21}^{(0)}=-\mathrm{i}\alpha(\beta q_0\bar{q}_1+q_{-1}\bar{q}_0)+2\alpha\bar{q}_1A_{23}^{(N-1)}+2\alpha\bar{q}_0A_{24}^{(N-1)}-(2\beta q_0+2\mathrm{i}A_{23}^{(N-1)})A_{31}^{(N-1)}-\\
\quad (2q_{-1}+4\mathrm{i}A_{24}^{(N-1)})A_{41}^{(N-1)},\\
F_{22}^{(1)}=0, F_{22}^{(2)}=-2\mathrm{i}, F_{22}^{(3)}=0,\\
F_{22}^{(0)}=-\mathrm{i}\alpha(|q_{-1}|^2+|q_0|^2)+2\alpha\beta\bar{q}_0A_{23}^{(N-1)}+2\alpha\bar{q}_{-1}A_{24}^{(N-1)}-(2\beta q_0+2\mathrm{i}A_{23}^{(N-1)})\\
\quad A_{32}^{(N-1)}-(2q_{-1}+4\mathrm{i}A_{24}^{(N-1)})A_{42}^{(N-1)},\\
F_{23}^{(1)}=2\beta q_0+2\mathrm{i}A_{23}^{(N-1)}, F_{23}^{(2)}=0,\\
F_{23}^{(0)}=\mathrm{i}\beta q_{0x}+2q_1A_{21}^{(N-1)}+2\beta q_0A_{22}^{(N-1)}-(2\beta q_0+2\mathrm{i}A_{23}^{(N-1)})A_{33}^{(N-1)}-(2q_{-1}+4\mathrm{i}A_{24}^{(N-1)})\\
\quad A_{43}^{(N-1)}+4\mathrm{i}A_{23}^{(N-2)},\\
F_{24}^{(1)}=2q_{-1}+4\mathrm{i}A_{24}^{(N-1)}, F_{24}^{(2)}=0,\\
F_{24}^{(0)}=\mathrm{i}q_{-1x}+2q_0A_{21}^{(N-1)}+2q_{-1}A_{22}^{(N-1)}-(2\beta q_0+2\mathrm{i}A_{23}^{(N-1)})A_{34}^{(N-1)}-(2q_{-1}+4\mathrm{i}A_{24}^{(N-1)})\\
A_{44}^{(N-1)}+4\mathrm{i}A_{24}^{(N-2)},\\
F_{31}^{(1)}=2\alpha q_{-1}-4\mathrm{i}A_{31}^{(N-1)}, F_{31}^{(2)}=0,\\
F_{31}^{(0)}=-\mathrm{i}\alpha q_{1x}+2\alpha q_1A_{33}^{(N-1)}+2\alpha q_0A_{34}^{(N-1)}-(2\alpha q_1-4\mathrm{i}A_{31}^{(N-1)})A_{11}^{(N-1)}-(2\alpha\beta\bar{q}_0-\\
\quad 4\mathrm{i}A_{32}^{(N-1)})A_{21}^{(N-1)}-4\mathrm{i}A_{31}^{(N-2)}, F_{32}^{(1)}=2\alpha\beta\bar{q}_0-4\mathrm{i}A_{32}^{(N-1)}, F_{32}^{(2)}=0,
\end{cases}
\tag{4.67a}
$$

$$
\begin{cases}
F_{32}^{(0)}=-\mathrm{i}\alpha\beta\bar{q}_{0x}+2\alpha\beta\bar{q}_0A_{33}^{(N-1)}+2\alpha\bar{q}_{-1}A_{34}^{(N-1)}-(2\alpha q_1-4\mathrm{i}A_{31}^{(N-1)})A_{12}^{(N-1)}-(2\alpha\beta\bar{q}_0- \\
\quad 4\mathrm{i}A_{32}^{(N-1)})A_{22}^{(N-1)}-4\mathrm{i}A_{32}^{(N-2)}, \\
F_{33}^{(1)}=0,F_{33}^{(2)}=2\mathrm{i},F_{33}^{(3)}=0, \\
F_{33}^{(0)}=\mathrm{i}\alpha(|q_1|^2+|q_0|^2)+2q_1A_{31}^{(N-1)}+2\beta q_0A_{32}^{(N-1)}-(2\alpha q_1-4\mathrm{i}A_{31}^{(N-1)})A_{13}^{(N-1)}- \\
\quad (2\alpha\beta\bar{q}_0-4\mathrm{i}A_{32}^{(N-1)})A_{23}^{(N-1)}, \\
F_{34}^{(1)}=0,F_{34}^{(2)}=0, \\
F_{34}^{(0)}=2q_0A_{31}^{(N-1)}+2q_{-1}A_{32}^{(N-1)}+\mathrm{i}\alpha(\beta q_{-1}\bar{q}_0+q_0\bar{q}_1)-(2\alpha q_1-4\mathrm{i}A_{31}^{(N-1)})A_{14}^{(N-1)}- \\
\quad (2\alpha\beta\bar{q}_0-4\mathrm{i}A_{32}^{(N-1)})A_{24}^{(N-1)}, \\
F_{41}^{(1)}=2\alpha\bar{q}_0-4\mathrm{i}A_{41}^{(N-1)},F_{41}^{(2)}=0, \\
F_{41}^{(0)}=-\mathrm{i}\alpha q_{0x}+2\alpha\bar{q}_1A_{43}^{(N-1)}+2\alpha\bar{q}_0A_{44}^{(N-1)}-(2\alpha\bar{q}_0-4\mathrm{i}A_{41}^{(N-1)})A_{11}^{(N-1)}-(2\alpha\bar{q}_{-1}- \\
\quad 4\mathrm{i}A_{42}^{(N-1)})A_{21}^{(N-1)}-4\mathrm{i}A_{41}^{(N-2)}, \\
F_{42}^{(1)}=2\alpha\bar{q}_{-1}-4\mathrm{i}A_{42}^{(N-1)},F_{42}^{(2)}=0, \\
F_{42}^{(0)}=-\mathrm{i}\alpha q_{-1x}-2\alpha\beta\bar{q}_0A_{43}^{(N-1)}+2\alpha\bar{q}_{-1}A_{44}^{(N-1)}-(2\alpha\bar{q}_0-4\mathrm{i}A_{41}^{(N-1)})A_{12}^{(N-1)}-(2\alpha\bar{q}_{-1}- \\
\quad 4\mathrm{i}A_{42}^{(N-1)})A_{22}^{(N-1)}-4\mathrm{i}A_{42}^{(N-2)}, \\
F_{43}^{(1)}=0,F_{43}^{(2)}=0, \\
F_{43}^{(0)}=2q_1A_{41}^{(N-1)}+2\beta q_0A_{42}^{(N-1)}+\mathrm{i}\alpha(\beta q_0\bar{q}_{-1}+q_1\bar{q}_0)-(2\alpha\bar{q}_0-4\mathrm{i}A_{41}^{(N-1)})A_{13}^{(N-1)}- \\
\quad (2\alpha\bar{q}_{-1}-4\mathrm{i}A_{42}^{(N-1)})A_{23}^{(N-1)}, \\
F_{44}^{(1)}=0,F_{44}^{(2)}=2\mathrm{i},F_{44}^{(3)}=0, \\
F_{44}^{(0)}=\mathrm{i}\alpha(|q_{-1}|^2+|q_0|^2)+2q_0A_{41}^{(N-1)}+2q_{-1}A_{42}^{(N-1)}-(2\alpha\bar{q}_0-4\mathrm{i}A_{41}^{(N-1)})A_{14}^{(N-1)}- \\
\quad (2\alpha\bar{q}_{-1}-4\mathrm{i}A_{42}^{(N-1)})A_{24}^{(N-1)}.
\end{cases}
\tag{4.67b}
$$

通过比较方程(4.66)中的 λ^N 阶次，得到了以下方程 $q_0(x,t),q_1(x,t),q_{-1}(x,t)$ 转换为 $\tilde{q}_0(x,t),\tilde{q}_1(x,t),\tilde{q}_{-1}(x,t)$，从而可知 $\tilde{V}=F(\lambda)$，即证.

4.2.2 三耦合方程的精确解

为了利用达布变换求得三耦合方程的 N-孤子解，首先选取一个种子解 $q=0$，并且将这些解代入方程(4.44)和(4.45)，得到三耦合方程的 4 个基本解：

$$\begin{cases}\boldsymbol{\psi}(\lambda)=\begin{pmatrix}e^{-i\lambda x-2i\lambda^2 t}\\0\\0\\0\end{pmatrix},\boldsymbol{\varphi}(\lambda)=\begin{pmatrix}0\\e^{-i\lambda x-2i\lambda^2 t}\\0\\0\end{pmatrix},\\ \boldsymbol{\xi}(\lambda)=\begin{pmatrix}0\\0\\e^{i\lambda x+2i\lambda^2 t}\\0\end{pmatrix},\boldsymbol{X}(\lambda)=\begin{pmatrix}0\\0\\0\\e^{i\lambda x+2i\lambda^2 t}\end{pmatrix}\end{cases}\tag{4.68}$$

把方程(4.68)代入方程(4.51),可以得到

$$\begin{cases}M_j^{(1)}=\dfrac{v_j^{(1)}e^{-i\lambda x-2i\lambda^2 t}}{e^{-i\lambda x-2i\lambda^2 t}}=v_j^{(1)},\\ M_j^{(2)}=\dfrac{v_j^{(2)}e^{i\lambda x+2i\lambda^2 t}}{e^{-i\lambda x-2i\lambda^2 t}}=e^{2i(\lambda_j x+2\lambda_j^2 t+F_j^{(2)})},\\ M_j^{(3)}=\dfrac{v_j^{(3)}e^{i\lambda x+2i\lambda^2 t}}{e^{-i\lambda x-2i\lambda^2 t}}=e^{2i(\lambda_j x+2\lambda_j^2 t+F_j^{(3)})}.\end{cases}\tag{4.69}$$

其中 $v_j^{(i)}=e^{(2iF_j^{(i)})}(1\leqslant i\leqslant 2,1\leqslant j\leqslant 4N)$

为了得到方程(4.43)的 N-孤子解,获得矩阵 $\boldsymbol{T}$:

$$\boldsymbol{T}=\begin{pmatrix}\lambda+A_{11}&A_{12}&A_{13}&A_{14}\\A_{21}&\lambda+A_{22}&A_{23}&A_{24}\\A_{31}&A_{32}&\lambda+A_{33}&A_{34}\\A_{41}&A_{42}&A_{43}&\lambda+A_{44}\end{pmatrix}\tag{4.70}$$

$$\begin{cases}\lambda_j^N+\sum\limits_{i=0}^{N-1}(A_{11}^{(i)}+M_j^{(1)}A_{12}^{(i)}+M_j^{(2)}A_{13}^{(i)}+M_j^{(3)}A_{14}^{(i)})\lambda_j^i=0,\\ \sum\limits_{i=0}^{N-1}A_{21}^{(i)}\lambda_j^i+M_j^{(1)}(\lambda_j^N+\sum\limits_{i=0}^{N-1}A_{22}^{(i)}\lambda_j^i)+\sum\limits_{i=0}^{N-1}M_j^{(2)}A_{23}^{(i)}\lambda_j^i+\sum\limits_{i=0}^{N-1}M_j^{(3)}A_{24}^{(i)}\lambda_j^i=0,\\ \sum\limits_{i=0}^{N-1}A_{31}^{(i)}\lambda_j^i+M_j^{(2)}(\lambda_j^N+\sum\limits_{i=0}^{N-1}A_{33}^{(i)}\lambda_j^i)+\sum\limits_{i=0}^{N-1}M_j^{(1)}A_{32}^{(i)}\lambda_j^i+\sum\limits_{i=0}^{N-1}M_j^{(3)}A_{34}^{(i)}\lambda_j^i=0,\\ \sum\limits_{i=0}^{N-1}A_{41}^{(i)}\lambda_j^i+M_j^{(3)}(\lambda_j^N+\sum\limits_{i=0}^{N-1}A_{44}^{(i)}\lambda_j^i)+\sum\limits_{i=0}^{N-1}M_j^{(1)}A_{42}^{(i)}\lambda_j^i+\sum\limits_{i=0}^{N-1}M_j^{(3)}A_{43}^{(i)}\lambda_j^i=0.\end{cases}\tag{4.71}$$

根据方程(4.71)和克莱姆法则,得到:

$$\Delta=\begin{vmatrix} 1 & e^{2iF_1^{(1)}} & e^{2i(\lambda_1 x+2\lambda_1^2 t+F_1^{(2)})} & e^{2i(\lambda_1 x+2\lambda_1^2 t+F_1^{(3)})} & \cdots & \lambda_1^{2n-1}e^{2iF_1^{(1)}} & \lambda_1^{2n-1}e^{2i(\lambda_1 x+2\lambda_1^2 t+F_1^{(2)})} & \lambda_1^{2n-1}e^{2i(\lambda_1 x+2\lambda_1^2 t+F_1^{(3)})} \\ 1 & e^{2iF_2^{(1)}} & e^{2i(\lambda_2 x+2\lambda_2^2 t+F_2^{(2)})} & e^{2i(\lambda_2 x+2\lambda_2^2 t+F_2^{(3)})} & \cdots & \lambda_2^{2n-1}e^{2iF_2^{(1)}} & \lambda_2^{2n-1}e^{2i(\lambda_2 x+2\lambda_2^2 t+F_2^{(2)})} & \lambda_2^{2n-1}e^{2i(\lambda_2 x+2\lambda_2^2 t+F_2^{(3)})} \\ 1 & e^{2iF_3^{(1)}} & e^{2i(\lambda_3 x+2\lambda_3^2 t+F_3^{(2)})} & e^{2i(\lambda_3 x+2\lambda_3^2 t+F_3^{(3)})} & \cdots & \lambda_3^{2n-1}e^{2iF_3^{(3)}} & \lambda_3^{2n-1}e^{2i(\lambda_3 x+2\lambda_3^2 t+F_3^{(2)})} & \lambda_3^{2n-1}e^{2i(\lambda_3 x+2\lambda_3^2 t+F_3^{(3)})} \\ \vdots & \vdots & \vdots & \vdots & & \vdots & \vdots & \vdots \\ 1 & e^{2iF_{4n}^{(1)}} & e^{2i(\lambda_{4n} x+2\lambda_{4n}^2 t+F_{4n}^{(2)})} & e^{2i(\lambda_{4n} x+2\lambda_{4n}^2 t+F_{4n}^{(3)})} & \cdots & \lambda_{4n}^{2n-1}e^{2iF_{4n}^{(4)}} & \lambda_{4n}^{2n-1}e^{2i(\lambda_{4n} x+2\lambda_{4n}^2 t+F_{4n}^{(2)})} & \lambda_{4n}^{2n-1}e^{2i(\lambda_{4n} x+2\lambda_{4n}^2 t+F_{4n}^{(3)})} \end{vmatrix}, \tag{4.72a}$$

$$\Delta A_{12}^{(N-1)}=\begin{vmatrix} 1 & -\lambda_1^n & e^{2i(\lambda_1 x+2\lambda_1^2 t+F_1^{(2)})} & e^{2i(\lambda_1 x+2\lambda_1^2 t+F_1^{(3)})} & \cdots & \lambda_1^{2n-1}e^{2iF_1^{(1)}} & \lambda_1^{2n-1}e^{2i(\lambda_1 x+2\lambda_1^2 t+F_1^{(2)})} & \lambda_1^{2n-1}e^{2i(\lambda_1 x+2\lambda_1^2 t+F_1^{(3)})} \\ 1 & -\lambda_2^n & e^{2i(\lambda_2 x+2\lambda_2^2 t+F_2^{(2)})} & e^{2i(\lambda_2 x+2\lambda_2^2 t+F_2^{(3)})} & \cdots & \lambda_2^{2n-1}e^{2iF_2^{(1)}} & \lambda_2^{2n-1}e^{2i(\lambda_2 x+2\lambda_2^2 t+F_2^{(2)})} & \lambda_2^{2n-1}e^{2i(\lambda_2 x+2\lambda_2^2 t+F_2^{(3)})} \\ 1 & -\lambda_3^n & e^{2i(\lambda_3 x+2\lambda_3^2 t+F_3^{(2)})} & e^{2i(\lambda_3 x+2\lambda_3^2 t+F_3^{(3)})} & \cdots & \lambda_3^{2n-1}e^{2iF_3^{(3)}} & \lambda_3^{2n-1}e^{2i(\lambda_3 x+2\lambda_3^2 t+F_3^{(2)})} & \lambda_3^{2n-1}e^{2i(\lambda_3 x+2\lambda_3^2 t+F_3^{(3)})} \\ \vdots & \vdots & \vdots & \vdots & & \vdots & \vdots & \vdots \\ 1 & -\lambda_{4n}^n & e^{2i(\lambda_{4n} x+2\lambda_{4n}^2 t+F_{4n}^{(2)})} & e^{2i(\lambda_{4n} x+2\lambda_{4n}^2 t+F_{4n}^{(3)})} & \cdots & \lambda_{4n}^{2n-1}e^{2iF_{4n}^{(4)}} & \lambda_{4n}^{2n-1}e^{2i(\lambda_{4n} x+2\lambda_{4n}^2 t+F_{4n}^{(2)})} & \lambda_{4n}^{2n-1}e^{2i(\lambda_{4n} x+2\lambda_{4n}^2 t+F_{4n}^{(3)})} \end{vmatrix}, \tag{4.72b}$$

$$\Delta A_{13}^{(N-1)}=\begin{vmatrix} 1 & e^{2iF_1^{(1)}} & -\lambda_1^n & e^{2i(\lambda_1 x+2\lambda_1^2 t+F_1^{(3)})} & \cdots & \lambda_1^{2n-1}e^{2iF_1^{(1)}} & \lambda_1^{2n-1}e^{2i(\lambda_1 x+2\lambda_1^2 t+F_1^{(2)})} & \lambda_1^{2n-1}e^{2i(\lambda_1 x+2\lambda_1^2 t+F_1^{(3)})} \\ 1 & e^{2iF_2^{(1)}} & -\lambda_2^n & e^{2i(\lambda_2 x+2\lambda_2^2 t+F_2^{(3)})} & \cdots & \lambda_2^{2n-1}e^{2iF_2^{(1)}} & \lambda_2^{2n-1}e^{2i(\lambda_2 x+2\lambda_2^2 t+F_2^{(2)})} & \lambda_2^{2n-1}e^{2i(\lambda_2 x+2\lambda_2^2 t+F_2^{(3)})} \\ 1 & e^{2iF_3^{(1)}} & -\lambda_3^n & e^{2i(\lambda_3 x+2\lambda_3^2 t+F_3^{(3)})} & \cdots & \lambda_3^{2n-1}e^{2iF_3^{(3)}} & \lambda_3^{2n-1}e^{2i(\lambda_3 x+2\lambda_3^2 t+F_3^{(2)})} & \lambda_3^{2n-1}e^{2i(\lambda_3 x+2\lambda_3^2 t+F_3^{(3)})} \\ \vdots & \vdots & \vdots & \vdots & & \vdots & \vdots & \vdots \\ 1 & e^{2iF_{4n}^{(1)}} & -\lambda_{4n}^n & e^{2i(\lambda_{4n} x+2\lambda_{4n}^2 t+F_{4n}^{(3)})} & \cdots & \lambda_{4n}^{2n-1}e^{2iF_{4n}^{(4)}} & \lambda_{4n}^{2n-1}e^{2i(\lambda_{4n} x+2\lambda_{4n}^2 t+F_{4n}^{(2)})} & \lambda_{4n}^{2n-1}e^{2i(\lambda_{4n} x+2\lambda_{4n}^2 t+F_{4n}^{(3)})} \end{vmatrix}, \tag{4.72c}$$

$$\Delta A_{14}^{(N-1)}=\begin{vmatrix} 1 & e^{2iF_1^{(1)}} & e^{2i(\lambda_1 x+2\lambda_1^2 t+F_1^{(2)})} & -\lambda_1^n & \cdots & \lambda_1^{2n-1}e^{2iF_1^{(1)}} & \lambda_1^{2n-1}e^{2i(\lambda_1 x+2\lambda_1^2 t+F_1^{(2)})} & \lambda_1^{2n-1}e^{2i(\lambda_1 x+2\lambda_1^2 t+F_1^{(3)})} \\ 1 & e^{2iF_2^{(1)}} & e^{2i(\lambda_2 x+2\lambda_2^2 t+F_2^{(2)})} & -\lambda_2^n & \cdots & \lambda_2^{2n-1}e^{2iF_2^{(1)}} & \lambda_2^{2n-1}e^{2i(\lambda_2 x+2\lambda_2^2 t+F_2^{(2)})} & \lambda_2^{2n-1}e^{2i(\lambda_2 x+2\lambda_2^2 t+F_2^{(3)})} \\ 1 & e^{2iF_3^{(1)}} & e^{2i(\lambda_3 x+2\lambda_3^2 t+F_3^{(2)})} & -\lambda_3^n & \cdots & \lambda_3^{2n-1}e^{2iF_3^{(3)}} & \lambda_3^{2n-1}e^{2i(\lambda_3 x+2\lambda_3^2 t+F_3^{(2)})} & \lambda_3^{2n-1}e^{2i(\lambda_3 x+2\lambda_3^2 t+F_3^{(3)})} \\ \vdots & \vdots & \vdots & \vdots & & \vdots & \vdots & \vdots \\ 1 & e^{2iF_{4n}^{(1)}} & e^{2i(\lambda_{4n} x+2\lambda_{4n}^2 t+F_{4n}^{(2)})} & -\lambda_{4n}^n & \cdots & \lambda_{4n}^{2n-1}e^{2iF_{4n}^{(4)}} & \lambda_{4n}^{2n-1}e^{2i(\lambda_{4n} x+2\lambda_{4n}^2 t+F_{4n}^{(2)})} & \lambda_{4n}^{2n-1}e^{2i(\lambda_{4n} x+2\lambda_{4n}^2 t+F_{4n}^{(3)})} \end{vmatrix}, \tag{4.72d}$$

$$\Delta A_{21}^{(N-1)}=\begin{vmatrix} 1 & e^{2iF_1^{(1)}} & e^{2i(\lambda_1 x+2\lambda_1^2 t+F_1^{(2)})} & e^{2i(\lambda_1 x+2\lambda_1^2 t+F_1^{(3)})} & \cdots & \lambda_1^{2n-1}e^{2iF_1^{(1)}} & \lambda_1^{2n-1}e^{2i(\lambda_1 x+2\lambda_1^2 t+F_1^{(2)})} & \lambda_1^{2n-1}e^{2i(\lambda_1 x+2\lambda_1^2 t+F_1^{(3)})} \\ 1 & e^{2iF_2^{(1)}} & e^{2i(\lambda_2 x+2\lambda_2^2 t+F_2^{(2)})} & e^{2i(\lambda_2 x+2\lambda_2^2 t+F_2^{(3)})} & \cdots & \lambda_2^{2n-1}e^{2iF_2^{(1)}} & \lambda_2^{2n-1}e^{2i(\lambda_2 x+2\lambda_2^2 t+F_2^{(2)})} & \lambda_2^{2n-1}e^{2i(\lambda_2 x+2\lambda_2^2 t+F_2^{(3)})} \\ 1 & e^{2iF_3^{(1)}} & e^{2i(\lambda_3 x+2\lambda_3^2 t+F_3^{(2)})} & e^{2i(\lambda_3 x+2\lambda_3^2 t+F_3^{(3)})} & \cdots & \lambda_3^{2n-1}e^{2iF_3^{(3)}} & \lambda_3^{2n-1}e^{2i(\lambda_3 x+2\lambda_3^2 t+F_3^{(2)})} & \lambda_3^{2n-1}e^{2i(\lambda_3 x+2\lambda_3^2 t+F_3^{(3)})} \\ \vdots & \vdots & \vdots & \vdots & & \vdots & \vdots & \vdots \\ 1 & e^{2iF_{4n}^{(1)}} & e^{2i(\lambda_{4n} x+2\lambda_{4n}^2 t+F_{4n}^{(2)})} & e^{2i(\lambda_{4n} x+2\lambda_{4n}^2 t+F_{4n}^{(3)})} & \cdots & \lambda_{4n}^{2n-1}e^{2iF_{4n}^{(4)}} & \lambda_{4n}^{2n-1}e^{2i(\lambda_{4n} x+2\lambda_{4n}^2 t+F_{4n}^{(2)})} & \lambda_{4n}^{2n-1}e^{2i(\lambda_{4n} x+2\lambda_{4n}^2 t+F_{4n}^{(3)})} \end{vmatrix}, \tag{4.72e}$$

$$\Delta A_{31}^{(N-1)}=\begin{vmatrix} 1 & e^{2iF_1^{(1)}} & e^{2i(\lambda_1 x+2\lambda_1^2 t+F_1^{(2)})} & e^{2i(\lambda_1 x+2\lambda_1^2 t+F_1^{(3)})} & \cdots & \lambda_1^{2n-1}e^{2iF_1^{(1)}} & \lambda_1^{2n-1}e^{2i(\lambda_1 x+2\lambda_1^2 t+F_1^{(2)})} & \lambda_1^{2n-1}e^{2i(\lambda_1 x+2\lambda_1^2 t+F_1^{(3)})} \\ 1 & e^{2iF_2^{(1)}} & e^{2i(\lambda_2 x+2\lambda_2^2 t+F_2^{(2)})} & e^{2i(\lambda_2 x+2\lambda_2^2 t+F_2^{(3)})} & \cdots & \lambda_2^{2n-1}e^{2iF_2^{(1)}} & \lambda_2^{2n-1}e^{2i(\lambda_2 x+2\lambda_2^2 t+F_2^{(2)})} & \lambda_2^{2n-1}e^{2i(\lambda_2 x+2\lambda_2^2 t+F_2^{(3)})} \\ 1 & e^{2iF_3^{(1)}} & e^{2i(\lambda_3 x+2\lambda_3^2 t+F_3^{(2)})} & e^{2i(\lambda_3 x+2\lambda_3^2 t+F_3^{(3)})} & \cdots & \lambda_3^{2n-1}e^{2iF_3^{(3)}} & \lambda_3^{2n-1}e^{2i(\lambda_3 x+2\lambda_3^2 t+F_3^{(2)})} & \lambda_3^{2n-1}e^{2i(\lambda_3 x+2\lambda_3^2 t+F_3^{(3)})} \\ \vdots & \vdots & \vdots & \vdots & & \vdots & \vdots & \vdots \\ 1 & e^{2iF_{4n}^{(1)}} & e^{2i(\lambda_{4n} x+2\lambda_{4n}^2 t+F_{4n}^{(2)})} & e^{2i(\lambda_{4n} x+2\lambda_{4n}^2 t+F_{4n}^{(3)})} & \cdots & \lambda_{4n}^{2n-1}e^{2iF_{4n}^{(4)}} & \lambda_{4n}^{2n-1}e^{2i(\lambda_{4n} x+2\lambda_{4n}^2 t+F_{4n}^{(2)})} & \lambda_{4n}^{2n-1}e^{2i(\lambda_{4n} x+2\lambda_{4n}^2 t+F_{4n}^{(3)})} \end{vmatrix}, \tag{4.72f}$$

$$\Delta A_{41}^{(N-1)}=\begin{vmatrix}1 & e^{2iF_1^{(1)}} & e^{2i(\lambda_1 x+2\lambda_1^2 t+F_1^{(2)})} & e^{2i(\lambda_1 x+2\lambda_1^2 t+F_1^{(3)})} & \cdots & \lambda_1^{2n-1}e^{2iF_1^{(1)}} & \lambda_1^{2n-1}e^{2i(\lambda_1 x+2\lambda_1^2 t+F_1^{(2)})} & \lambda_1^{2n-1}e^{2i(\lambda_1 x+2\lambda_1^2 t+F_1^{(3)})}\\ 1 & e^{2iF_2^{(1)}} & e^{2i(\lambda_2 x+2\lambda_2^2 t+F_2^{(2)})} & e^{2i(\lambda_2 x+2\lambda_2^2 t+F_2^{(3)})} & \cdots & \lambda_2^{2n-1}e^{2iF_2^{(1)}} & \lambda_2^{2n-1}e^{2i(\lambda_2 x+2\lambda_2^2 t+F_2^{(2)})} & \lambda_2^{2n-1}e^{2i(\lambda_2 x+2\lambda_2^2 t+F_2^{(3)})}\\ 1 & e^{2iF_3^{(1)}} & e^{2i(\lambda_3 x+2\lambda_3^2 t+F_3^{(2)})} & e^{2i(\lambda_3 x+2\lambda_3^2 t+F_3^{(3)})} & \cdots & \lambda_3^{2n-1}e^{2iF_3^{(3)}} & \lambda_3^{2n-1}e^{2i(\lambda_3 x+2\lambda_3^2 t+F_3^{(2)})} & \lambda_3^{2n-1}e^{2i(\lambda_3 x+2\lambda_3^2 t+F_3^{(3)})}\\ \vdots & \vdots & \vdots & \vdots & & \vdots & \vdots & \vdots\\ 1 & e^{2iF_{4n}^{(1)}} & e^{2i(\lambda_{4n} x+2\lambda_{4n}^2 t+F_{4n}^{(2)})} & e^{2i(\lambda_{4n} x+2\lambda_{4n}^2 t+F_{4n}^{(3)})} & \cdots & \lambda_{4n}^{2n-1}e^{2iF_{4n}^{(4)}} & \lambda_{4n}^{2n-1}e^{2i(\lambda_{4n} x+2\lambda_{4n}^2 t+F_{4n}^{(2)})} & \lambda_{4n}^{2n-1}e^{2i(\lambda_{4n} x+2\lambda_{4n}^2 t+F_{4n}^{(3)})}\end{vmatrix}, \quad (4.72g)$$

$$\Delta A_{31}^{(N-1)}=\begin{vmatrix}1 & e^{2iF_1^{(1)}} & e^{2i(\lambda_1 x+2\lambda_1^2 t+F_1^{(2)})} & e^{2i(\lambda_1 x+2\lambda_1^2 t+F_1^{(3)})} & \cdots & \lambda_1^{2n-1}e^{2iF_1^{(1)}} & \lambda_1^{2n-1}e^{2i(\lambda_1 x+2\lambda_1^2 t+F_1^{(2)})} & \lambda_1^{2n-1}e^{2i(\lambda_1 x+2\lambda_1^2 t+F_1^{(3)})}\\ 1 & e^{2iF_2^{(1)}} & e^{2i(\lambda_2 x+2\lambda_2^2 t+F_2^{(2)})} & e^{2i(\lambda_2 x+2\lambda_2^2 t+F_2^{(3)})} & \cdots & \lambda_2^{2n-1}e^{2iF_2^{(1)}} & \lambda_2^{2n-1}e^{2i(\lambda_2 x+2\lambda_2^2 t+F_2^{(2)})} & \lambda_2^{2n-1}e^{2i(\lambda_2 x+2\lambda_2^2 t+F_2^{(3)})}\\ 1 & e^{2iF_3^{(1)}} & e^{2i(\lambda_3 x+2\lambda_3^2 t+F_3^{(2)})} & e^{2i(\lambda_3 x+2\lambda_3^2 t+F_3^{(3)})} & \cdots & \lambda_3^{2n-1}e^{2iF_3^{(3)}} & \lambda_3^{2n-1}e^{2i(\lambda_3 x+2\lambda_3^2 t+F_3^{(2)})} & \lambda_3^{2n-1}e^{2i(\lambda_3 x+2\lambda_3^2 t+F_3^{(3)})}\\ \vdots & \vdots & \vdots & \vdots & & \vdots & \vdots & \vdots\\ 1 & e^{2iF_{4n}^{(1)}} & e^{2i(\lambda_{4n} x+2\lambda_{4n}^2 t+F_{4n}^{(2)})} & e^{2i(\lambda_{4n} x+2\lambda_{4n}^2 t+F_{4n}^{(3)})} & \cdots & \lambda_{4n}^{2n-1}e^{2iF_{4n}^{(4)}} & \lambda_{4n}^{2n-1}e^{2i(\lambda_{4n} x+2\lambda_{4n}^2 t+F_{4n}^{(2)})} & \lambda_{4n}^{2n-1}e^{2i(\lambda_{4n} x+2\lambda_{4n}^2 t+F_{4n}^{(3)})}\end{vmatrix}. \quad (4.72h)$$

其中

$$\begin{cases} A_{12}^{(N-1)} = \dfrac{\Delta A_{12}^{(N-1)}}{\Delta}, A_{13}^{(N-1)} = \dfrac{\Delta A_{13}^{(N-1)}}{\Delta}, A_{14}^{(N-1)} = \dfrac{\Delta A_{14}^{(N-1)}}{\Delta}, \\ A_{21}^{(N-1)} = \dfrac{\Delta A_{21}^{(N-1)}}{\Delta}, A_{31}^{(N-1)} = \dfrac{\Delta A_{31}^{(N-1)}}{\Delta}, A_{41}^{(N-1)} = \dfrac{\Delta A_{41}^{(N-1)}}{\Delta} \end{cases} \tag{4.73}$$

考虑将 $N=1$ 代入方程(4.70),(4.71),根据克莱姆法则,得到 1-孤子解:

$$\begin{cases} \Delta = \begin{vmatrix} 1 & e^{2iF_1^{(1)}} & e^{2i(\lambda_1 x+2\lambda_1^2 t+F_1^{(2)})} & e^{2i(\lambda_1 x+2\lambda_1^2 t+F_1^{(3)})} \\ 1 & e^{2iF_2^{(1)}} & e^{2i(\lambda_2 x+2\lambda_2^2 t+F_2^{(2)})} & e^{2i(\lambda_2 x+2\lambda_2^2 t+F_2^{(3)})} \\ 1 & e^{2iF_3^{(1)}} & e^{2i(\lambda_3 x+2\lambda_3^2 t+F_3^{(2)})} & e^{2i(\lambda_3 x+2\lambda_3^2 t+F_3^{(3)})} \\ 1 & e^{2iF_4^{(1)}} & e^{2i(\lambda_4 x+2\lambda_4^2 t+F_4^{(2)})} & e^{2i(\lambda_4 x+2\lambda_4^2 t+F_4^{(3)})} \end{vmatrix}, \\ \Delta A_{13}^{(0)} = \begin{vmatrix} 1 & e^{2iF_1^{(1)}} & -\lambda_1 & e^{2i(\lambda_1 x+2\lambda_1^2 t+F_1^{(3)})} \\ 1 & e^{2iF_2^{(1)}} & -\lambda_2 & e^{2i(\lambda_2 x+2\lambda_2^2 t+F_2^{(3)})} \\ 1 & e^{2iF_3^{(1)}} & -\lambda_3 & e^{2i(\lambda_3 x+2\lambda_3^2 t+F_3^{(3)})} \\ 1 & e^{2iF_4^{(1)}} & -\lambda_4 & e^{2i(\lambda_4 x+2\lambda_4^2 t+F_4^{(3)})} \end{vmatrix}, \\ \Delta A_{14}^{(0)} = \begin{vmatrix} 1 & e^{2iF_1^{(1)}} & e^{2i(\lambda_1 x+2\lambda_1^2 t+F_1^{(2)})} & -\lambda_1 \\ 1 & e^{2iF_2^{(1)}} & e^{2i(\lambda_2 x+2\lambda_2^2 t+F_2^{(2)})} & -\lambda_2 \\ 1 & e^{2iF_3^{(1)}} & e^{2i(\lambda_3 x+2\lambda_3^2 t+F_3^{(2)})} & -\lambda_3 \\ 1 & e^{2iF_4^{(1)}} & e^{2i(\lambda_4 x+2\lambda_4^2 t+F_4^{(2)})} & -\lambda_4 \end{vmatrix}, \\ \Delta A_{24}^{(0)} = \begin{vmatrix} 1 & e^{2iF_1^{(1)}} & e^{2i(\lambda_1 x+2\lambda_1^2 t+F_1^{(2)})} & -\lambda_1 e^{2iF_1^{(1)}} \\ 1 & e^{2iF_2^{(1)}} & e^{2i(\lambda_2 x+2\lambda_2^2 t+F_2^{(2)})} & -\lambda_2 e^{2iF_2^{(1)}} \\ 1 & e^{2iF_3^{(1)}} & e^{2i(\lambda_3 x+2\lambda_3^2 t+F_3^{(2)})} & -\lambda_3 e^{2iF_3^{(1)}} \\ 1 & e^{2iF_4^{(1)}} & e^{2i(\lambda_4 x+2\lambda_4^2 t+F_4^{(2)})} & -\lambda_4 e^{2iF_4^{(1)}} \end{vmatrix}. \end{cases} \tag{4.74}$$

其中

$$A_{13}^{(0)} = \frac{\Delta A_{13}^{(0)}}{\Delta}, A_{14}^{(0)} = \frac{\Delta A_{14}^{(0)}}{\Delta}, A_{24}^{(0)} = \frac{\Delta A_{24}^{(0)}}{\Delta},$$

得到方程(4.43)的 1-孤子解:

$$\bar{q}_1(x,t) = 2i\frac{\Delta A_{13}^{(0)}}{\Delta}, \bar{q}_0(x,t) = 2i\frac{\Delta A_{14}^{(0)}}{\Delta}, \bar{q}_{-1}(x,t) = 2i\frac{\Delta A_{24}^{(0)}}{\Delta} \tag{4.75}$$

图 4-9(a)表示三耦合方程的$|\bar{q}_0(x,t)|$的解,参数为 $\lambda_1=0.2+0.1i, \lambda_2=0.2i+0.1, \lambda_3=0.3i, \lambda_4=0.1, F_{11}=0.2i, F_{12}=0.3i, F_{13}=0.5, F_{21}=0.1i, F_{22}=0.4, F_{23}=0.2i, F_{31}=0.3i, F_{32}=0.1i, F_{33}=0.4, F_{41}=0.3, F_{42}=0.1i, F_{43}=0.2i$;

图 4-9(b)表示三耦合方程的$|\bar{q}_1(x,t)|$的解，参数为$\lambda_1=0.2$，$\lambda_2=0.3+0.3\mathrm{i}$，$\lambda_3=0.5$，$\lambda_4=0.6$，$F_{11}=0.2\mathrm{i}$，$F_{12}=0.3+0.3\mathrm{i}$，$F_{13}=0.5$，$F_{21}=0.1\mathrm{i}$，$F_{22}=0.4$，$F_{23}=0.2\mathrm{i}$，$F_{31}=0.2+0.3\mathrm{i}$，$F_{32}=0.1\mathrm{i}$，$F_{33}=0.4$，$F_{41}=0.3$，$F_{42}=0.1\mathrm{i}$，$F_{43}=0.25$；图 4-9(c) 表示三耦合方程的$|\bar{q}_{-1}(x,t)|$的解，参数为$\lambda_1=0.2+0.2\mathrm{i}$，$\lambda_2=0.3+0.3\mathrm{i}$，$\lambda_3=0.5$，$\lambda_4=0.6+0.6\mathrm{i}$，$F_{11}=0.2\mathrm{i}$，$F_{12}=0.3\mathrm{i}$，$F_{13}=0.5$，$F_{21}=0.1\mathrm{i}$，$F_{22}=0.4$，$F_{23}=0.2\mathrm{i}$，$F_{31}=0.3\mathrm{i}$，$F_{32}=0.1\mathrm{i}$，$F_{33}=0.4$，$F_{41}=0.3$，$F_{42}=0.1\mathrm{i}$，$F_{43}=0.2\mathrm{i}$.

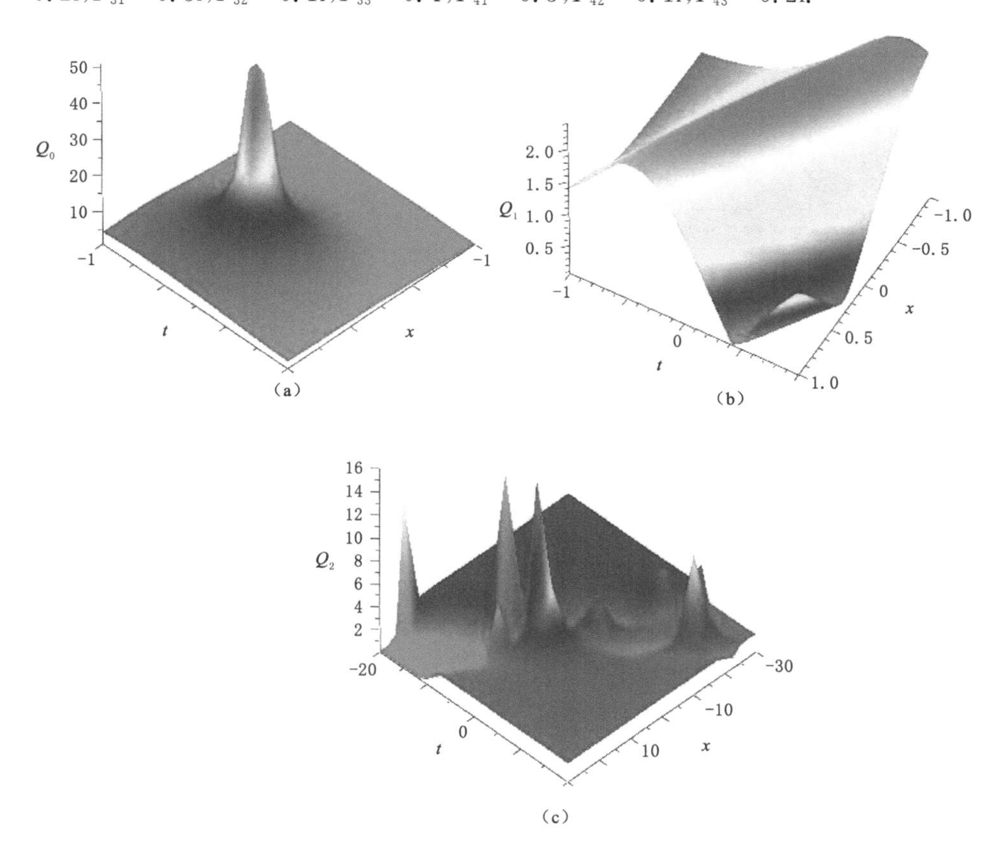

图 4-9　三耦合方程的 1-孤子解

考虑将 $N=2$ 代入方程(4.70)、(4.71)，根据克莱姆法则，得到 2-孤子解：

$$
\Delta=\begin{vmatrix}
1 & e^{2iF_1^{(1)}} & e^{2i(\lambda_1 x+2\lambda_1^2 t+F_1^{(2)})} & e^{2i(\lambda_1 x+2\lambda_1^2 t+F_1^{(3)})} & \lambda_1 & e^{2iF_1^{(1)}} & \lambda_1 e^{2i(\lambda_1 x+2\lambda_1^2 t+F_1^{(2)})} & \lambda_1 e^{2i(\lambda_1 x+2\lambda_1^2 t+F_1^{(3)})} \\
1 & e^{2iF_2^{(1)}} & e^{2i(\lambda_2 x+2\lambda_2^2 t+F_2^{(2)})} & e^{2i(\lambda_2 x+2\lambda_2^2 t+F_2^{(3)})} & \lambda_2 & e^{2iF_2^{(1)}} & \lambda_2 e^{2i(\lambda_2 x+2\lambda_2^2 t+F_2^{(2)})} & \lambda_2 e^{2i(\lambda_2 x+2\lambda_2^2 t+F_2^{(3)})} \\
1 & e^{2iF_3^{(1)}} & e^{2i(\lambda_3 x+2\lambda_3^2 t+F_3^{(2)})} & e^{2i(\lambda_3 x+2\lambda_3^2 t+F_3^{(3)})} & \lambda_3 & e^{2iF_3^{(1)}} & \lambda_3 e^{2i(\lambda_3 x+2\lambda_3^2 t+F_3^{(2)})} & \lambda_3 e^{2i(\lambda_3 x+2\lambda_3^2 t+F_3^{(3)})} \\
1 & e^{2iF_4^{(1)}} & e^{2i(\lambda_4 x+2\lambda_4^2 t+F_4^{(2)})} & e^{2i(\lambda_4 x+2\lambda_4^2 t+F_4^{(3)})} & \lambda_4 & e^{2iF_4^{(1)}} & \lambda_4 e^{2i(\lambda_4 x+2\lambda_4^2 t+F_4^{(2)})} & \lambda_4 e^{2i(\lambda_4 x+2\lambda_4^2 t+F_4^{(3)})} \\
1 & e^{2iF_5^{(1)}} & e^{2i(\lambda_5 x+2\lambda_5^2 t+F_5^{(2)})} & e^{2i(\lambda_5 x+2\lambda_5^2 t+F_5^{(3)})} & \lambda_5 & e^{2iF_5^{(1)}} & \lambda_5 e^{2i(\lambda_5 x+2\lambda_5^2 t+F_5^{(2)})} & \lambda_5 e^{2i(\lambda_5 x+2\lambda_5^2 t+F_5^{(3)})} \\
1 & e^{2iF_6^{(1)}} & e^{2i(\lambda_6 x+2\lambda_6^2 t+F_6^{(2)})} & e^{2i(\lambda_6 x+2\lambda_6^2 t+F_6^{(3)})} & \lambda_6 & e^{2iF_6^{(1)}} & \lambda_6 e^{2i(\lambda_6 x+2\lambda_6^2 t+F_6^{(2)})} & \lambda_6 e^{2i(\lambda_6 x+2\lambda_6^2 t+F_6^{(3)})} \\
1 & e^{2iF_7^{(1)}} & e^{2i(\lambda_7 x+2\lambda_7^2 t+F_7^{(2)})} & e^{2i(\lambda_7 x+2\lambda_7^2 t+F_7^{(3)})} & \lambda_7 & e^{2iF_7^{(1)}} & \lambda_7 e^{2i(\lambda_7 x+2\lambda_7^2 t+F_7^{(2)})} & \lambda_7 e^{2i(\lambda_7 x+2\lambda_7^2 t+F_7^{(3)})} \\
1 & e^{2iF_8^{(1)}} & e^{2i(\lambda_8 x+2\lambda_8^2 t+F_8^{(2)})} & e^{2i(\lambda_8 x+2\lambda_8^2 t+F_8^{(3)})} & \lambda_8 & e^{2iF_8^{(1)}} & \lambda_8 e^{2i(\lambda_8 x+2\lambda_8^2 t+F_8^{(2)})} & \lambda_8 e^{2i(\lambda_8 x+2\lambda_8^2 t+F_8^{(3)})}
\end{vmatrix}, \tag{4.76a}
$$

$$
\Delta A_{13}^{(1)}=\begin{vmatrix}
1 & e^{2iF_1^{(1)}} & e^{2i(\lambda_1 x+2\lambda_1^2 t+F_1^{(2)})} & e^{2i(\lambda_1 x+2\lambda_1^2 t+F_1^{(3)})} & \lambda_1 & e^{2iF_1^{(1)}} & -\lambda_1^2 & \lambda_1 e^{2i(\lambda_1 x+2\lambda_1^2 t+F_1^{(3)})} \\
1 & e^{2iF_2^{(1)}} & e^{2i(\lambda_2 x+2\lambda_2^2 t+F_2^{(2)})} & e^{2i(\lambda_2 x+2\lambda_2^2 t+F_2^{(3)})} & \lambda_2 & e^{2iF_2^{(1)}} & -\lambda_2^2 & \lambda_2 e^{2i(\lambda_2 x+2\lambda_2^2 t+F_2^{(3)})} \\
1 & e^{2iF_3^{(1)}} & e^{2i(\lambda_3 x+2\lambda_3^2 t+F_3^{(2)})} & e^{2i(\lambda_3 x+2\lambda_3^2 t+F_3^{(3)})} & \lambda_3 & e^{2iF_3^{(1)}} & -\lambda_3^2 & \lambda_3 e^{2i(\lambda_3 x+2\lambda_3^2 t+F_3^{(3)})} \\
1 & e^{2iF_4^{(1)}} & e^{2i(\lambda_4 x+2\lambda_4^2 t+F_4^{(2)})} & e^{2i(\lambda_4 x+2\lambda_4^2 t+F_4^{(3)})} & \lambda_4 & e^{2iF_4^{(1)}} & -\lambda_4^2 & \lambda_4 e^{2i(\lambda_4 x+2\lambda_4^2 t+F_4^{(3)})} \\
1 & e^{2iF_5^{(1)}} & e^{2i(\lambda_5 x+2\lambda_5^2 t+F_5^{(2)})} & e^{2i(\lambda_5 x+2\lambda_5^2 t+F_5^{(3)})} & \lambda_5 & e^{2iF_5^{(1)}} & -\lambda_5^2 & \lambda_5 e^{2i(\lambda_5 x+2\lambda_5^2 t+F_5^{(3)})} \\
1 & e^{2iF_6^{(1)}} & e^{2i(\lambda_6 x+2\lambda_6^2 t+F_6^{(2)})} & e^{2i(\lambda_6 x+2\lambda_6^2 t+F_6^{(3)})} & \lambda_6 & e^{2iF_6^{(1)}} & -\lambda_6^2 & \lambda_6 e^{2i(\lambda_6 x+2\lambda_6^2 t+F_6^{(3)})} \\
1 & e^{2iF_7^{(1)}} & e^{2i(\lambda_7 x+2\lambda_7^2 t+F_7^{(2)})} & e^{2i(\lambda_7 x+2\lambda_7^2 t+F_7^{(3)})} & \lambda_7 & e^{2iF_7^{(1)}} & -\lambda_7^2 & \lambda_7 e^{2i(\lambda_7 x+2\lambda_7^2 t+F_7^{(3)})} \\
1 & e^{2iF_8^{(1)}} & e^{2i(\lambda_8 x+2\lambda_8^2 t+F_8^{(2)})} & e^{2i(\lambda_8 x+2\lambda_8^2 t+F_8^{(3)})} & \lambda_8 & e^{2iF_8^{(1)}} & -\lambda_8^2 & \lambda_8 e^{2i(\lambda_8 x+2\lambda_8^2 t+F_8^{(3)})}
\end{vmatrix}, \tag{4.76b}
$$

$$\Delta A_{14}^{(1)}=\begin{vmatrix}
1 & e^{2iF_1^{(1)}} & e^{2i(\lambda_1 x+2\lambda_1^2 t+F_1^{(2)})} & e^{2i(\lambda_1 x+2\lambda_1^2 t+F_1^{(3)})} & \lambda_1 & e^{2iF_1^{(1)}} & \lambda_1 e^{2i(\lambda_1 x+2\lambda_1^2 t+F_1^{(2)})} & -\lambda_1^3 \\
1 & e^{2iF_2^{(1)}} & e^{2i(\lambda_2 x+2\lambda_2^2 t+F_2^{(2)})} & e^{2i(\lambda_2 x+2\lambda_2^2 t+F_2^{(3)})} & \lambda_2 & e^{2iF_2^{(1)}} & \lambda_2 e^{2i(\lambda_2 x+2\lambda_2^2 t+F_2^{(2)})} & -\lambda_2^3 \\
1 & e^{2iF_3^{(1)}} & e^{2i(\lambda_3 x+2\lambda_3^2 t+F_3^{(2)})} & e^{2i(\lambda_3 x+2\lambda_3^2 t+F_3^{(3)})} & \lambda_3 & e^{2iF_3^{(1)}} & \lambda_3 e^{2i(\lambda_3 x+2\lambda_3^2 t+F_3^{(2)})} & -\lambda_3^3 \\
1 & e^{2iF_4^{(1)}} & e^{2i(\lambda_4 x+2\lambda_4^2 t+F_4^{(2)})} & e^{2i(\lambda_4 x+2\lambda_4^2 t+F_4^{(3)})} & \lambda_4 & e^{2iF_4^{(1)}} & \lambda_4 e^{2i(\lambda_4 x+2\lambda_4^2 t+F_4^{(2)})} & -\lambda_4^3 \\
1 & e^{2iF_5^{(1)}} & e^{2i(\lambda_5 x+2\lambda_5^2 t+F_5^{(2)})} & e^{2i(\lambda_5 x+2\lambda_5^2 t+F_5^{(3)})} & \lambda_5 & e^{2iF_5^{(1)}} & \lambda_5 e^{2i(\lambda_5 x+2\lambda_5^2 t+F_5^{(2)})} & -\lambda_5^3 \\
1 & e^{2iF_6^{(1)}} & e^{2i(\lambda_6 x+2\lambda_6^2 t+F_6^{(2)})} & e^{2i(\lambda_6 x+2\lambda_6^2 t+F_6^{(3)})} & \lambda_6 & e^{2iF_6^{(1)}} & \lambda_6 e^{2i(\lambda_6 x+2\lambda_6^2 t+F_6^{(2)})} & -\lambda_6^3 \\
1 & e^{2iF_7^{(1)}} & e^{2i(\lambda_7 x+2\lambda_7^2 t+F_7^{(2)})} & e^{2i(\lambda_7 x+2\lambda_7^2 t+F_7^{(3)})} & \lambda_7 & e^{2iF_7^{(1)}} & \lambda_7 e^{2i(\lambda_7 x+2\lambda_7^2 t+F_7^{(2)})} & -\lambda_7^3 \\
1 & e^{2iF_8^{(1)}} & e^{2i(\lambda_8 x+2\lambda_8^2 t+F_8^{(2)})} & e^{2i(\lambda_8 x+2\lambda_8^2 t+F_8^{(3)})} & \lambda_8 & e^{2iF_8^{(1)}} & \lambda_8 e^{2i(\lambda_8 x+2\lambda_8^2 t+F_8^{(2)})} & -\lambda_8^3
\end{vmatrix}, \tag{4.76c}$$

$$\Delta A_{24}^{(1)}=\begin{vmatrix}
1 & e^{2iF_1^{(1)}} & e^{2i(\lambda_1 x+2\lambda_1^2 t+F_1^{(2)})} & e^{2i(\lambda_1 x+2\lambda_1^2 t+F_1^{(3)})} & \lambda_1 & \lambda_1 e^{2iF_1^{(1)}} & \lambda_1 e^{2i(\lambda_1 x+2\lambda_1^2 t+F_1^{(2)})} & -\lambda_1^2 e^{2iF_1^{(1)}} \\
1 & e^{2iF_2^{(1)}} & e^{2i(\lambda_2 x+2\lambda_2^2 t+F_2^{(2)})} & e^{2i(\lambda_2 x+2\lambda_2^2 t+F_2^{(3)})} & \lambda_2 & \lambda_2 e^{2iF_2^{(1)}} & \lambda_2 e^{2i(\lambda_2 x+2\lambda_2^2 t+F_2^{(2)})} & -\lambda_2^2 e^{2iF_2^{(1)}} \\
1 & e^{2iF_3^{(1)}} & e^{2i(\lambda_3 x+2\lambda_3^2 t+F_3^{(2)})} & e^{2i(\lambda_3 x+2\lambda_3^2 t+F_3^{(3)})} & \lambda_3 & \lambda_3 e^{2iF_3^{(1)}} & \lambda_3 e^{2i(\lambda_3 x+2\lambda_3^2 t+F_3^{(2)})} & -\lambda_3^2 e^{2iF_3^{(1)}} \\
1 & e^{2iF_4^{(1)}} & e^{2i(\lambda_4 x+2\lambda_4^2 t+F_4^{(2)})} & e^{2i(\lambda_4 x+2\lambda_4^2 t+F_4^{(3)})} & \lambda_4 & \lambda_4 e^{2iF_4^{(1)}} & \lambda_4 e^{2i(\lambda_4 x+2\lambda_4^2 t+F_4^{(2)})} & -\lambda_4^2 e^{2iF_4^{(1)}} \\
1 & e^{2iF_5^{(1)}} & e^{2i(\lambda_5 x+2\lambda_5^2 t+F_5^{(2)})} & e^{2i(\lambda_5 x+2\lambda_5^2 t+F_5^{(3)})} & \lambda_5 & \lambda_5 e^{2iF_5^{(1)}} & \lambda_5 e^{2i(\lambda_5 x+2\lambda_5^2 t+F_5^{(2)})} & -\lambda_5^2 e^{2iF_5^{(1)}} \\
1 & e^{2iF_6^{(1)}} & e^{2i(\lambda_6 x+2\lambda_6^2 t+F_6^{(2)})} & e^{2i(\lambda_6 x+2\lambda_6^2 t+F_6^{(3)})} & \lambda_6 & \lambda_6 e^{2iF_6^{(1)}} & \lambda_6 e^{2i(\lambda_6 x+2\lambda_6^2 t+F_6^{(2)})} & -\lambda_6^2 e^{2iF_6^{(1)}} \\
1 & e^{2iF_7^{(1)}} & e^{2i(\lambda_7 x+2\lambda_7^2 t+F_7^{(2)})} & e^{2i(\lambda_7 x+2\lambda_7^2 t+F_7^{(3)})} & \lambda_7 & \lambda_7 e^{2iF_7^{(1)}} & \lambda_7 e^{2i(\lambda_7 x+2\lambda_7^2 t+F_7^{(2)})} & -\lambda_7^2 e^{2iF_7^{(1)}} \\
1 & e^{2iF_8^{(1)}} & e^{2i(\lambda_8 x+2\lambda_8^2 t+F_8^{(2)})} & e^{2i(\lambda_8 x+2\lambda_8^2 t+F_8^{(3)})} & \lambda_8 & \lambda_8 e^{2iF_8^{(1)}} & \lambda_8 e^{2i(\lambda_8 x+2\lambda_8^2 t+F_8^{(2)})} & -\lambda_8^2 e^{2iF_8^{(1)}}
\end{vmatrix}. \tag{4.76d}$$

其中：

$$A_{13}^{(1)}=\frac{\Delta A_{13}^{(1)}}{\Delta},A_{14}^{(1)}=\frac{\Delta A_{14}^{(1)}}{\Delta},A_{24}^{(1)}=\frac{\Delta A_{24}^{(1)}}{\Delta}$$

得到方程(4.43)的2-孤子解

$$\bar{q}_1(x,t)=2\mathrm{i}\,\frac{\Delta A_{13}^{(1)}}{\Delta},\bar{q}_0(x,t)=2\mathrm{i}\,\frac{\Delta A_{14}^{(1)}}{\Delta},\bar{q}_{-1}(x,t)=2\mathrm{i}\,\frac{\Delta A_{24}^{(1)}}{\Delta}\quad(4.77)$$

图4-10(a)表示三耦合方程的$|\bar{q}_0(x,t)|$的解，参数为

$\lambda_1=1+2\mathrm{i},\lambda_2=-1+2\mathrm{i},\lambda_3=2+5\mathrm{i},\lambda_4=2-5\mathrm{i},$

$\lambda_5=1+3\mathrm{i},\lambda_6=1-3\mathrm{i},\lambda_7=1+0.25\mathrm{i},\lambda_8=-1+0.25\mathrm{i},$

$F_{11}=2+3\mathrm{i},F_{12}=1+3\mathrm{i},F_{13}=1-2\mathrm{i},$

$F_{21}=2+\mathrm{i},F_{22}=1+3\mathrm{i},F_{23}=-1-2\mathrm{i},$

$F_{31}=-0.5+0.5\mathrm{i},F_{32}=-1-\mathrm{i},F_{33}=2+3\mathrm{i},$

$F_{41}=3+2\mathrm{i},F_{42}=1+3\mathrm{i},F_{43}=-1-2\mathrm{i},$

$F_{51}=2+3\mathrm{i},F_{52}=-1,F_{53}=2,$

$F_{61}=-2,F_{62}=1,F_{63}=-1,$

$F_{71}=2+2\mathrm{i},F_{72}=1,F_{73}=-1,$

$F_{81}=1,F_{82}=-1,F_{83}=3-2\mathrm{i}.$

图4-10(b)表示三耦合方程的$|\bar{q}_1(x,t)|$的解，参数为

$\lambda_1=-1+0.2\mathrm{i},\lambda_2=1+0.2\mathrm{i},\lambda_3=1,\lambda_4=-1,$

$\lambda_5=1+0.3\mathrm{i},\lambda_6=-1+0.3\mathrm{i},\lambda_7=1+0.25\mathrm{i},\lambda_8=-1+0.25\mathrm{i},$

$F_{11}=2+\mathrm{i},F_{12}=2-\mathrm{i},F_{13}=3+2\mathrm{i},$

$F_{21}=3-2\mathrm{i},F_{22}=2+\mathrm{i},F_{23}=2-\mathrm{i},$

$F_{31}=2\mathrm{i},F_{32}=1,F_{33}=-\mathrm{i},$

$F_{41}=0.5+\mathrm{i},F_{42}=1-\mathrm{i},F_{43}=2+3\mathrm{i},$

$F_{51}=2-3\mathrm{i},F_{52}=-1,F_{53}=2,$

$F_{61}=1,F_{62}=1,F_{63}=-1,$

$F_{71}=2+2\mathrm{i},F_{72}=1,F_{73}=1,$

$F_{81}=-1,F_{82}=-2+3\mathrm{i},F_{83}=-3+2\mathrm{i}.$

图4-10(c)表示三耦合方程的$|\bar{q}_{-1}(x,t)|$的解，参数为

$\lambda_1=1.5+0.2\mathrm{i},\lambda_2=-2+0.3\mathrm{i},\lambda_3=1+2\mathrm{i},\lambda_4=0.2-\mathrm{i},$

$\lambda_5=2+0.3\mathrm{i},\lambda_6=0.2-0.3\mathrm{i},\lambda_7=3+2\mathrm{i},\lambda_8=-4+2\mathrm{i},$

$F_{11}=3+2\mathrm{i},F_{12}=3-2\mathrm{i},F_{13}=3-5\mathrm{i},$

$F_{21}=0.2+2\mathrm{i},F_{22}=2+0.3\mathrm{i},F_{23}=3+\mathrm{i},$

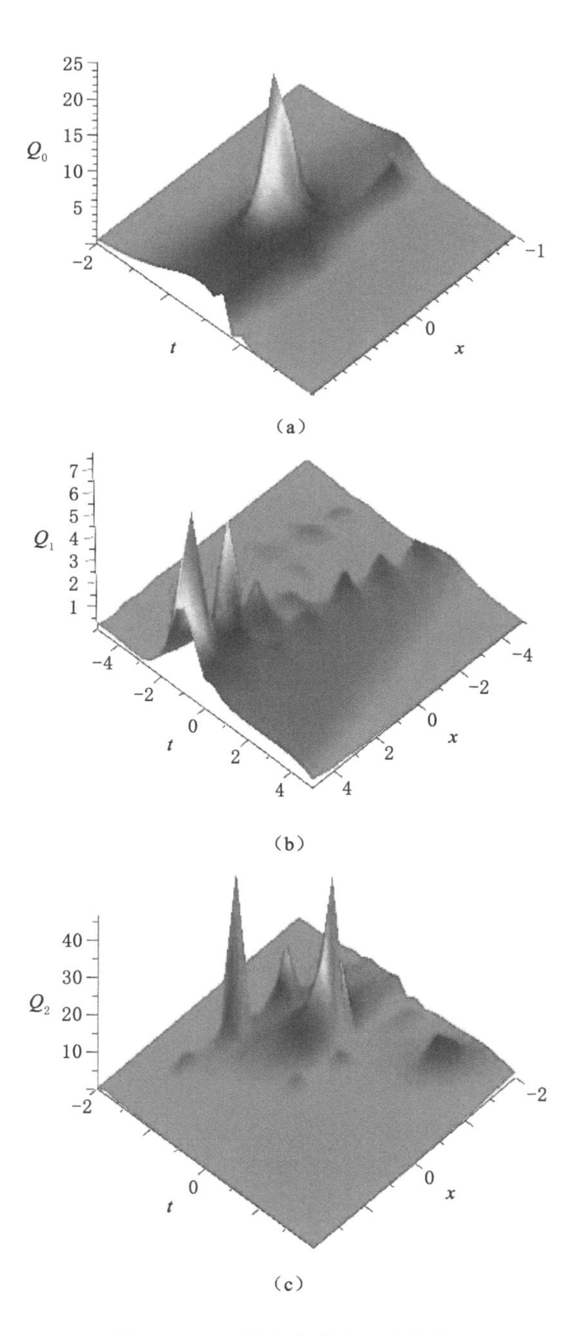

图 4-10　三耦合方程的 2-孤子解

$F_{31}=-0.5, F_{32}=-1, F_{33}=3+\mathrm{i},$
$F_{41}=2+3\mathrm{i}, F_{42}=2+3\mathrm{i}, F_{43}=4-\mathrm{i},$
$F_{51}=3-2\mathrm{i}, F_{52}=-1, F_{53}=2,$
$F_{61}=-2, F_{62}=1, F_{63}=-1,$
$F_{71}=1.5, F_{72}=1, F_{73}=-1,$
$F_{81}=1, F_{82}=-1, F_{83}=3.$

4.3 局域-非局域混合的耦合薛定谔方程及其呼吸解

本节首先构造了局域-非局域混合的耦合薛定谔方程的达布变换,并推导出达布变换过程的证明.然后,将达布变换应用于局域-非局域混合的耦合薛定谔方程[44-45],得到 N-孤子解公式,并说明了孤子解强度分布的演变.

4.3.1 局域-非局域混合的耦合薛定谔方程的达布变换

本节参数族寻找新的混合局域非局域系统,并推导出混合局域-非局域薛定谔方程及其呼吸解.我们找到了新的局域-非局域混合的耦合薛定谔方程,其中的 q_1-非局域-q_2-局域系统 .

$$\begin{cases}\mathrm{i}q_{1t}(x,t)+q_{1xx}(x,t)-2[\sigma_1 q_1(x,t)q_1^*(-x,t)+\sigma_2 q_2(x,t)q_2^*(x,t)]q_1(x,t)=0,\\ \mathrm{i}q_{2t}(x,t)+q_{2xx}(x,t)-2[\sigma_1 q_1(x,t)q_1^*(-x,t)+\sigma_2 q_2(x,t)q_2^*(x,t)]q_2(x,t)=0.\end{cases}\tag{4.78}$$

先考虑线性等谱问题

$$\begin{aligned}&\boldsymbol{\Psi}_x+\mathrm{i}\lambda\boldsymbol{\Sigma}_3\boldsymbol{\Psi}=\boldsymbol{U}\boldsymbol{\Psi},\\ &\boldsymbol{\Psi}_t+2\mathrm{i}\lambda^2\boldsymbol{\Sigma}_3\boldsymbol{\Psi}=[2\lambda\boldsymbol{U}-\mathrm{i}(\boldsymbol{U}_x+\boldsymbol{U}^2)\boldsymbol{\Sigma}_3]\boldsymbol{\Psi}\end{aligned}\tag{4.79}$$

其中 $\boldsymbol{\Psi}=(\psi_1(x,t),\psi_2(x,t),\psi_3(x,t))^{\mathrm{T}}$ 是一个 3×1 复值特征向量函数,λ 是一个等谱参数,广义 pauli 矩阵 $\boldsymbol{\Sigma}_3$ 和势函数矩阵 $\boldsymbol{U}$ 是被定义为:

$$\boldsymbol{\Sigma}_3=\begin{pmatrix}1 & \mathbf{0}\\ \mathbf{0} & -\boldsymbol{I}_{n\times n}\end{pmatrix},\boldsymbol{U}=\boldsymbol{U}(x,t)=\begin{pmatrix}\mathbf{0} & \boldsymbol{Q}(x,t)\\ \boldsymbol{R}(x,t) & \mathbf{0}_{n\times n}\end{pmatrix}\tag{4.80}$$

$\boldsymbol{I}_{n\times n}$ 和 $\boldsymbol{0}_{n\times n}$ 是 $n\times n$ 单位阵和零矩阵，分别地，$\boldsymbol{R}(x,t)=(r_1(x,t),r_2(x,t),\cdots,r_n(x,t))$ 和 $\boldsymbol{Q}(x,t)=(q_1(x,t),q_2(x,t),\cdots,q_n(x,t))^{\mathrm{T}}$ 是复值行向量函数.

据方程(4.79)的相容性条件，满足 $\Psi_{xt}=\Psi_{tx}$，即零曲率方程，导出二分量耦合非线性波系统.

$$\begin{aligned} \mathrm{i}Q_t(x,t) &= -Q_{xx}(x,t)+2Q(x,t)R(x,t)Q(x,t), \\ -\mathrm{i}R_t(x,t) &= -R_{xx}(x,t)+2R(x,t)Q(x,t)R(x,t). \end{aligned} \tag{4.81}$$

为了化简方程，我们令

$$\sigma_1=\sigma_2=1,\boldsymbol{\Sigma}_3=\begin{pmatrix}1 & 0 & 0\\ 0 & -1 & 0\\ 0 & 0 & -1\end{pmatrix}.$$

引入一个新的单族参数 $\varepsilon_{x_j}=\pm1,j=1,2,3,\cdots,n$ 的对称简约：

$$R(x,t)=Q^{+}(\varepsilon_{x_{\vec{n}}}x,t)\Lambda,\varepsilon_{x_{\vec{n}}}=\pm1,\varepsilon_{t_j}=1,j=1,2,\cdots,n \tag{4.82}$$

使方程(4.81)产生上述新的局域非局域混合的耦合方程(4.78)，其中 $\varepsilon_{x_j}=\pm1$，$\varepsilon_{t_j}=1$，即方程(4.78)给出具有新的对称约束式(4.82)的 Lax 对方程(4.79).

因此，我们在方程(4.81)中能得到带有 $\boldsymbol{R}(x,t)=(r_1(x,t),r_2(x,t))$ 和 $\boldsymbol{Q}(x,t)=(q_1(x,t),q_2(x,t))^{\mathrm{T}}$ 的一组新 Lax 对. 可以发现，在相容性条件下，零曲率方程可导出方程(4.78).

接下来，我们构造了局域非局域混合的耦合非线性薛定谔方程的达布变换与 Lax 对的方程(4.83)和方程(4.84)，它满足 $\boldsymbol{\varphi}$、$\boldsymbol{U}$、$\boldsymbol{V}$ 的 3×3 变换矩阵：

$$\boldsymbol{U}=\begin{pmatrix}\mathrm{i}\lambda & q_1(x,t) & q_2(x,t)\\ q_1^*(-x,t) & -\mathrm{i}\lambda & 0\\ q_2^*(x,t) & 0 & -\mathrm{i}\lambda\end{pmatrix} \tag{4.83}$$

$$\boldsymbol{V}=\begin{pmatrix}-\mathrm{i}q_1(x,t)q_1^*(-x,t)-\mathrm{i}q_2(x,t)q_2^*(x,t)-2\mathrm{i}\lambda^2 & 2\lambda q_1(x,t)+\mathrm{i}q_{1,x}(x,t) & 2\lambda q_2(x,t)+\mathrm{i}q_{2,x}(x,t)\\ 2\lambda q_1^*(-x,t)+\mathrm{i}q_{1,x}^*(-x,t) & \mathrm{i}q_1^*(-x,t)q_1(x,t)+2\mathrm{i}\lambda^2 & \mathrm{i}q_1^*(-x,t)q_2(x,t)\\ 2\lambda q_2^*(x,t)-\mathrm{i}q_{2,x}^*(x,t) & \mathrm{i}q_2^*(x,t)q_1(x,t) & \mathrm{i}q_2^*(x,t)q_2(x,t)+2\mathrm{i}\lambda^2\end{pmatrix} \tag{4.84}$$

我们考虑了局域-非局域混合的耦合薛定谔方程的等谱问题，并提出了 Lax 对方程(4.83)和方程(4.84)的规范变换 $\boldsymbol{T}$：

$$\tilde{\boldsymbol{\varphi}}_n=\boldsymbol{T}\boldsymbol{\varphi}_n,\boldsymbol{T}=\begin{pmatrix}T_{11} & T_{12} & T_{13}\\ T_{21} & T_{22} & T_{23}\\ T_{31} & T_{32} & T_{33}\end{pmatrix} \tag{4.85}$$

$$\boldsymbol{\varphi}_x=\tilde{\boldsymbol{U}}\boldsymbol{\varphi},\tilde{\boldsymbol{U}}=(\boldsymbol{T}_x+\boldsymbol{T}\boldsymbol{U})\boldsymbol{T}^{-1} \tag{4.86}$$

$$\boldsymbol{\varphi}_t=\tilde{\boldsymbol{V}}\boldsymbol{\varphi},\tilde{\boldsymbol{V}}=(\boldsymbol{T}_t+\boldsymbol{T}\boldsymbol{V})\boldsymbol{T}^{-1} \tag{4.87}$$

如果$\widetilde{\boldsymbol{U}},\widetilde{\boldsymbol{V}}$和$\boldsymbol{U},\boldsymbol{V}$具有相同的形式,则方程(4.85)称为局域非局域混合的耦合薛定谔方程的达布变换.

令$\boldsymbol{\psi}=(\psi_1,\psi_2,\psi_3)^{\mathrm{T}},\boldsymbol{\varphi}=(\varphi_1,\varphi_2,\varphi_3)^{\mathrm{T}},\boldsymbol{X}=(X_1,X_2,X_3)^{\mathrm{T}}$是方程(4.79)的三个基本解,然后给出下列线性表达式:

$$\sum_{i=0}^{N-1}(A_{11}^{(i)}+A_{12}^{(i)}M_j^{(1)}+A_{13}^{(i)}M_j^{(2)})\lambda_j^i=-\lambda_j^N,$$
$$\sum_{i=0}^{N-1}(A_{21}^{(i)}+A_{22}^{(i)}M_j^{(1)}+A_{23}^{(i)}M_j^{(2)})\lambda_j^i=-M_j^{(1)}\lambda_j^N,$$
$$\sum_{i=0}^{N-1}(A_{31}^{(i)}+A_{32}^{(i)}M_j^{(1)}+A_{33}^{(i)}M_j^{(2)})\lambda_j^i=-M_j^{(2)}\lambda_j^N. \tag{4.88}$$

其中

$$M_j^{(1)}=\frac{\psi_2+v_j^{(1)}\varphi_2+v_j^{(2)}X_2}{\psi_1+v_j^{(1)}\varphi_1+v_j^{(2)}X_1},$$
$$M_j^{(2)}=\frac{\psi_3+v_j^{(1)}\varphi_3+v_j^{(2)}X_3}{\psi_1+v_j^{(1)}\varphi_1+v_j^{(2)}X_1},0\leqslant j\leqslant 3N. \tag{4.89}$$

λ_j和$v_j^{(k)}$($i\neq k,\lambda_i\neq\lambda_j,v_i^{(k)}\neq v_j^{(k)},k=1,2$)应该选择合适的参数,这里式(4.88)系数的行列式是非零的.

给出了一个3×3矩阵$\boldsymbol{T},\boldsymbol{T}$是如下形式:

$$\begin{cases}T_{11}=\lambda^N+\sum_{i=0}^{N-1}A_{11}^{(i)}\lambda^i,T_{12}=\sum_{i=0}^{N-1}A_{12}^{(i)}\lambda^i,T_{13}=\sum_{i=0}^{N-1}A_{13}^{(i)}\lambda^i,\\ T_{21}=\sum_{i=0}^{N-1}A_{21}^{(i)}\lambda^i,T_{22}=\lambda^N+\sum_{i=0}^{N-1}A_{22}^{(i)}\lambda^i,T_{23}=\sum_{i=0}^{N-1}A_{23}^{(i)}\lambda^i,\\ T_{31}=\sum_{i=0}^{N-1}A_{31}^{(i)}\lambda^i,T_{32}=\sum_{i=0}^{N-1}A_{32}^{(i)}\lambda^i,T_{33}=\lambda^N+\sum_{i=0}^{N-1}A_{33}^{(i)}\lambda^i,\end{cases} \tag{4.90}$$

其中N是自然数,$A_{mn}^{(i)}(m,n=1,2,3,i\geqslant0)$是关于$x,t$的函数.通过计算,我们获得$\Delta T$下列形式:

$$\Delta T=\prod_{j=1}^{3N}(\lambda-\lambda_j) \tag{4.91}$$

其中,这里的$\lambda_j(j=1\leqslant j\leqslant 3N)$是$\Delta T$的$3N$个根.由上述推导,我们将证明$\widetilde{\boldsymbol{U}}$与$\boldsymbol{U}$和$\widetilde{\boldsymbol{V}}$与$\boldsymbol{V}$是具有相同的形式.

命题 4.5 方程(4.86)中$\widetilde{\boldsymbol{U}}$与$\boldsymbol{U}$是相同的形式,即

$$\widetilde{\boldsymbol{U}}=\begin{pmatrix} \mathrm{i}\lambda & \widetilde{q}_1(x,t) & \widetilde{q}_2(x,t) \\ \widetilde{q}_1^*(-x,t) & -\mathrm{i}\lambda & 0 \\ \widetilde{q}_2^*(x,t) & 0 & -\mathrm{i}\lambda \end{pmatrix} \tag{4.92}$$

下式确定了方程(4.86)中新解与旧解的关系：

$$\begin{cases} \widetilde{q}_1(x,t)=q_1(x,t)-2\mathrm{i}b_{12}, \\ \widetilde{q}_2(x,t)=q_2(x,t)-2\mathrm{i}b_{13}, \\ \widetilde{q}_1^*(-x,t)=q_1^*(-x,t)+2\mathrm{i}b_{21}, \\ \widetilde{q}_2^*(x,t)=q_2^*(x,t)+2\mathrm{i}b_{31}. \end{cases} \tag{4.93}$$

这个式(4.93)的变换是通过谱问题(4.86)的达布变换得到的.

证明　设

$$\boldsymbol{T}^{-1}=\frac{\boldsymbol{T}^*}{\Delta\boldsymbol{T}},(\boldsymbol{T}_x+\boldsymbol{TU})\boldsymbol{T}^*=\begin{pmatrix} B_{11}(\lambda) & B_{12}(\lambda) & B_{13}(\lambda) \\ B_{21}(\lambda) & B_{22}(\lambda) & B_{23}(\lambda) \\ B_{31}(\lambda) & B_{32}(\lambda) & B_{33}(\lambda) \end{pmatrix} \tag{4.94}$$

得到 $B_{sl}(1\leqslant s,l\leqslant 3)$ 是 λ 的 $3N$ 或 $3N+1$ 次多项式.

通过一些简单计算,$\lambda_j(1\leqslant j\leqslant 3)$ 是 $B_{sl}(1\leqslant s,l\leqslant 3)$ 的根. 式(4.94)有下列结构：

$$(\boldsymbol{T}_x+\boldsymbol{TU})\boldsymbol{T}^*=(\Delta\boldsymbol{T})\boldsymbol{C}(\lambda) \tag{4.95}$$

其中

$$\boldsymbol{C}(\lambda)=\begin{pmatrix} C_{11}^{(1)}\lambda+C_{11}^{(0)} & C_{12}^{(0)} & C_{13}^{(0)} \\ C_{21}^{(0)} & C_{22}^{(1)}\lambda+C_{22}^{(0)} & C_{23}^{(0)} \\ C_{31}^{(0)} & C_{32}^{(0)} & C_{33}^{(1)}\lambda+C_{33}^{(0)} \end{pmatrix} \tag{4.96}$$

$\boldsymbol{C}_{mn}^{(k)}(m,n=1,2;k=0,1)$满足不含 λ 的函数. 由方程(4.95)获得下式

$$(\boldsymbol{T}_x+\boldsymbol{TU})=\boldsymbol{C}(\lambda)\boldsymbol{T} \tag{4.97}$$

通过比较方程(4.97)中 λ^N 的阶次,我们得到下式：

$$\begin{cases} C_{11}^{(1)}=\mathrm{i},C_{11}^{(0)}=0,C_{12}^{(0)}=q_1(x,t)-2\mathrm{i}b_{12}=\widetilde{q}_1(x,t), \\ C_{13}^{(0)}=q_2(x,t)-2\mathrm{i}b_{13}=\widetilde{q}_2(x,t), \\ C_{23}^{(0)}=0,C_{22}^{(1)}=-\mathrm{i},C_{22}^{(0)}=0,C_{21}^{(0)}=q_1^*(-x,t)+2\mathrm{i}b_{21}=\widetilde{q}_1^*(-x,t), \\ C_{32}^{(0)}=0,C_{31}^{(0)}=q_2^*(x,t)+2\mathrm{i}b_{31}=\widetilde{q}_2^*(x,t),C_{33}^{(0)}=0. \end{cases} \tag{4.98}$$

在上述中，假设新的矩阵 $\boldsymbol{U}$ 与 $\widetilde{\boldsymbol{U}}$ 具有相同的形式，意味着它们具有相同的结构，即 $\boldsymbol{U}$ 的 $q_1(x,t)$，$q_2(x,t)$，$q_1^*(-x,t)$，$q_2^*(x,t)$转换为$\widetilde{\boldsymbol{U}}$ 的 $\widetilde{q}_1(x,t)$，$\widetilde{q}_2(x,t)$，$\widetilde{q}_1^*(-x,t)$，$\widetilde{q}_2^*(x,t)$. 经过仔细计算，我们比较了 λ^N 的阶次，并得到如下目标方程：

$$\begin{cases}\widetilde{q}_1(x,t)=q_1(x,t)-2\mathrm{i}b_{12},\\ \widetilde{q}_2(x,t)=q_2(x,t)-2\mathrm{i}b_{13},\\ \widetilde{q}_1^*(-x,t)=q_1^*(-x,t)+2\mathrm{i}b_{21},\\ \widetilde{q}_2^*(x,t)=q_2^*(x,t)+2\mathrm{i}b_{31}.\end{cases}\tag{4.99}$$

从方程(4.86)和方程(4.98)中，即证得.

命题 4.6 方程(4.87)中 $\widetilde{\boldsymbol{V}}$ 与 $\boldsymbol{V}$ 是相同的形式，即

$$\widetilde{\boldsymbol{V}}=\begin{pmatrix}-\mathrm{i}\widetilde{q}_1(x,t)\widetilde{q}_1^*(-x,t)-\mathrm{i}\widetilde{q}_2(x,t)\widetilde{q}_2^*(x,t)-2\mathrm{i}\lambda^2 & 2\lambda\widetilde{q}_1(x,t)+\mathrm{i}\widetilde{q}_{1,x}(x,t) & 2\lambda\widetilde{q}_2(x,t)+\mathrm{i}\widetilde{q}_{2,x}(x,t)\\ 2\lambda\widetilde{q}_1^*(-x,t)+\mathrm{i}\widetilde{q}_{1,x}^*(-x,t) & \mathrm{i}\widetilde{q}_1^*(-x,t)\widetilde{q}_1(x,t)+2\mathrm{i}\lambda^2 & \mathrm{i}\widetilde{q}_1^*(-x,t)\widetilde{q}_2(x,t)\\ 2\lambda\widetilde{q}_2^*(x,t)-\mathrm{i}\widetilde{q}_{2,x}^*(x,t) & \mathrm{i}\widetilde{q}_2^*(x,t)\widetilde{q}_1(x,t) & \mathrm{i}\widetilde{q}_2^*(x,t)\widetilde{q}_2(x,t)+2\mathrm{i}\lambda^2\end{pmatrix}\tag{4.100}$$

证明 假设新的矩阵 $\widetilde{\boldsymbol{V}}$ 与 $\boldsymbol{V}$ 具有相同的形式，若在方程(4.93)中得到 $q_1(x,t)$，$q_2(x,t)$，$q_1^*(-x,t)$，$q_2^*(x,t)$和 $\widetilde{q}_1(x,t)$，$\widetilde{q}_2(x,t)$，$\widetilde{q}_1^*(-x,t)$，$\widetilde{q}_2^*(x,t)$的关系. 我们可以证明，在规范变换 $\boldsymbol{T}$ 下，方程中 Lax 对 $\boldsymbol{U}$，$\boldsymbol{V}$ 转换为具有相同形式的新 Lax 对 $\widetilde{\boldsymbol{U}}$，$\widetilde{\boldsymbol{V}}$.

令

$$\boldsymbol{T}^{-1}=\frac{\boldsymbol{T}^*}{\Delta\boldsymbol{T}},(\boldsymbol{T}_x+\boldsymbol{T}\boldsymbol{U})\boldsymbol{T}^*=\begin{pmatrix}E_{11}(\lambda) & E_{12}(\lambda) & E_{13}(\lambda)\\ E_{21}(\lambda) & E_{22}(\lambda) & E_{23}(\lambda)\\ E_{31}(\lambda) & E_{32}(\lambda) & E_{33}(\lambda)\end{pmatrix}\tag{4.101}$$

很容易验证 $E_{sl}(1\leqslant s,l\leqslant 3)$是 $3N+1$ 阶或 $3N+2$ 阶多项式的 λ.

通过一些计算，$\lambda_j(1\leqslant j\leqslant 3)$是 $E_{sl}(s,l=1\leqslant j\leqslant 3)$的根. 因此，式(4.101)具有以下结构：

$$(\boldsymbol{T}_t+\boldsymbol{T}\boldsymbol{U})\boldsymbol{T}^*=(\Delta\boldsymbol{T})\boldsymbol{F}(\lambda)\tag{4.102}$$

其中

$$F(\lambda)=\begin{pmatrix} F_{11}^{(2)}\lambda^2+F_{11}^{(1)}\lambda+F_{11}^{(0)} & F_{12}^{(1)}\lambda+F_{12}^{(0)} & F_{13}^{(1)}\lambda+F_{13}^{(0)} \\ F_{21}^{(1)}\lambda+F_{21}^{(0)} & F_{22}^{(2)}\lambda^2+F_{22}^{(1)}\lambda+F_{22}^{(0)} & F_{23}^{(1)}\lambda+F_{23}^{(0)} \\ F_{31}^{(1)}\lambda+F_{31}^{(0)} & F_{32}^{(1)}\lambda+F_{32}^{(0)} & F_{33}^{(2)}\lambda^2+F_{33}^{(1)}\lambda+F_{33}^{(0)} \end{pmatrix} \tag{4.103}$$

$F_{mn}^{(k)}(m,n=1,2;k=0,1)$满足不含 λ 的函数. 方程(4.102)是获得下式

$$(\boldsymbol{T}_t+\boldsymbol{TV})=\boldsymbol{F}(\lambda)\boldsymbol{T} \tag{4.104}$$

通过方程(4.104)中的系数 λ^N 的阶次的比较，得到了以下方程：

$$\begin{cases} F_{11}^{(2)}=-2\mathrm{i},F_{11}^{(1)}=0, \\ F_{11}^{(0)}=-\mathrm{i}\tilde{q}_1(x,t)\tilde{q}_1^*(-x,t)-\mathrm{i}\tilde{q}_2(x,t)\tilde{q}_2^*(x,t), \\ F_{12}^{(1)}=2q_1(x,t)+4\mathrm{i}b_{12}=2\tilde{q}_1(x,t), \\ F_{12}^{(0)}=\mathrm{i}q_{1,x}(x,t)+2b_{11}q_1(x,t)-2\tilde{q}_1(x,t)b_{22}-2\tilde{q}_2(x,t)b_{32}=\mathrm{i}\tilde{q}_{1,x}(x,t), \\ F_{13}^{(1)}=2q_2(x,t)+4\mathrm{i}b_{13}=2\tilde{q}_2(x,t), \\ F_{13}^{(0)}=\mathrm{i}q_{2,x}(x,t)+2b_{11}q_2(x,t)-2\tilde{q}_1(x,t)b_{23}-2\tilde{q}_2(x,t)b_{33}=\mathrm{i}\tilde{q}_{2,x}(x,t), \\ F_{21}^{(1)}=2q_1^*(-x,t)-4\mathrm{i}b_{21}=2\tilde{q}_1^*(-x,t),F_{21}^{(0)}=\tilde{q}_{1,x}^*(-x,t), \\ F_{22}^{(2)}=2\mathrm{i},F_{22}^{(1)}=0, \\ F_{22}^{(0)}=\mathrm{i}\tilde{q}_1^*(-x,t)\tilde{q}_1(x,t), \\ F_{23}^{(1)}=0,F_{23}^{(0)}=\mathrm{i}\tilde{q}_1^*(-x,t)\tilde{q}_2(x,t), \\ F_{31}^{(1)}=2q_2^*(x,t)-4\mathrm{i}b_{31}=2\tilde{q}_2^*(x,t),F_{31}^{(0)}=-\mathrm{i}\tilde{q}_{2,x}^*(x,t), \\ F_{32}^{(1)}=0,F_{32}^{(0)}=\mathrm{i}\tilde{q}_2^*(x,t)\tilde{q}_1(x,t), \\ F_{33}^{(2)}=2\mathrm{i},F_{33}^{(1)}=0,F_{33}^{(0)}=\mathrm{i}\tilde{q}_2^*(x,t)\tilde{q}_2(x,t). \end{cases} \tag{4.105}$$

在本节中，我们假设新矩阵 $\tilde{\boldsymbol{V}}$ 与 $\boldsymbol{V}$ 具有相同形式，这意味着它们具有相同的结构，也就是 p,q,r_1,r_2 能转换为 $\tilde{p},\tilde{q},\tilde{r}_1,\tilde{r}_2$. 从方程(4.87)和方程(4.105)中，知道 $\tilde{\boldsymbol{V}}=\boldsymbol{F}(\lambda)$，即证得.

4.3.2　局域-非局域混合的耦合薛定谔方程的呼吸解

为了使种子解满足等式(4.78)，我们选择了一组种子解 $q_1(x,t)=1,q_2^*(x,t)=1,q_2(x,t)=1,q_1^*(-x,t)=-1$，并将其代入方程(4.79)，我们将得到这些

方程的三个基本解：

$$\boldsymbol{\psi}(\lambda)=\begin{pmatrix}\lambda^2 e^{i\lambda x-2i\lambda^2 t}\\ e^{i\lambda x-2i\lambda^2 t}\\ e^{i\lambda x-2i\lambda^2 t}\end{pmatrix},\boldsymbol{\varphi}(\lambda)=\begin{pmatrix}0\\ e^{-i\lambda x+2i\lambda^2 t}\\ e^{-i\lambda x+2i\lambda^2 t}\end{pmatrix},\boldsymbol{X}(\lambda)=\begin{pmatrix}0\\ -\lambda^2 e^{i\lambda x-2i\lambda^2 t}\\ \lambda^2 e^{i\lambda x-2i\lambda^2 t}\end{pmatrix}. \tag{4.106}$$

将式(4.106)代入式(4.89)，我们得到

$$\begin{cases}M_j^{(1)}=\dfrac{1+(v_j^{(1)}-\lambda^2 v_j^{(2)})e^{-2i\lambda x+4i\lambda^2 t}}{4\lambda^2},\\ M_j^{(2)}=\dfrac{1+(v_j^{(1)}+\lambda^2 v_j^{(2)})e^{-2i\lambda x+4i\lambda^2 t}}{4\lambda^2}.\end{cases} \tag{4.107}$$

其中 $v_j^{(i)}=e^{(-2iF_{ij})}(1\leqslant i\leqslant 2,1\leqslant j\leqslant 3N)$.

为了计算孤子解，我们把 $N=1$ 代入方程(4.88)和(4.90)，并获得矩阵 $\boldsymbol{T}$：

$$\boldsymbol{T}=\begin{pmatrix}\lambda+A_{11} & A_{12} & A_{13}\\ A_{21} & \lambda+A_{22} & A_{23}\\ A_{31} & A_{32} & \lambda+A_{33}\end{pmatrix} \tag{4.108}$$

$$\begin{cases}\lambda_j+A_{11}+M_j^{(1)}A_{12}+M_j^{(2)}A_{13}=0,\\ A_{21}+M_j^{(1)}(\lambda_j+A_{22})+M_j^{(2)}A_{23}=0,\\ A_{31}+M_j^{(1)}(\lambda_j+A_{32})+M_j^{(2)}(\lambda_j+A_{33})=0.\end{cases} \tag{4.109}$$

根据方程(4.109)和克莱默法则，得到

$$\Delta[1]=\begin{vmatrix}1 & \dfrac{1+e^{-2i(-2\lambda_1^2 t+\lambda_1 x+F_{11})}-\lambda_1^2 e^{-2i(-2\lambda_1^2 t+\lambda_1 x+F_{12})}}{4\lambda_1^2} & \dfrac{1+e^{-2i(-2\lambda_1^2 t+\lambda_1 x+F_{11})}+\lambda_1^2 e^{-2i(-2\lambda_1^2 t+\lambda_1 x+F_{12})}}{4\lambda_1^2}\\ 1 & \dfrac{1+e^{-2i(-2\lambda_2^2 t+\lambda_2 x+F_{21})}-\lambda_2^2 e^{-2i(-2\lambda_2^2 t+\lambda_2 x+F_{22})}}{4\lambda_2^2} & \dfrac{1+e^{-2i(-2\lambda_2^2 t+\lambda_2 x+F_{21})}+\lambda_2^2 e^{-2i(-2\lambda_2^2 t+\lambda_2 x+F_{22})}}{4\lambda_2^2}\\ 1 & \dfrac{1+e^{-2i(-2\lambda_3^2 t+\lambda_3 x+F_{31})}-\lambda_3^2 e^{-2i(-2\lambda_3^2 t+\lambda_3 x+F_{32})}}{4\lambda_3^2} & \dfrac{1+e^{-2i(-2\lambda_3^2 t+\lambda_3 x+F_{31})}+\lambda_3^2 e^{-2i(-2\lambda_3^2 t+\lambda_3 x+F_{32})}}{4\lambda_3^2}\end{vmatrix},$$

$$\Delta[1]_{13}=\begin{vmatrix}1 & \dfrac{1+e^{-2i(-2\lambda_1^2 t+\lambda_1 x+F_{11})}-\lambda_1^2 e^{-2i(-2\lambda_1^2 t+\lambda_1 x+F_{12})}}{4\lambda_1^2} & -\lambda_1\\ 1 & \dfrac{1+e^{-2i(-2\lambda_2^2 t+\lambda_2 x+F_{21})}-\lambda_2^2 e^{-2i(-2\lambda_2^2 t+\lambda_2 x+F_{22})}}{4\lambda_2^2} & -\lambda_2\\ 1 & \dfrac{1+e^{-2i(-2\lambda_3^2 t+\lambda_3 x+F_{31})}-\lambda_3^2 e^{-2i(-2\lambda_3^2 t+\lambda_3 x+F_{32})}}{4\lambda_3^2} & -\lambda_3\end{vmatrix},$$

$$\Delta[1]_{12}=\begin{vmatrix}1 & -\lambda_1 & \dfrac{1+e^{-2i(-2\lambda_1^2t+\lambda_1x+F_{11})}+\lambda_1^2e^{-2i(-2\lambda_1^2t+\lambda_1x+F_{12})}}{4\lambda_1^2}\\ 1 & -\lambda_2 & \dfrac{1+e^{-2i(-2\lambda_2^2t+\lambda_2x+F_{21})}+\lambda_2^2e^{-2i(-2\lambda_2^2t+\lambda_2x+F_{22})}}{4\lambda_2^2}\\ 1 & -\lambda_3 & \dfrac{1+e^{-2i(-2\lambda_3^2t+\lambda_3x+F_{31})}+\lambda_3^2e^{-2i(-2\lambda_3^2t+\lambda_3x+F_{32})}}{4\lambda_3^2}\end{vmatrix},$$

$$\Delta[1]_{21}=\begin{vmatrix}-\lambda_1M_1^{(1)} & M_1^{(1)} & M_1^{(2)}\\ -\lambda_2M_2^{(1)} & M_2^{(1)} & M_2^{(2)}\\ -\lambda_3M_3^{(1)} & M_3^{(1)} & M_3^{(2)}\end{vmatrix},$$

$$\Delta[1]_{31}=\begin{vmatrix}-\lambda_1M_1^{(2)} & M_1^{(1)} & M_1^{(2)}\\ -\lambda_2M_2^{(2)} & M_2^{(1)} & M_2^{(2)}\\ -\lambda_3M_3^{(2)} & M_3^{(1)} & M_3^{(2)}\end{vmatrix},$$

其中

$$\begin{cases}M_1^{(1)}=\dfrac{1+e^{-2i(-2\lambda_1^2t+\lambda_1x+F_{11})}-\lambda_1^2e^{-2i(-2\lambda_1^2t+\lambda_1x+F_{12})}}{4\lambda_1^2},\\ M_1^{(2)}=\dfrac{1+e^{-2i(-2\lambda_1^2t+\lambda_1x+F_{11})}+\lambda_1^2e^{-2i(-2\lambda_1^2t+\lambda_1x+F_{12})}}{4\lambda_1^2},\\ M_2^{(1)}=\dfrac{1+e^{-2i(-2\lambda_2^2t+\lambda_2x+F_{21})}-\lambda_2^2e^{-2i(-2\lambda_2^2t+\lambda_2x+F_{22})}}{4\lambda_2^2},\\ M_2^{(2)}=\dfrac{1+e^{-2i(-2\lambda_2^2t+\lambda_2x+F_{21})}+\lambda_2^2e^{-2i(-2\lambda_2^2t+\lambda_2x+F_{22})}}{4\lambda_2^2},\\ M_3^{(1)}=\dfrac{1+e^{-2i(-2\lambda_3^2t+\lambda_3x+F_{31})}-\lambda_3^2e^{-2i(-2\lambda_3^2t+\lambda_3x+F_{32})}}{4\lambda_3^2},\\ M_3^{(2)}=\dfrac{1+e^{-2i(-2\lambda_3^2t+\lambda_3x+F_{31})}+\lambda_3^2e^{-2i(-2\lambda_3^2t+\lambda_3x+F_{32})}}{4\lambda_3^2}\end{cases} \tag{4.110}$$

基于方程(4.88)和方程(4.110),我们获得下式:

$$\begin{cases}A_{12}[1]=\dfrac{\Delta[1]_{12}}{\Delta[1]},A_{13}[1]=\dfrac{\Delta[1]_{13}}{\Delta[1]},\\ A_{21}[1]=\dfrac{\Delta[1]_{13}}{\Delta[1]},A_{31}[1]=\dfrac{\Delta[1]_{31}}{\Delta[1]}.\end{cases} \tag{4.111}$$

用达布变换方法得到局域非局域混合的耦合薛定谔方程的解析解,如下所示:

$$\left\{\begin{array}{l}\widetilde{q}_1[1](x,t)=-2\mathrm{i}\dfrac{\Delta[1]_{12}}{\Delta[1]},\\ \widetilde{q}_2[1](x,t)=-2\mathrm{i}\dfrac{\Delta[1]_{13}}{\Delta[1]},\\ \widetilde{q}_1^*[1](-x,t)=2\mathrm{i}\dfrac{\Delta[1]_{21}}{\Delta[1]},\\ \widetilde{q}_2^*[1](x,t)=2\mathrm{i}\dfrac{\Delta[1]_{31}}{\Delta[1]}.\end{array}\right. \tag{4.112}$$

为了说明获得的单孤子解(4.112)的波传播,我们可以选择这些自由参数的形式 $\lambda_1,\lambda_2,\lambda_3,F_{mk}(m=1,2,3;k=1,2,3)$,方程(4.112)给出的孤子解的强度分布如图 4-3 所示.从单个孤子中,我们可以发现呼吸孤子的振幅随时间的增长和衰减取决于参数 $\lambda_1,\lambda_2,\lambda_3,F_{mk}(m=1,2,3;k=1,2,3)$.

图 4-11 中(a),(c)分别表示耦合非局域非线性薛定谔方程(4.112)中 $|\widetilde{q}_1[1](x,t)|$,$|\widetilde{q}_1^*[1](-x,t)|$ 的解,参数为 $\lambda_1=0.15,\lambda_2=0.25,\lambda_3=0.35$,$F_{11}=1,F_{22}=2\mathrm{i},F_{12}=2\mathrm{i},F_{21}=1,F_{32}=\mathrm{i},F_{31}=1$;图 4-11(b),图 4-11(d)分别表示耦合非局域非线性薛定谔方程(3.36)中 $|\widetilde{q}_2[1](x,t)|$,$|\widetilde{q}_2^*[1](x,t)|$ 的解,参数为 $\lambda_1=0.1\mathrm{i},\lambda_2=\mathrm{i},\lambda_3=0.3\mathrm{i},F_{11}=1,F_{22}=2\mathrm{i},F_{12}=2\mathrm{i},F_{21}=1,F_{32}=\mathrm{i}$,$F_{31}=1$.

现在我们考虑 $N=2$ 代入方程(4.88)和(4.90),得到下式:

$$\left\{\begin{array}{l}\lambda_j^2+A_{11}^{(0)}+M_j^{(1)}A_{12}^{(0)}+M_j^{(2)}A_{13}^{(0)}+(A_{11}^{(1)}+M_j^{(1)}A_{12}^{(1)}+M_j^{(2)}A_{13}^{(1)})\lambda_j=0,\\ \lambda_j^2M_j^{(1)}+A_{21}^{(0)}+M_j^{(1)}A_{22}^{(0)}+M_j^{(2)}A_{23}^{(0)}+(A_{21}^{(1)}+M_j^{(1)}A_{22}^{(1)}+M_j^{(2)}A_{23}^{(1)})\lambda_j=0,\\ \lambda_j^2M_j^{(2)}+A_{31}^{(0)}+M_j^{(1)}A_{32}^{(0)}+M_j^{(2)}A_{33}^{(0)}+(A_{31}^{(1)}+M_j^{(1)}A_{32}^{(1)}+M_j^{(2)}A_{33}^{(1)})\lambda_j=0.\end{array}\right. \tag{4.113}$$

其中 $i=0,1,2$; $j=1,2,3,4,5,6$.

根据方程(4.113)和克莱默法则,可知

$$\Delta[2]=\begin{vmatrix}1 & M_1^{(1)} & M_1^{(2)} & \lambda_1 & \lambda_1M_1^{(1)} & \lambda_1M_1^{(2)}\\ 1 & M_2^{(1)} & M_2^{(2)} & \lambda_2 & \lambda_2M_2^{(1)} & \lambda_2M_2^{(2)}\\ 1 & M_3^{(1)} & M_3^{(2)} & \lambda_3 & \lambda_3M_3^{(1)} & \lambda_3M_3^{(2)}\\ 1 & M_4^{(1)} & M_4^{(2)} & \lambda_4 & \lambda_4M_4^{(1)} & \lambda_4M_4^{(2)}\\ 1 & M_5^{(1)} & M_5^{(2)} & \lambda_5 & \lambda_5M_5^{(1)} & \lambda_6M_5^{(2)}\\ 1 & M_6^{(1)} & M_6^{(2)} & \lambda_6 & \lambda_6M_6^{(1)} & \lambda_6M_6^{(2)}\end{vmatrix}, \tag{4.114a}$$

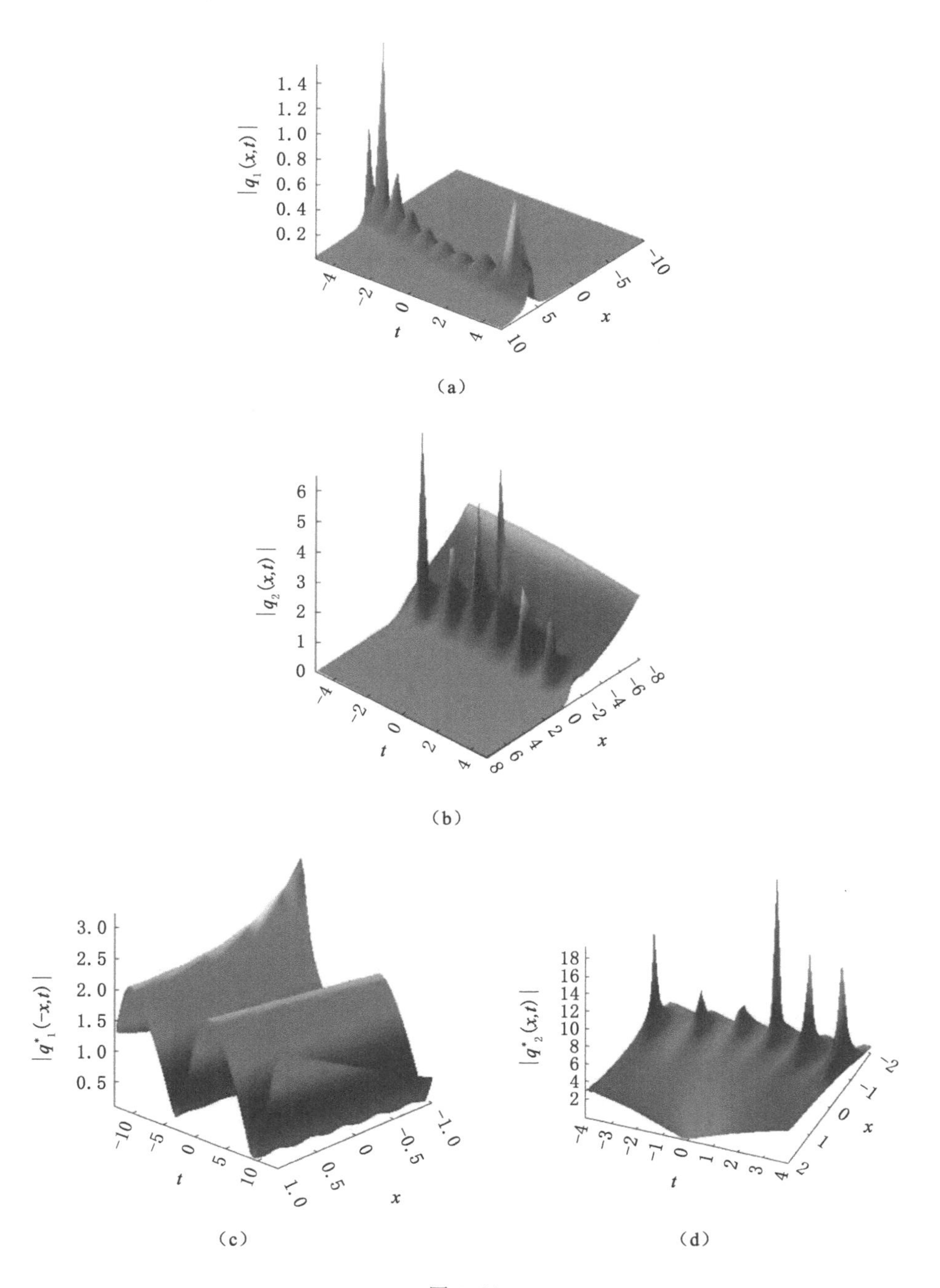

$|q_1(x,t)|$
1.4
1.2
1.0
0.8
0.6
0.4
0.2
-4
-2
0
2
4
t
-10
-5
0
5
10
x
(a)
$|q_2(x,t)|$
6
5
4
3
2
1
0
-4
-2
0
2
4
t
-8
-6
-4
-2
0
2
4
6
8
x
(b)
$|q^*_1(-x,t)|$
3.0
2.5
2.0
1.5
1.0
0.5
-10
-5
0
5
10
t
-1.0
-0.5
0
0.5
1.0
x
(c)
$|q^*_2(x,t)|$
18
16
14
12
10
8
6
4
2
-4
-3
-2
-1
0
1
2
3
4
t
-2
-1
0
1
2
x
(d)

图 4-11

$$\Delta[2]_{12}=\begin{vmatrix} 1 & -\lambda_1^2 & M_1^{(2)} & \lambda_1 & \lambda_1 M_1^{(1)} & \lambda_1 M_1^{(2)} \\ 1 & -\lambda_2^2 & M_2^{(2)} & \lambda_2 & \lambda_2 M_2^{(1)} & \lambda_2 M_2^{(2)} \\ 1 & -\lambda_3^2 & M_3^{(2)} & \lambda_3 & \lambda_3 M_3^{(1)} & \lambda_3 M_3^{(2)} \\ 1 & -\lambda_4^2 & M_4^{(2)} & \lambda_4 & \lambda_4 M_4^{(1)} & \lambda_4 M_4^{(2)} \\ 1 & -\lambda_5^2 & M_5^{(2)} & \lambda_5 & \lambda_5 M_5^{(1)} & \lambda_5 M_5^{(2)} \\ 1 & -\lambda_6^2 & M_6^{(2)} & \lambda_6 & \lambda_6 M_6^{(1)} & \lambda_6 M_6^{(2)} \end{vmatrix}, \tag{4.114b}$$

$$\Delta[2]_{13}=\begin{vmatrix} 1 & M_1^{(1)} & -\lambda_1^2 & \lambda_1 & \lambda_1 M_1^{(1)} & \lambda_1 M_1^{(2)} \\ 1 & M_2^{(1)} & -\lambda_2^2 & \lambda_2 & \lambda_2 M_2^{(1)} & \lambda_2 M_2^{(2)} \\ 1 & M_3^{(1)} & -\lambda_3^2 & \lambda_3 & \lambda_3 M_3^{(1)} & \lambda_3 M_3^{(2)} \\ 1 & M_4^{(1)} & -\lambda_4^2 & \lambda_4 & \lambda_4 M_4^{(1)} & \lambda_4 M_4^{(2)} \\ 1 & M_5^{(1)} & -\lambda_5^2 & \lambda_5 & \lambda_5 M_5^{(1)} & \lambda_5 M_5^{(2)} \\ 1 & M_6^{(1)} & -\lambda_6^2 & \lambda_6 & \lambda_6 M_6^{(1)} & \lambda_6 M_6^{(2)} \end{vmatrix}, \tag{4.114c}$$

$$\Delta[2]_{21}=\begin{vmatrix} -\lambda_1^2 M_1^{(1)} & M_1^{(1)} & M_1^{(2)} & \lambda_1 & \lambda_1 M_1^{(1)} & \lambda_1 M_1^{(2)} \\ -\lambda_2^2 M_2^{(1)} & M_2^{(1)} & M_2^{(2)} & \lambda_2 & \lambda_2 M_2^{(1)} & \lambda_2 M_2^{(2)} \\ -\lambda_3^2 M_3^{(1)} & M_3^{(1)} & M_3^{(2)} & \lambda_3 & \lambda_3 M_3^{(1)} & \lambda_3 M_3^{(2)} \\ -\lambda_4^2 M_4^{(1)} & M_4^{(1)} & M_4^{(2)} & \lambda_4 & \lambda_4 M_4^{(1)} & \lambda_4 M_4^{(2)} \\ -\lambda_5^2 M_5^{(1)} & M_5^{(1)} & M_5^{(2)} & \lambda_5 & \lambda_5 M_5^{(1)} & \lambda_5 M_5^{(2)} \\ -\lambda_6^2 M_6^{(1)} & M_6^{(1)} & M_6^{(2)} & \lambda_6 & \lambda_6 M_6^{(1)} & \lambda_6 M_6^{(2)} \end{vmatrix}. \tag{4.114d}$$

其中

$$M_1^{(1)}=\frac{1+\mathrm{e}^{-2\mathrm{i}(-2\lambda_1^2 t+\lambda_1 x+F_{11})}-\lambda_1^2\mathrm{e}^{-2\mathrm{i}(-2\lambda_1^2 t+\lambda_1 x+F_{12})}}{4\lambda_1^2},$$

$$M_1^{(2)}=\frac{1+\mathrm{e}^{-2\mathrm{i}(-2\lambda_1^2 t+\lambda_1 x+F_{11})}+\lambda_1^2\mathrm{e}^{-2\mathrm{i}(-2\lambda_1^2 t+\lambda_1 x+F_{12})}}{4\lambda_1^2},$$

$$M_2^{(1)}=\frac{1+\mathrm{e}^{-2\mathrm{i}(-2\lambda_2^2 t+\lambda_2 x+F_{21})}-\lambda_2^2\mathrm{e}^{-2\mathrm{i}(-2\lambda_2^2 t+\lambda_2 x+F_{22})}}{4\lambda_2^2},$$

$$M_2^{(2)}=\frac{1+\mathrm{e}^{-2\mathrm{i}(-2\lambda_2^2 t+\lambda_2 x+F_{21})}+\lambda_2^2\mathrm{e}^{-2\mathrm{i}(-2\lambda_2^2 t+\lambda_2 x+F_{22})}}{4\lambda_2^2},$$

$$M_3^{(1)}=\frac{1+\mathrm{e}^{-2\mathrm{i}(-2\lambda_3^2 t+\lambda_3 x+F_{31})}-\lambda_3^2\mathrm{e}^{-2\mathrm{i}(-2\lambda_3^2 t+\lambda_3 x+F_{32})}}{4\lambda_3^2},$$

$$M_3^{(2)}=\frac{1+\mathrm{e}^{-2\mathrm{i}(-2\lambda_3^2 t+\lambda_3 x+F_{31})}+\lambda_3^2\mathrm{e}^{-2\mathrm{i}(-2\lambda_3^2 t+\lambda_3 x+F_{32})}}{4\lambda_3^2},$$

$$M_4^{(1)}=\frac{1+\mathrm{e}^{-2\mathrm{i}(-2\lambda_4^2 t+\lambda_4 x+F_{41})}-\lambda_4^2\mathrm{e}^{-2\mathrm{i}(-2\lambda_4^2 t+\lambda_4 x+F_{42})}}{4\lambda_4^2},$$

$$M_4^{(2)}=\frac{1+\mathrm{e}^{-2\mathrm{i}(-2\lambda_4^2t+\lambda_4x+F_{41})}+\lambda_4^2\mathrm{e}^{-2\mathrm{i}(-2\lambda_4^2t+\lambda_4x+F_{42})}}{4\lambda_4^2},$$

$$M_5^{(1)}=\frac{1+\mathrm{e}^{-2\mathrm{i}(-2\lambda_5^2t+\lambda_5x+F_{51})}-\lambda_5^2\mathrm{e}^{-2\mathrm{i}(-2\lambda_5^2t+\lambda_5x+F_{52})}}{4\lambda_5^2},$$

$$M_5^{(2)}=\frac{1+\mathrm{e}^{-2\mathrm{i}(-2\lambda_5^2t+\lambda_5x+F_{51})}+\lambda_5^2\mathrm{e}^{-2\mathrm{i}(-2\lambda_5^2t+\lambda_5x+F_{52})}}{4\lambda_5^2},$$

$$M_6^{(1)}=\frac{1+\mathrm{e}^{-2\mathrm{i}(-2\lambda_6^2t+\lambda_6x+F_{61})}-\lambda_6^2\mathrm{e}^{-2\mathrm{i}(-2\lambda_6^2t+\lambda_6x+F_{62})}}{4\lambda_6^2},$$

$$M_6^{(2)}=\frac{1+\mathrm{e}^{-2\mathrm{i}(-2\lambda_6^2t+\lambda_6x+F_{61})}+\lambda_6^2\mathrm{e}^{-2\mathrm{i}(-2\lambda_6^2t+\lambda_6x+F_{62})}}{4\lambda_6^2}.$$

基于方程(4.88)和方程(4.107),我们获得下式:

$$\begin{cases}A_{12}[2]=\dfrac{\Delta[2]_{12}}{\Delta[2]},\\ A_{13}[2]=\dfrac{\Delta[2]_{13}}{\Delta[2]},\\ A_{21}[2]=\dfrac{\Delta[2]_{21}}{\Delta[2]},\\ A_{31}[2]=\dfrac{\Delta[2]_{31}}{\Delta[2]}.\end{cases}\tag{4.115}$$

用达布变换方法得到混合局域非局域耦合薛定谔方程的解析解,如下所示:

$$\begin{cases}\tilde{q}_1[2](x,t)=-2\mathrm{i}\dfrac{\Delta[2]_{12}}{\Delta[2]},\\ \tilde{q}_2[2](x,t)=-2\mathrm{i}\dfrac{\Delta[2]_{13}}{\Delta[2]},\\ \tilde{q}_1^*[2](-x,t)=2\mathrm{i}\dfrac{\Delta[2]_{21}}{\Delta[2]},\\ \tilde{q}_2^*[2](x,t)=2\mathrm{i}\dfrac{\Delta[2]_{31}}{\Delta[2]}.\end{cases}\tag{4.116}$$

结果表明,非自治非线性和分散系统中,孤立波可以传播以所谓的非自治孤子的形式传播. 在图 4-12 中,呼吸孤子解的振幅也随时间而增大和衰减. 但峰前和峰后的速度是不同的,从非对称等值线图可以清楚地观察到. 最大振幅后的塌缩过程较快,并迅速消失. 为便于说明,图 4-12 显示了 $\tilde{q}_1[2](x,t)\tilde{q}_2[2](x,t)\tilde{q}_1^*[2](-x,t)\tilde{q}_2^*[2](x,t)$的传播与演变.

图 4-12(a),(c)分别表示耦合非局域非线性薛定谔方程(4.115)中$|\tilde{q}_1[2](x,t)|$,$|\tilde{q}_1^*[2](-x,t)|$的解,参数为$\lambda_1=0.15\mathrm{i}+0.2$,$\lambda_2=0.25\mathrm{i}+0.1$,

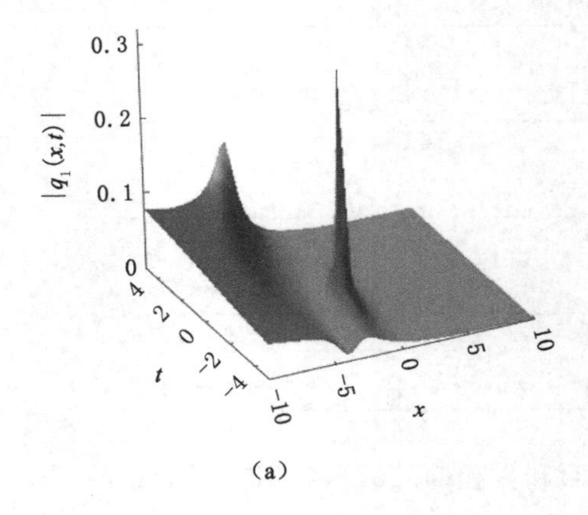

$|q_1(x,t)|$
0.3
0.2
0.1
0
4
2
0
-2
-4
t
-10
-5
0
5
10
x

(a)

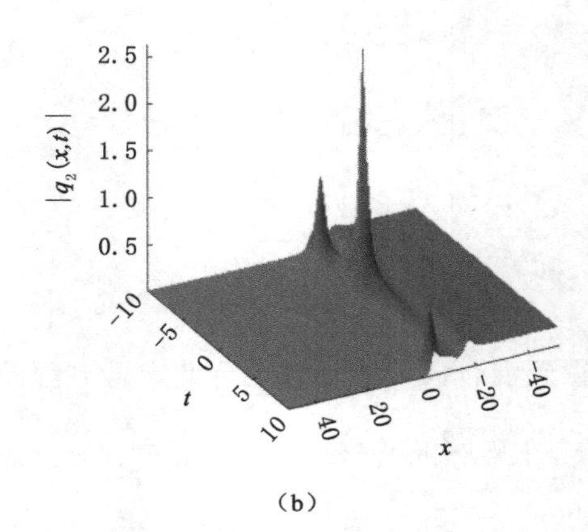

$|q_2(x,t)|$
2.5
2.0
1.5
1.0
0.5
-10
-5
0
5
10
t
40
20
0
-20
-40
x

(b)

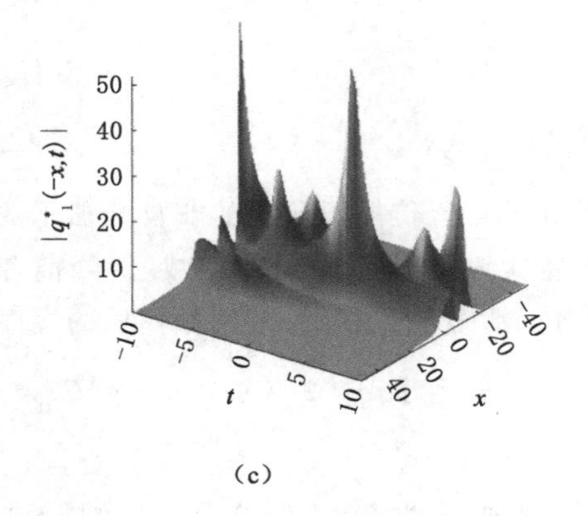

$|q^*_1(-x,t)|$
50
40
30
20
10
-10
-5
0
5
10
t
40
20
0
-20
-40
x

(c)

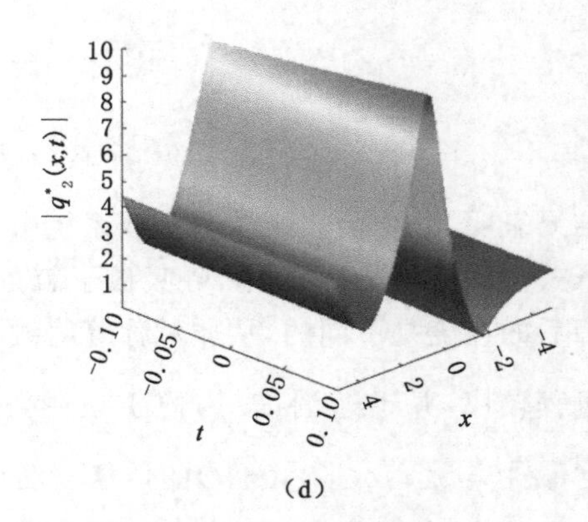

$|q^*_2(x,t)|$
10
9
8
7
6
5
4
3
2
1
-0.10
-0.05
0
0.05
0.10
t
4
2
0
-2
-4
x

(d)

图 4-12

$\lambda_3=0.35\mathrm{i}, \lambda_4=0.15, \lambda_5=0.25\mathrm{i}, \lambda_6=0.35, F_{11}=1, F_{22}=2, F_{12}=\mathrm{i}, F_{21}=\mathrm{i}, F_{32}=2\mathrm{i}, F_{31}=1, F_{41}=1, F_{42}=\mathrm{i}, F_{51}=2, F_{52}=3\mathrm{i}, F_{61}=2\mathrm{i}, F_{62}=1$；图 4-12(b)，(d)分别表示耦合非局域非线性薛定谔方程(4.115)中$|\widetilde{q}_2[2](x,t)|$，$|\widetilde{q}_2^*[2](x,t)|$的解，参数为$\lambda_1=0.1\mathrm{i}+0.2, \lambda_2=0.2\mathrm{i}+0.1, \lambda_3=0.3\mathrm{i}, \lambda_4=0.1, \lambda_5=0.2\mathrm{i}, \lambda_6=0.3, F_{11}=1, F_{22}=2, F_{12}=\mathrm{i}, F_{21}=\mathrm{i}, F_{32}=2\mathrm{i}, F_{31}=1, F_{41}=1, F_{42}=\mathrm{i}, F_{51}=2, F_{52}=3\mathrm{i}, F_{61}=2\mathrm{i}, F_{62}=1$.

为了得到局域非局域混合的耦合薛定谔方程的 N-孤子解公式，我们考虑 $N=n$代入式(4.88)和式(4.90)中，其中 $i=0,1,2,\cdots,n-1$ 和 $j=1,2,3,\cdots,3N$. 我们用同样的方法得到 N-孤子解公式的形式：

$$\begin{cases}\sum_{i=0}^{N-1}(A_{11}^{(i)}+A_{12}^{(i)}M_j^{(1)}+A_{13}^{(i)}M_j^{(2)})\lambda_j^i=-\lambda_j^n,\\ \sum_{i=0}^{N-1}(A_{21}^{(i)}+A_{22}^{(i)}M_j^{(1)}+A_{23}^{(i)}M_j^{(2)})\lambda_j^i=-M_j^{(1)}\lambda_j^n,\\ \sum_{i=0}^{N-1}(A_{31}^{(i)}+A_{32}^{(i)}M_j^{(1)}+A_{33}^{(i)}M_j^{(2)})\lambda_j^i=-M_j^{(2)}\lambda_j^n,\end{cases}\tag{4.117}$$

我们可以通过方程(4.117)和克莱默法则，得到

$$\begin{cases}\Delta[N]=\begin{vmatrix}1 & M_1^{(1)} & M_1^{(2)} & \cdots & \lambda_1^{n-1}M_1^{(1)} & \lambda_1^{n-1}M_1^{(2)}\\ 1 & M_2^{(1)} & M_2^{(2)} & \cdots & \lambda_2^{n-1}M_2^{(1)} & \lambda_2^{n-1}M_2^{(2)}\\ 1 & M_3^{(1)} & M_3^{(2)} & \cdots & \lambda_3^{n-1}M_3^{(1)} & \lambda_3^{n-1}M_3^{(2)}\\ 1 & M_4^{(1)} & M_4^{(2)} & \cdots & \lambda_4^{n-1}M_4^{(1)} & \lambda_4^{n-1}M_4^{(2)}\\ \vdots & \vdots & \vdots & & \vdots & \vdots\\ 1 & M_{3n}^{(1)} & M_{3n}^{(2)} & \cdots & \lambda_{3n}^{n-1}M_{3n}^{(1)} & \lambda_{3n}^{n-1}M_{3n}^{(2)}\end{vmatrix},\\ \Delta[N]_{12}=\begin{vmatrix}1 & -\lambda_1^n & M_1^{(2)} & \cdots & \lambda_1^{n-1}M_1^{(1)} & \lambda_1^{n-1}M_1^{(2)}\\ 1 & -\lambda_2^n & M_2^{(2)} & \cdots & \lambda_2^{n-1}M_2^{(1)} & \lambda_2^{n-1}M_2^{(2)}\\ 1 & -\lambda_3^n & M_3^{(2)} & \cdots & \lambda_3^{n-1}M_3^{(1)} & \lambda_3^{n-1}M_3^{(2)}\\ 1 & -\lambda_4^n & M_4^{(2)} & \cdots & \lambda_4^{n-1}M_4^{(1)} & \lambda_4^{n-1}M_4^{(2)}\\ \vdots & \vdots & \vdots & & \vdots & \vdots\\ 1 & -\lambda_{3n}^n & M_{3n}^{(2)} & \cdots & \lambda_{3n}^{n-1}M_{3n}^{(1)} & \lambda_{3n}^{n-1}M_{3n}^{(2)}\end{vmatrix},\end{cases}\tag{4.118a}$$

$$\begin{cases}
\Delta[N]_{13}=\begin{vmatrix}
1 & M_1^{(1)} & -\lambda_1^n & \cdots & \lambda_1^{n-1}M_1^{(1)} & \lambda_1^{n-1}M_1^{(2)}\\
1 & M_2^{(1)} & -\lambda_2^n & \cdots & \lambda_2^{n-1}M_2^{(1)} & \lambda_2^{n-1}M_2^{(2)}\\
1 & M_3^{(1)} & -\lambda_3^n & \cdots & \lambda_3^{n-1}M_3^{(1)} & \lambda_3^{n-1}M_3^{(2)}\\
1 & M_4^{(1)} & -\lambda_4^n & \cdots & \lambda_4^{n-1}M_4^{(1)} & \lambda_4^{n-1}M_4^{(2)}\\
\vdots & \vdots & \vdots & & \vdots & \vdots\\
1 & M_{3n}^{(1)} & -\lambda_{3n}^n & \cdots & \lambda_{3n}^{n-1}M_{3n}^{(1)} & \lambda_{3n}^{n-1}M_{3n}^{(2)}
\end{vmatrix},\\
\Delta[N]_{21}=\begin{vmatrix}
-\lambda_1^nM_1^{(1)} & M_1^{(1)} & M_1^{(2)} & \cdots & \lambda_1^{n-1}M_1^{(1)} & \lambda_1^{n-1}M_1^{(2)}\\
-\lambda_2^nM_2^{(1)} & M_2^{(1)} & M_2^{(2)} & \cdots & \lambda_2^{n-1}M_2^{(1)} & \lambda_2^{n-1}M_2^{(2)}\\
-\lambda_3^nM_3^{(1)} & M_3^{(1)} & M_3^{(2)} & \cdots & \lambda_3^{n-1}M_3^{(1)} & \lambda_3^{n-1}M_3^{(2)}\\
-\lambda_4^nM_4^{(1)} & M_4^{(1)} & M_4^{(2)} & \cdots & \lambda_4^{n-1}M_4^{(1)} & \lambda_4^{n-1}M_4^{(2)}\\
\vdots & \vdots & \vdots & & \vdots & \vdots\\
-\lambda_{3n}^nM_{3n}^{(1)} & M_{3n}^{(1)} & M_{3n}^{(2)} & \cdots & \lambda_{3n}^{n-1}M_{3n}^{(1)} & \lambda_{3n}^{n-1}M_{3n}^{(2)}
\end{vmatrix},\\
\Delta[N]_{31}=\begin{vmatrix}
-\lambda_1^nM_1^{(2)} & M_1^{(1)} & M_1^{(2)} & \cdots & \lambda_1^{n-1}M_1^{(1)} & \lambda_1^{n-1}M_1^{(2)}\\
-\lambda_2^nM_2^{(2)} & M_2^{(1)} & M_2^{(2)} & \cdots & \lambda_2^{n-1}M_2^{(1)} & \lambda_2^{n-1}M_2^{(2)}\\
-\lambda_3^nM_3^{(2)} & M_3^{(1)} & M_3^{(2)} & \cdots & \lambda_3^{n-1}M_3^{(1)} & \lambda_3^{n-1}M_3^{(2)}\\
-\lambda_4^nM_4^{(2)} & M_4^{(1)} & M_4^{(2)} & \cdots & \lambda_4^{n-1}M_4^{(1)} & \lambda_4^{n-1}M_4^{(2)}\\
\vdots & \vdots & \vdots & & \vdots & \vdots\\
-\lambda_{3n}^nM_{3n}^{(2)} & M_{3n}^{(1)} & M_{3n}^{(2)} & \cdots & \lambda_{3n}^{n-1}M_{3n}^{(1)} & \lambda_{3n}^{n-1}M_{3n}^{(2)}
\end{vmatrix}.
\end{cases}$$

(4.118b)

其中

$M_j^{(1)}=v_j^{(1)}\,\mathrm{e}^{-\mathrm{i}\lambda x+2\mathrm{i}\lambda^2 t}$,

$M_j^{(2)}=v_j^{(2)}\,\mathrm{e}^{-\mathrm{i}\lambda x+2\mathrm{i}\lambda^2 t}$,

$v_j^{(i)}=\mathrm{e}^{(-2\mathrm{i}F_{ij})}$

$(1\leqslant i\leqslant 2,1\leqslant j\leqslant 3N)$.

基于方程(4.88)和方程(4.107),我们获得下式:

$$A_{12}[N]=\frac{\Delta_{12}}{\Delta},A_{13}[N]=\frac{\Delta_{13}}{\Delta},A_{21}[N]=\frac{\Delta_{21}}{\Delta},A[N]_{31}=\frac{\Delta[N]_{31}}{\Delta[N]}. \tag{4.119}$$

用达布变换方法得到了局域非局域混合的耦合薛定谔方程的 N-孤子解形式,如下所示:

$$
\begin{cases}
\widetilde{q}_1[N](x,t) = -2\mathrm{i}\,\dfrac{\Delta[N]_{12}}{\Delta[N]}, \\
\widetilde{q}_2[N](x,t) = -2\mathrm{i}\,\dfrac{\Delta[N]_{13}}{\Delta[N]}, \\
\widetilde{q}_1^*[N](-x,t) = 2\mathrm{i}\,\dfrac{\Delta[N]_{21}}{\Delta[N]}, \\
\widetilde{q}_2^*[N](x,t) = 2\mathrm{i}\,\dfrac{\Delta[N]_{31}}{\Delta[N]}.
\end{cases}
\tag{4.120}
$$

图 4-11 和图 4-12 给出了方程(4.78)的一阶和两阶呼吸孤子解，与单孤子解相似，通过 N 次达布变换得到混合局域非局域耦合薛定谔方程的 N 阶孤子解公式. 基于所得到的解，这些多孤子的传播和相互作用结构用图形表示：图 4-11 展示了单呼吸孤子的演化结构；图 4-12 展示了两个呼吸孤子之间的弹性碰撞. 注意，上述非局域耦合非线性薛定谔方程的波结构并没有出现在一般的局域耦合非线性薛定谔方程中. 为了验证解析解，我们将得到的解(4.112)和(4.116)代入式(4.78)，发现解(4.112)和(4.116)满足局域非局域混合的耦合非线性薛定谔方程，即 q_1-非局域-q_2-局域系统.

总结与展望

第 2 章中首先利用达布变换求解(2+1)-维非局域非线性薛定谔方程,利用积分法和克莱默法则得到方程亮孤子和“呼吸状”孤子解. 值得注意是亮孤子解的时间演化在时间传播中几乎是稳定的,可能有助于解释非线性波模型中相应的波现象. 其次利用达布变换求解四分量耦合非线性薛定谔方程的孤子解,在这里求解了简单的零背景下的亮孤子解和非零背景下的暗-亮-亮-亮孤子解. 该方法可以推广到具有排斥作用的 N 分量耦合系统.

第 3 章中运用达布变换求解离散的具有 PT-对称的非局域非线性薛定谔方程,得到零背景和非零背景下的指数形式的孤子解,并利用 Maple 画出离散的孤子图,有助于观察解的动力学行为. 如果非零种子解的形式不是指数形式,计算量可能会更大,这都有助于解决 PT-对称性的薛定谔模型中波的现象.

第 4 章中首先利用达布变换求解了非线性 Kundu-Eckhaus(KE)方程,找出该方程的 Lax 对;再通过构造规范变换 $\boldsymbol{T}$,将初始值代入后得出矩阵 T 的递推公式. 找到新解与旧解的关系,并以平凡解为种子解,推导出 KE 方程精确解利用 Maple 软件展示出孤子间的相互作用. 其次给出了三耦合方程的 4×4 Lax 对,利用 Lax 对之间的规范变换推导出三耦合方程精确解.

参考文献

[1] KORTEWEG D J,VRIES G D. On the change of form of long waves advancing in a rectangular canal,and on a new type of long stationary waves [J]. Philosophical magazine,1895,240(19):422-443.

[2] 郭柏灵,庞小峰. 孤立子[M]. 北京;科学出版社,1987.

[3] 李诩神. 孤子与可积系统[M]. 上海:科技教育出版社,1999.

[4] MOLLENAUER L F,et al. Experimental observation of picosecond pulse narrowing and solitons in optical fibers[J]. Physical review letters,1980, 45(13):1095.

[5] WANG M L. Solitary wave solutions for variant Boussinesq equations[J]. Physics letters a,1995,199(3):169-172.

[6] LIU C P. A modified homogeneous balance method and its applications[J]. Communications in theoretical physics,2011,56(08):223-227.

[7] ZHANG H Q,YUAN S S,WANG Y. Generalized Darboux transformation and rogue wave solution of coherently-coupled nonlinear Schrödinger system[J]. Modern physical letters b,2016,30(13):1650208.

[8] HE J S,ZHANG R H,WANG H L,et al. Generating mechanism for higher-order rogue waves[J]. Physical review e,statistical,nonlinear,and soft matter physics,2013,87(5):052914.

[9] 翟保国. 耦合非线性薛定谔方程的有理解与畸形波[D]. 上海:上海理工大学,2012.

[10] YESMAHANOVA K R, SHAIKHOVA G N, BEKOVA G T. Determinant reprentation of Darboux transformation for the (2+1)-dimensional nonlocal nonlinear Schrödinger-Maxwell-Bloch equations[J]. NewYork: Springer International Publishing, 2016.

[11] LOU S Y. Generalized dromion solutions of the (2+1)-dimensional KdV equation[J]. Journal of physics a: mathematical and general, 1995, 28 (24): 7227.

[12] HIROTA R, ITO M. Resonance of solitons in one dimension[J]. Journal of the Physical society of Japan, 1983, 52(3): 744-748.

[13] LI Y S, ZHANG J E. Darboux transformations of classical Boussinesq system and its multi-soliton solutions[J]. Physics letters a, 2001, 284(6): 253-258.

[14] YU F J. Inverse scattering solutions and dynamics for a nonlocal nonlinear Gross-Pitaevskii equation with PT-symmetric external potentials[J]. Applied mathematics letters, 2019, 92(010): 108-114.

[15] ABLOWITZ M J, CLARKSON P A. Solitons, nonlinear evolution equations and inverse scattering[J]. NASA STI/Recon technical report a, 1991, 93: 17896A.

[16] ISKENDEROV N S, ISMAILOV M I. On the inverse scattering transform of a nonlinear evolution equation with 2+1-dimensions related to nonstrict hyperbolic systems[J]. Nonlinearity, 2012, 25(7): 1967-1979.

[17] 江林杰, 周焕强. 厄密对称空间上的非线性 Schrödinger 方程的量子反散射 I: C. I. 情形[J]. 四川师范大学学报(自然科学版), 1990, 13(1): 35-41.

[18] GU C H, HU H S. A unified explicit form of Bäcklund transformations for generalized hierarchies of KdV equations[J]. Letters mathematical physical, 1986, 11(4): 325-335.

[19] HU X B. Nonlinear superposition formulae for the differential-difference analogue of the KdV equation and two-dimensional Toda equation[J]. Journal physics a: mathematical general, 1994, 27(1): 201-214.

[20] WANG M L. Solitary wave solutions for variant Boussinesq equations[J]. Physics letters a, 1995, 199(3): 169-172.

[21] 范恩贵, 张鸿庆. 非线性孤子方程的齐次平衡法[J]. 物理学报, 1998, 47 (3): 4-13.

[22] LI Y Q, PAN W J, WONG NAN, et al. Dromion structures in the 2+1-di-

mensional nonlinear Schrödinger equation with a parity-time-symmetric potential[J]. Applied mathematics letters,2015,47:8-12.

[23] PRIYA N V,SENTHILVELAN M. Generalized Darboux transformation and N-th order rogue wave solution of a general coupled nonlinear Schrödinger equations[J]. Communications in nonlinear science and numerical simulation,2015,20(2):401-420.

[24] MANAKOV S V. On the theory of two-dimensional stationary self-focusing electromagnetic waves[J]. Zhurnal Eksperimentalnoi I Teoreticheskoi Fiziki,1973,65(2):248-253.

[25] LV X,PENG M S. Painlevé-integrability and explicit solutions of the general two-coupled nonlinear Schrödinger system in the optical fiber communications[J]. Nonlinear dynamics,2013,73(1-2):405-410.

[26] ZHOU Z X . Darboux transformations and global solutions for a nonlocal derivative nonlinear Schrodinger equation[J]. Communications in nonlinear science & numerical simulation,2016,62(SEP.):480-488.

[27] YU F J,FENG S. Explicit solution and Darboux transformation for a new discrete integrable soliton hierarchy with 4×4 Lax pairs[J]. Mathematical methods in the applied sciences,2017,40(15):5515-5525.

[28] 广田.孤子理论中的直接方法[M].剑桥:剑桥大学出版社,2004.

[29] JIANG Y, TIAN B, LIU W J, et al. Soliton Solutions and Bilinear Bäcklund Transformation for Generalized Nonlinear Schrödinger Equation with Radial Symmetry[J]. Communications in theoretical physics,2010, 54(010):635-640.

[30] DENG S F,CHEN D Y,ZHANG D J. The multisoliton solutions of the KP equation with self-consistent sources[J]. Journal of the physical society of Japan,2003,72(9):2184-2192.

[31] OLVER P J. Application of lie group to differential equation[M]. New York:Springer,1986.

[32] MA W X. Generalized bilinear differential equations[J]. Studies in nonlinear sciences,2011,2(4):140-144.

[33] KHALIL R,ALHORANI M,YOUSEF A,et al. A new definition of fractional derivative[J]. Journal of computational and applied mathematics, 2014,264(5):65-70.

[34] 任晓静,葛楠楠.时间分数阶 Sharma-Tasso-Olver 方程和 Zakharov 方程组

的精确解[J]. 吉林大学学报(理学版),2019,57(3):562-566.

[35] ABDELJAWAD T. On conformable fractional calculus[J]. Journal of computational and applied mathematics,2015,279(5):57-66.

[36] ZAYED E M E,AMER Y A,AL-NOWEHY A G. The modified simpled equation method and the multiple exp-function method for solving nonlinear fractional Sharma-Tasso-Olver equation[J]. Acta mathematicae applicatae sinica,2016,32(4):793-812.

[37] SONG L N,WANG Q,ZHANG H Q. Rational approximation solution of the fractional Sharma-Tasso-Olever equation[J]. Journal of computational and applied mathematics,2008,224(1):210-218.

[38] 尹君毅. 扩展的(G′/G)展开法和 Zakharov 方程组的新精确解[J]. 物理学报,2013,62(20):15-19.

[39] FOKAS A S. Integrable multidimensional versions of the nonlocal nonlinear Schrödinger equation[J]. Nonlinearity,2016,29(2):319-324.

[40] TIOFACK C G L,MOHAMADOU A,KOFANE T C,et al. Exact quasi-soliton solutions and soliton interaction for the inhomogeneous coupled Hirota-Maxwell-Bloch equations[J]. Journal of optics, 2010, 12(8):085202.

[41] LANNIG S,et al. Collisions of three-component vector solitons in Bose-Einstein condensates[J]. Physical Review Letters,2020,125:170401.

[42] ABLOWITZ M J,LUO X D,MUSSLIMANI Z H. Discrete nonlocal nonlinear Schrdinger systems: integrability, inverse scattering and solitons[J]. Nonlinearity,2020,33(7):3653-3707.

[43] YAN Z Y,CHOW B A,MALOMED KW. Exact stationary wave patterns in three coupled nonlinear Schrödinger/Gross-Pitaevskii equations[J]. Chaos,solitons and fractals,2009,42(5):3013-3019.

[44] ANKIEWICZ A,SOTO-CRESPO J M,AKHMEDIEV N. Rogue waves and rational solutions of the Hirota equation[J]. Physical review e,2009,80(2):026601.

[45] YANG J,SONG H F,FANG M S,et al. Solitons and rogue wave solutions of focusing and defocusing space shifted nonlocal nonlinear Schrödinger equation[J]. Nonlinear dynamics,2022,107:3767-3777.

附　录

程序说明：本书中部分图形采用 Maple 软件进行绘制，图形的主要代表性 Maple 程序如下。

附录 1　图 2-1Maple 程序

with(PDEtools, casesplit, declare); [casesplit, declare]
with(DEtools, gensys); [gensys]
with (linalg); [BlockDiagonal, GramSchmidt, JordanBlock, LUdecomp, QRdecomp, Wronskian, addcol, addrow, adj, adjoint, angle, augment, backsub, band, basis, bezout, blockmatrix, charmat, charpoly, cholesky, col, coldim, colspace, colspan, companion, concat, cond, copyinto, crossprod, curl, definite, delcols, delrows, det, diag, diverge, dotprod, eigenvals, eigenvalues, eigenvectors, eigenvects, entermatrix, equal, exponential, extend, ffgausselim, fibonacci, forwardsub, frobenius, gausselim, gaussjord, geneqns, genmatrix, grad, hadamard, hermite, hessian, hilbert, htranspose,

ihermite, indexfunc, innerprod, intbasis, inverse, ismith, issimilar, iszero, jacobian, jordan, kernel, laplacian, leastsqrs, linsolve, matadd, matrix, minor, minpoly, mulcol, mulrow, multiply, norm, normalize, nullspace, orthog, permanent, pivot, potential, randmatrix, randvector, rank, ratform, row, rowdim, rowspace, rowspan, rref, scalarmul, singularvals, smith, stackmatrix, submatrix, subvector, sumbasis, swapcol, swaprow, sylvester, toeplitz, trace, transpose, vandermonde, vecpotent, vectdim, vector, wronskian]

```
>lambda1 := 0.2e-1;
>lambda2 := 0.1e-1;
>mu1 := 0.5e-1;
>mu2 := 0.8e-1;
>P1 := 0.3e-1+0.2e-1 * I;
>P2 := 0.5e-1+0.3e-1 * I;
>M1 := exp(2 * (I * lambda1 * x-2 * lambda1 * mu1 * t-mu1 * y+P1));
exp(0.04 I x - 0.0040 t - 0.10 y + (0.06 + 0.04 I));
>M11 := simplify(M1);
= exp(0.04000000000 I x - 0.004000000000 t - 0.1000000000 y + (0.06000000000 + 0.04000000000 I));
>M2 := exp(2 * (I * lambda2 * x-2 * lambda2 * mu2 * t-mu2 * y+P2));
exp(0.02 I x - 0.0032 t - 0.16 y + (0.10 + 0.06 I));
>M22 := simplify(M2);
>Delta1 := Matrix(2, 2, [[1, M11], [1, M22]]);
>Delta11 := det(Delta1);
>A11 := Matrix(2, 2, [[-lambda1, M11], [-lambda2, M22]]);
>A12:= Matrix(2, 2, [[1, -lambda1], [1, -lambda2]]);
>A1122:= det(`&Delta;A12`);
>A21:= Matrix(2, 2, [[-M1 * lambda1, M1], [-M2 * lambda2, M2]]);
>A2211:= det(DeltaA21);
>A22 := Matrix(2, 2, [[1, -M1 * lambda1], [1, -M2 * lambda2]]);
>A2222 := det(DeltaA22);
>A11:= DeltaA1111/Delta11;
>A1111:= simplify(A11);
```

```
>A12 :=DeltaA1122/Delta11;
>A1122 := simplify(A12);
>A21:= DeltaA2211/Delta11;
>A2211:= simplify(A21);
>A22 := Delta;A2222/Delta11;
>A2222 := simplify(A22);

>q := 0;
>Q2 := q+(2*I)*A1122;
>Q3 := q*+A2211;
>R := A11;
>R1 := diff(R, y);
>RR:= A22;
>RR1:= diff(RR, y);

>v := 0;
>V1 := v-(4*I)*R1;
>V11 := abs(V1);
>V2 := v+(4*I)*RR1;
>V22 := abs(V2);

>t := 0;
>Q222 := Q22;
>V111 := V11;
>V111:=4*abs(((0.3200000000e-2-0.*I)*exp((0.2000000000e-1*
I)*x-.1600000000*y+.1000000000+0.6000000000e-1*I)+
(-0.1000000000e-2+0.*I)*exp((0.4000000000e-1*I)*
x-.1000000000*y+0.6000000000e-1+0.4000000000e-1*I))/(exp
((0.2000000000e-1*I)*x-.1600000000*y+.1000000000+
0.6000000000e-1*I)-exp((0.4000000000e-1*I)*x-.1000000000*y+
0.6000000000e-1+0.4000000000e-1*I))-(-0.2e-1*exp
((0.2000000000e-1*I)*x-.1600000000*y+.1000000000+
0.6000000000e-1*I)+0.1e-1*exp((0.4000000000e-1*I)*
x-.1000000000*y+0.6000000000e-1+0.4000000000e-1*I))*
```

```
((-.1600000000+0. * I) * exp((0.2000000000e-1 * I) * x-.1600000000 *
y+.1000000000 + 0.6000000000e - 1 * I) + (.1000000000 - 0. * I) * exp
((0.4000000000 e - 1 * I) * x -.1000000000 * y + 0.6000000000e - 1 +
0.4000000000e-1 * I))/(exp((0.2000000000e-1 * I) * x-.1600000000 * y
+.1000000000 + 0.6000000000e - 1 * I) - exp((0.4000000000e - 1 * I) *
x-.1000000000 * y+0.6000000000e-1+0.4000000000e-1 * I))^2);

>Q333 := Q33;
>Q333 :=1.000000000 * 10^9 * exp(.1600000000+Re((0.6000000000e-1 *
I) * x-.2600000000 * y))/abs(-9.982005399 * 10^10 * exp((0.2000000000e-
1 * I) * x-.1600000000 * y+.1000000000)-(5.996400648 * 10^9 * I) * exp
((0.2000000000e-1 * I) * x-.1600000000 * y+.1000000000)+9.992001067 *
10^10 * exp((0.4000000000e-1 * I) * x-.1000000000 * y+0.6000000000e-1)+
(3.998933419 * 10^9 * I) * exp((0.4000000000e-1 * I) * x-.1000000000 *
y+0.6000000000e-1));

>V222 := V22;
>V222 :=4 * abs(((0.16e-2-0. * I) * exp((0.2e-1 * I) * x-.16 * y+
.10+0.6e-1 * I)+(-0.20e-2+0. * I) * exp((0.4e-1 * I) * x-.10 * y+
0.6e-1+0.4e-1 * I))/(exp((0.2000000000e-1 * I) * x-.1600000000 * y+
.1000000000+0.6000000000e - 1 * I) - exp((0.4000000000e - 1 * I) * x-
.1000000000 * y+0.6000000000e-1+0.4000000000e-1 * I))-(-0.1e-1
* exp((0.2e - 1 * I) * x-.16 * y+.10 + 0.6e - 1 * I) + 0.2e - 1 * exp
((0.4e-1 * I) * x-.10 * y+0.6e-1+0.4e-1 * I)) * ((-.1600000000+
0. * I) * exp((0.2000000000e-1 * I) * x-.1600000000 * y+.1000000000+
0.6000000000e-1 * I)+(.1000000000-0. * I) * exp((0.4000000000e-1 * I) *
x-.1000000000 * y + 0.6000000000e - 1 + 0.4000000000e - 1 * I))/(exp
((0.2000000000e-1 * I) * x-.1600000000 * y+.1000000000+0.6000000000
e-1 * I)-exp((0.4000000000e-1 * I) * x-.1000000000 * y+0.6000000000e-
1+0.4000000000e-1 * I))^2);

>t := 10;
>Q2222 := Q22;
>Q2222: = 2.000000000 * 10 ^ 9/abs ( - 9.982005399 * 10 ^ 10 * exp
```

```
(0.6800000000e-1-.1600000000*y+(0.2000000000e-1*I)*x)-
(5.996400648*10^9*I)*exp(0.6800000000e-1-.1600000000*y+
(0.2000000000e-1*I)*x)+9.992001067*10^10*exp(0.2000000000e-
1-.1000000000*y+(0.4000000000e-1*I)*x)+(3.998933419*10^9*I)
*exp(0.2000000000e-1-.1000000000*y+(0.4000000000e-1*I)*x));

>V1111 := V11;
>V1111:=4*abs(((0.3200000000e-2-0.*I)*exp((0.2000000000e-1*
I)*x-.1600000000*y+0.6800000000e-1+0.6000000000e-1*I)+
(-0.1000000000e-2+0.*I)*exp((0.4000000000e-1*I)*
x-.1000000000*y+0.2000000000e-1+0.4000000000e-1*I))/(exp
((0.2000000000e-1*I)*x-.1600000000*y+0.6800000000e-1+
0.6000000000e-1*I)-exp((0.4000000000e-1*I)*x-.1000000000*y+
0.2000000000e-1+0.4000000000e-1*I))-(-0.2e-1*exp
((0.2000000000e-1*I)*x-.1600000000*y+0.6800000000e-1+
0.6000000000e-1*I)+0.1e-1*exp((0.4000000000e-1*I)*x-
.1000000000*y+0.2000000000e-1+0.4000000000e-1*I))*
((-.1600000000+0.*I)*exp((0.2000000000e-1*I)*x-.1600000000*
y+0.6800000000e-1+0.6000000000e-1*I)+(.1000000000-0.*I)*exp
((0.4000000000e-1*I)*x-.1000000000*y+0.2000000000e-1+
0.4000000000e-1*I))/(exp((0.2000000000e-1*I)*x-.1600000000*y+
0.6800000000e-1+0.6000000000e-1*I)-exp((0.4000000000e-1*I)*
x-.1000000000*y+0.2000000000e-1+0.4000000000e-1*I))^2);

>Q3333 := Q33;
>Q3333 := 1.000000000*10^9*exp(0.8800000000e-1+Re
((0.6000000000e-1*I)*x-.2600000000*y))/abs(-9.982005399*10^
10*exp(0.6800000000e-1-.1600000000*y+(0.2000000000e-1*I)*x)
-(5.996400648*10^9*I)*exp(0.6800000000e-1-.1600000000*y+
(0.2000000000e-1*I)*x)+9.992001067*10^10*exp(0.2000000000e-
1-.1000000000*y+(0.4000000000e-1*I)*x)+(3.998933419*10^9*I)
*exp(0.2000000000e-1-.1000000000*y+(0.4000000000e-1*I)*x));

>V2222 := V22;
```

```
>V2222:=4*abs(((0.16e-2-0.*I)*exp((0.2e-1*I)*x-.16*y+0.680e-1+0.6e-1*I)+(-0.20e-2+0.*I)*exp((0.4e-1*I)*x-.10*y+0.200e-1+0.4e-1*I))/(exp((0.2000000000e-1*I)*x-.1600000000*y+0.6800000000e-1+0.6000000000e-1*I)-exp((0.4000000000e-1*I)*x-.1000000000*y+0.2000000000e-1+0.4000000000e-1*I))-(-0.1e-1*exp((0.2e-1*I)*x-.16*y+0.680e-1+0.6e-1*I)+0.2e-1*exp((0.4e-1*I)*x-.10*y+0.200e-1+0.4e-1*I))*((-.1600000000+0.*I)*exp((0.2000000000e-1*I)*x-.1600000000*y+0.6800000000e-1+0.6000000000e-1*I)+(.1000000000-0.*I)*exp((0.4000000000e-1*I)*x-.1000000000*y+0.2000000000e-1+0.4000000000e-1*I))/(exp((0.2000000000e-1*I)*x-.1600000000*y+0.6800000000e-1+0.6000000000e-1*I)-exp((0.4000000000e-1*I)*x-.1000000000*y+0.2000000000e-1+0.4000000000e-1*I))^2);

>t := 3;
>Q22222 := Q22;
>Q22222:= 2.000000000*10^9/abs(-9.982005399*10^10*exp(0.9040000000e-1-.1600000000*y+(0.2000000000e-1*I)*x)-(5.996400648*10^9*I)*exp(0.9040000000e-1-.1600000000*y+(0.2000000000e-1*I)*x)+9.992001067*10^10*exp(0.4800000000e-1-.1000000000*y+(0.4000000000e-1*I)*x)+(3.998933419*10^9*I)*exp(0.4800000000e-1-.1000000000*y+(0.4000000000e-1*I)*x));

>V11111 := V11;
>V11111:=4*abs(((0.3200000000e-2-0.*I)*exp((0.2000000000e-1*I)*x-.1600000000*y+0.9040000000e-1+0.6000000000e-1*I)+(-0.1000000000e-2+0.*I)*exp((0.4000000000e-1*I)*x-.1000000000*y+0.4800000000e-1+0.4000000000e-1*I))/(exp((0.2000000000e-1*I)*x-.1600000000*y+0.9040000000e-1+0.6000000000e-1*I)-exp((0.4000000000e-1*I)*x-.1000000000*y+0.4800000000e-1+0.4000000000e-1*I))-(-0.2e-1*exp((0.2000000000e-1*I)*x-.1600000000*y+0.9040000000e-1+0.6000000000e-1*I)+0.1e-1*exp((0.4000000000e-1*I)*x-.1000000000*y+0.4800000000e-1+0.4000000000e-1*I))*
```

((－.1600000000＋0. ＊I)＊exp((0.2000000000e－1＊I)＊x－.1600000000＊y＋0.9040000000e－1＋0.6000000000e－1＊I)＋(.1000000000－0. ＊I)＊exp((0.4000000000e－1＊I)＊x－.1000000000＊y＋0.4800000000e－1＋0.4000000000e－1＊I))/(exp((0.2000000000e－1＊I)＊x－.1600000000＊y＋0.9040000000e－1＋0.6000000000e－1＊I)－exp((0.4000000000e－1＊I)＊x－.1000000000＊y＋0.4800000000e－1＋0.4000000000e－1＊I))^2);

＞V22222 := V22;
＞V22222:=4＊abs(((0.16e－2－0. ＊I)＊exp((0.2e－1＊I)＊x－.16＊y＋0.904e－1＋0.6e－1＊I)＋(－0.20e－2＋0. ＊I)＊exp((0.4e－1＊I)＊x－.10＊y＋0.480e－1＋0.4e－1＊I))/(exp((0.2000000000e－1＊I)＊x－.1600000000＊y＋0.9040000000e－1＋0.6000000000e－1＊I)－exp((0.4000000000e－1＊I)＊x－.1000000000＊y＋0.4800000000e－1＋0.4000000000e－1＊I))－(－0.1e－1＊exp((0.2e－1＊I)＊x－.16＊y＋0.904e－1＋0.6e－1＊I)＋0.2e－1＊exp((0.4e－1＊I)＊x－.10＊y＋0.480e－1＋0.4e－1＊I))＊((－.1600000000＋0. ＊I)＊exp((0.2000000000e－1＊I)＊x－.1600000000＊y＋0.9040000000e－1＋0.6000000000e－1＊I)＋(.1000000000－0. ＊I)＊exp((0.4000000000e－1＊I)＊x－.1000000000＊y＋0.4800000000e－1＋0.4000000000e－1＊I))/(exp((0.2000000000e－1＊I)＊x－.1600000000＊y＋0.9040000000e－1＋0.6000000000e－1＊I)－exp((0.4000000000e－1＊I)＊x－.1000000000＊y＋0.4800000000e－1＋0.4000000000e－1＊I))^2);

＞with(plots);
＞plot3d(Q222, x = －20 .. 20, y = －.1 .. .1, style = patch, axes = framed, style = patchnogrid, shading = zhue);
＞plot3d(Q22222, x = －10 .. 10, y = －.1 .. .1, style = patch, axes = framed, style = patchnogrid, shading = zhue);

附录 2 图 2-2Maple 程序

```
>with(PDEtools, casesplit, declare);
>with(DEtools, gensys);
>with(linalg);
>lambda1 := 0.3;
>lambda2 := 0.5;
>lambda3 := 0.6;
>lambda4 := 0.8;
>P1 := 0.2+0.4*I;
>P2 := 0.6+0.3*I;
>P3 := 0.5+0.2*I;
>P4 := 0.1+0.5*I;
>mu :=0.3;
>M1 := exp(2*(I*lambda1*x-2*lambda1*mu*t-mu*y+P1));
exp(0.6 I x - 0.36 t - 0.6 y + (0.4 + 0.8 I));
>M11 := simplify(M1);
>M2 := exp(2*(I*lambda2*x-2*lambda2*mu*t-mu*y+P2));
exp(1.0 I x - 0.60 t - 0.6 y + (1.2 + 0.6 I));
>M22 := simplify(M2);
>M3 := exp(2*(I*lambda3*x-2*lambda3*mu*t-mu*y+P3));
exp(1.2 I x - 0.72 t - 0.6 y + (1.0 + 0.4 I));
>M33 := simplify(M3);
>M4 := exp(2*(I*lambda4*x-2*lambda4*mu*t-mu*y+P4));
exp(1.6 I x - 0.96 t - 0.6 y + (0.2 + 1.0 I));
>M44 := simplify(M4);
>Delta2 := Matrix(4, 4, [[1, M1, lambda1, M1*lambda1], [1, M2,
lambda2, M2*lambda2], [1, M3, lambda3, M3*lambda3], [1, M4, lamb-
```

```
da4, M4 * lambda4]]);
>Delta22 := det(Delta2);
>A11:=Matrix(4,4,[[1,M1,-lambda1^2,M1 * lambda1],[1,M2,-lambda2^2,
M2 * lambda2],[1,M3,-lambda3^2,M3 * lambda3],[1,M4,-lambda4^2,
M4 * lambda4]]);
>DeltaA1111:= det(DeltaA11);
>DeltaA12 := Matrix(4, 4, [[1, M1, lambda1, -lambda1^2], [1, M2,
lambda2, -lambda2^2], [1, M3, lambda3, -lambda3^2], [1, M4, lambda4,
-lambda4^2]]);
>Delta A1122 := det(DeltaA12);
>DeltaA21:= Matrix(4, 4, [[1, M1, -M1 * lambda1^2, M1 * lambda1],
[1, M2, -lambda2^2 * M2, M2 * lambda2], [1, M3, -lambda3^2 * M3, M3
 * lambda3], [1, M4, -lambda4^2 * M4, M4 * lambda4]]);
>DeltaA2211:= det(DeltaA21);
>Delta A22:= Matrix(4, 4, [[1, M1, lambda1, -M1 * lambda1^2], [1,
M2, lambda2, -lambda2^2 * M2], [1, M3, lambda3, -lambda3^2 * M3],
[1, M4, lambda14, -lambda4^2 * M4]]);
>DeltaA2222:= det(DeltaA22);
>A11 := Delta A1111/Delta22;
>A1111 := simplify(A11);
>A12 := Delta A1122/Delta22;
>A1122 := simplify(A12);
>A21 := DeltaA2211/Delta22;
>A2211 := simplify(A21);
>A22 := DeltaA2222/Delta22;
>A2222 := simplify(A22);
>R := A1111;
>R1 := diff(R, y);
>RR := A2222;
>RR1 := diff(RR, y);
>q := 0;
>Q := q+(2 * I) * A1122;
>Q=-(2. * I) * (2.476006845 * 10^10 * exp(1.200000000-.6000000000 *
t-.6000000000 * y + (1. * I) * x) + (1.693927420 * 10^10 * I) * exp
```

(1.200000000－.6000000000 * t－.6000000000 * y＋(1. * I) * x)＋3.241813835 * 10^9 * exp(.2000000000－.9600000000 * t－.6000000000 * y＋(1.600000000 * I) * x)＋(5.048825909 * 10^9 * I) * exp(.2000000000－.9600000000 * t－.6000000000 * y＋(1.600000000 * I) * x)－4.180240256 * 10^9 * exp(.4000000000－.3600000000 * t－.6000000000 * y＋(.6000000000 * I) * x)－(4.304136545 * 10^9 * I) * exp(.4000000000－.3600000000 * t－.6000000000 * y＋(.6000000000 * I) * x)－2.763182982 * 10^10 * exp(1.－.7200000000 * t－.6000000000 * y＋(1.200000000 * I) * x)－(1.168255027 * 10^10 * I) * exp(1.－.7200000000 * t－.6000000000 * y＋(1.200000000 * I) * x))/(－2.627957007 * 10^9 * exp(1.400000000－1.560000000 * t－1.200000000 * y＋(2.600000000 * I) * x)＋(8.996162427 * 10^10 * I) * exp(1.400000000－1.560000000 * t－1.200000000 * y＋(2.600000000 * I) * x)－2.701511530 * 10^10 * exp(2.200000000－1.320000000 * t－1.200000000 * y＋(2.200000000 * I) * x)－(4.207354924 * 10^10 * I) * exp(2.200000000－1.320000000 * t－1.200000000 * y＋(2.200000000 * I) * x)－6.798685716 * 10^9 * exp(1.200000000－1.680000000 * t－1.200000000 * y＋(2.800000000 * I) * x)－(3.941798920 * 10^10 * I) * exp(1.200000000－1.680000000 * t－1.200000000 * y＋(2.800000000 * I) * x)＋1.136010474 * 10^10 * exp(.6000000000－1.320000000 * t－1.200000000 * y＋(2.200000000 * I) * x)－(4.869238154 * 10^10 * I) * exp(.6000000000－1.320000000 * t－1.200000000 * y＋(2.200000000 * I) * x)＋3.261219790 * 10^10 * exp(1.400000000－1.080000000 * t－1.200000000 * y＋(1.800000000 * I) * x)＋(8.388351774 * 10^10 * I) * exp(1.400000000－1.080000000 * t－1.200000000 * y＋(1.800000000 * I) * x)－6.798685716 * 10^9 * exp(1.600000000－.9600000000 * t－1.200000000 * y＋(1.600000000 * I) * x)－(3.941798920 * 10^10 * I) * exp(1.600000000－.9600000000 * t－1.200000000 * y＋(1.600000000 * I) * x));

>Q1 := abs(Q);

>QQ := q^ * ＋(2 * I) * A2211;

>QQ :=(2 * I) * (－2.496881019 * 10^9 * exp(2.400000000－2.280000000 * t－1.800000000 * y＋(3.800000000 * I) * x)＋(5.455784561 * 10^9 * I) * exp(2.400000000－2.280000000 * t－1.800000000 * y＋(3.800000000 * I) * x)＋

```
1.765503352*10^10*exp(1.600000000-2.040000000*t-1.800000000*y+
(3.400000000*I)*x)-(2.425489211*10^10*I)*exp(1.600000000-
2.040000000*t-1.800000000*y+(3.400000000*I)*x)-2.212181146*
10^10*exp(1.800000000-1.920000000*t-1.800000000*y+(3.200000000
*I)*x)+(2.026389542*10^10*I)*exp(1.800000000-1.920000000*t-
1.800000000*y+(3.200000000*I)*x)+1.363212568*10^9*exp
(2.600000000-1.680000000*t-1.800000000*y+(2.800000000*I)*x)-
(5.843085785*10^9*I)*exp(2.600000000-1.680000000*t-1.800000000
*y+(2.800000000*I)*x))/(-2.627957007*10^9*exp(1.400000000-
1.560000000*t-1.200000000*y+(2.600000000*I)*x)+(8.996162427*
10^10*I)*exp(1.400000000-1.560000000*t-1.200000000*y+
(2.600000000*I)*x)-2.701511530*10^10*exp(2.200000000-
1.320000000*t-1.200000000*y+(2.200000000*I)*x)-(4.207354924*
10^10*I)*exp(2.200000000-1.320000000*t-1.200000000*y+
(2.200000000*I)*x)-6.798685716*10^9*exp(1.200000000-
1.680000000*t-1.200000000*y+(2.800000000*I)*x)-(3.941798920*
10^10*I)*exp(1.200000000-1.680000000*t-1.200000000*y+
(2.800000000*I)*x)+1.136010474*10^10*exp(.6000000000-
1.320000000*t-1.200000000*y+(2.200000000*I)*x)-(4.869238154*
10^10*I)*exp(.6000000000-1.320000000*t-1.200000000*y+
(2.200000000*I)*x)+3.261219790*10^10*exp(1.400000000-
1.080000000*t-1.200000000*y+(1.800000000*I)*x)+(8.388351774*
10^10*I)*exp(1.400000000-1.080000000*t-1.200000000*y+
(1.800000000*I)*x)-6.798685716*10^9*exp(1.600000000-
.9600000000*t-1.200000000*y+(1.600000000*I)*x)-(3.941798920*
10^10*I)*exp(1.600000000-.9600000000*t-1.200000000*y+
(1.600000000*I)*x));

>QQ2 := abs(QQ);
>v := 0;
>V1 := v-(4*I)*R1;
>V11 := abs(V1);
>V2 := v+(4*I)*RR1;
>V22 := abs(V2);
```

```
>t := 0;
>Q11 := Q1;
>Q11 :=2. * abs((2.476006845 * 10^10 * exp(1.200000000-.6000000000 *
y+(1. * I) * x)+(1.693927420 * 10^10 * I) * exp(1.200000000-
.6000000000 * y+(1. * I) * x)+3.241813835 * 10^9 * exp(.2000000000-
.6000000000 * y+(1.600000000 * I) * x)+(5.048825909 * 10^9 * I) * exp
(.2000000000-.6000000000 * y+(1.600000000 * I) * x)-4.180240256 * 10^9 *
exp(.4000000000-.6000000000 * y+(.6000000000 * I) * x)-(4.304136545 *
10^9 * I) * exp(.4000000000-.6000000000 * y+(.6000000000 * I) * x)-
2.763182982 * 10^10 * exp(1.-.6000000000 * y+(1.200000000 * I) * x)-
(1.168255027 * 10^10 * I) * exp(1.-.6000000000 * y+(1.200000000 * I) *
x))/(-2.627957007 * 10^9 * exp(1.400000000-1.200000000 * y+
(2.600000000 * I) * x)+(8.996162427 * 10^10 * I) * exp(1.400000000-
1.200000000 * y+(2.600000000 * I) * x)-2.701511530 * 10^10 * exp
(2.200000000-1.200000000 * y+(2.200000000 * I) * x)-(4.207354924 *
10^10 * I) * exp(2.200000000-1.200000000 * y+(2.200000000 * I) * x)-
6.798685716 * 10^9 * exp(1.200000000-1.200000000 * y+(2.800000000 * I)
* x)-(3.941798920 * 10^10 * I) * exp(1.200000000-1.200000000 * y+
(2.800000000 * I) * x)+1.136010474 * 10^10 * exp(.6000000000-
1.200000000 * y+(2.200000000 * I) * x)-(4.869238154 * 10^10 * I) * exp
(.6000000000-1.200000000 * y+(2.200000000 * I) * x)+3.261219790 *
10^10 * exp(1.400000000-1.200000000 * y+(1.800000000 * I) * x)+
(8.388351774 * 10^10 * I) * exp(1.400000000-1.200000000 * y+
(1.800000000 * I) * x)-6.798685716 * 10^9 * exp(1.600000000-
1.200000000 * y+(1.600000000 * I) * x)-(3.941798920 * 10^10 * I) * exp
(1.600000000-1.200000000 * y+(1.600000000 * I) * x)));

>QQ22 := QQ2;
>QQ22 :=2 * abs((-2.496881019 * 10^9 * exp(2.400000000-1.800000000 *
y+(3.800000000 * I) * x)+(5.455784561 * 10^9 * I) * exp(2.400000000-
1.800000000 * y+(3.800000000 * I) * x)+1.765503352 * 10^10 * exp
(1.600000000-1.800000000 * y+(3.400000000 * I) * x)-(2.425489211 *
10^10 * I) * exp(1.600000000-1.800000000 * y+(3.400000000 * I) * x)-
```

2.212181146 * 10^10 * exp(1.800000000－1.800000000 * y＋(3.200000000 * I) * x)＋(2.026389542 * 10^10 * I) * exp(1.800000000－1.800000000 * y＋(3.200000000 * I) * x)＋1.363212568 * 10^9 * exp(2.600000000－1.800000000 * y＋(2.800000000 * I) * x)－(5.843085785 * 10^9 * I) * exp(2.600000000－1.800000000 * y＋(2.800000000 * I) * x))/(－2.627957007 * 10^9 * exp(1.400000000－1.200000000 * y＋(2.600000000 * I) * x)＋(8.996162427 * 10^10 * I) * exp(1.400000000－1.200000000 * y＋(2.600000000 * I) * x)－2.701511530 * 10^10 * exp(2.200000000－1.200000000 * y＋(2.200000000 * I) * x)－(4.207354924 * 10^10 * I) * exp(2.200000000－1.200000000 * y＋(2.200000000 * I) * x)－6.798685716 * 10^9 * exp(1.200000000－1.200000000 * y＋(2.800000000 * I) * x)－(3.941798920 * 10^10 * I) * exp(1.200000000－1.200000000 * y＋(2.800000000 * I) * x)＋1.136010474 * 10^10 * exp(.6000000000－1.200000000 * y＋(2.200000000 * I) * x)－(4.869238154 * 10^10 * I) * exp(.6000000000－1.200000000 * y＋(2.200000000 * I) * x)＋3.261219790 * 10^10 * exp(1.400000000－1.200000000 * y＋(1.800000000 * I) * x)＋(8.388351774 * 10^10 * I) * exp(1.400000000－1.200000000 * y＋(1.800000000 * I) * x)－6.798685716 * 10^9 * exp(1.600000000－1.200000000 * y＋(1.600000000 * I) * x)－(3.941798920 * 10^10 * I) * exp(1.600000000－1.200000000 * y＋(1.600000000 * I) * x)))；

```
>V111 := V11;
>V222 := V22;
>with(plots);
>plot3d(Q11,x=10..25,y=.8...9, style=patch, axes=framed,style=patchnogrid,shading=zhue);
>plot3d(QQ22,x=1..20,y=-.1...1, style=patch, axes=framed,style=patchnogrid,shading=zhue);
```